第1章 数据库基础

近年来，数据库技术在多个领域都得到了广泛应用，无论是应用的数量还是重要性都在不断增长。医院、学校、企业、图书馆、商场、超市、网站等都使用数据库来存储、操作和检索数据。本章从数据库的基本知识起步，介绍 SQL Server 2012 数据库管理系统的安装和简单使用；从数据库设计的模型、基本原则和基本步骤出发，以学生成绩管理系统为开发项目，详细讲解数据库的设计过程，为后续数据库各类应用的学习奠定基础。

1.1 数据库与数据库系统

1.1.1 数据库

数据库（Database，DB），简单地说，就是存储数据的仓库。它是储存在计算机内有组织、可共享的逻辑数据集合，也是现实世界中互相关联的大量逻辑数据及数据间关系的集合。数据库中的数据按一定的数据模型进行组织和描述，并储存在计算机的硬盘中，具有较小的冗余度、较高的数据独立性和易扩展性，并可为各种用户共享。数据库中不仅存放数据，而且存放数据之间的关系或联系。

1.1.2 数据库管理系统

数据库管理系统（Database Management System，DBMS）是位于用户与操作系统之间用于管理数据库的系统软件，具备如下功能：

（1）数据定义功能

DBMS 提供数据定义语言（Data Definition Language，DDL），用 DDL 可以定义数据库中的数据对象。例如，定义数据库、数据表、视图和索引等，还可以定义数据的完整性与安全性等约束条件。

（2）数据操纵功能

DBMS 提供数据操纵语言（Data Manipulation Language，DML），用 DML 可以操纵数据库中的数据。例如，用 SQL 语句实现对数据库中数据的查询、插入、修改与删除等操作。

（3）数据库管理功能

数据库管理功能是 DBMS 的核心功能，由控制程序实现。控制程序的主要功能有：对数据库的完整性约束条件的检查和执行、安全性检查和并发性控制、数据库维护。所有数据库的操作都是在控制程序的统一管理和统一控制下进行的，以确保数据库的安全性、完整性、并发性，并能在发生故障时恢复系统。

（4）数据库维护功能

数据库维护功能主要包括数据库中数据的输入、转换、转储、恢复、性能监视、分析

等，由 DBMS 实用程序提供给数据库管理员实现上述功能。

1.1.3 数据库系统

数据库系统（Database System，DBS）由计算机软、硬件系统、数据库、数据库管理系统、数据库应用程序、数据库管理员与用户组成，如图 1-1 所示。

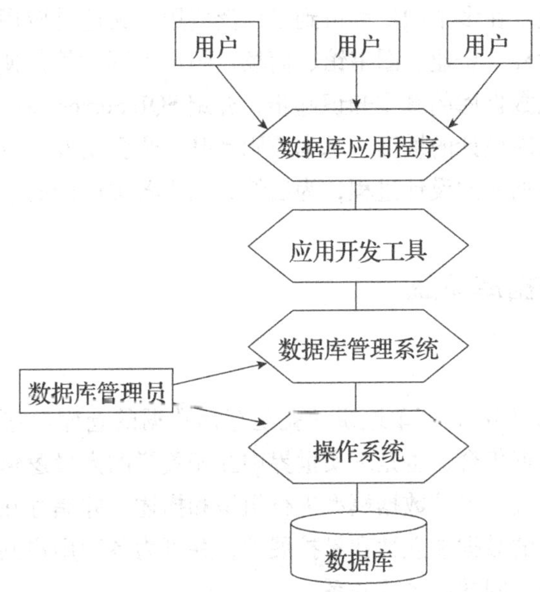

图 1-1　数据库系统的构成

1. 支持数据库运行的软、硬件环境

每种数据库管理系统都有其所要求的软、硬件环境。一般对硬件要说明所需的基本配置，对软件则要说明其适用于哪些底层软件、与哪些软件兼容等。

2. 数据库管理系统

目前，市场占有率较高的数据库管理系统主要有高端用户使用的甲骨文公司的 Oracle、中低端用户使用的微软公司的 SQL Server 以及开源数据库 MySQL。

3. 数据库应用程序

数据库应用程序是一个允许用户插入、修改、删除并显示数据库中数据的计算机程序，由程序员用某种程序设计语言编写。数据库应用程序可通过 DBMS 对数据库中的数据进行操作。常用的数据库应用程序开发工具有 Visual C#、Visual Basic、Java、C ++ 、Delphi 等。

4. 系统人员与用户

(1) 数据库管理员

数据库管理员（Database Administrator，DBA）是管理、维护数据库系统的人员，其具体职责如下：决定数据库中的信息内容和结构；决定数据库的存储结构和存取策略；定义数据

的安全性要求与完整性约束条件；监督和控制数据库的使用与运行；数据库的改进与重组；数据库的备份与灾难恢复等。

(2) 应用程序员

应用程序员根据系统分析员对系统的需求分析与功能分析的结果，设计和编写数据库应用程序中各功能模块的界面与程序代码，并测试程序。

(3) 用户

用户指最终使用数据库应用程序的人员。

1.2 数据模型

如何将现实世界中要处理事物转换成能用计算机处理的数据？通常的解决方法是先对现实世界事物进行分析，建立某种能描述客观事物的概念数据模型，然后根据结构化数据模型建立数据库结构，并编写数据库应用程序。

1.2.1 概念数据模型

1. 概念数据模型中的常用术语

(1) 实体 (Entity)

现实世界中客观存在并可相互区别的事物称为实体，如学生“李丽”“肖明”“王明”等都是实体。

(2) 实体集 (Entity Set)

同类型实体集合称为实体集，如全体学生就是一个实体集。

(3) 属性 (Attribute)

属性是对实体特性的描述，如描述学生实体的属性有学号、姓名、年龄、性别等；属性值是属性的取值，如“100231，李丽，20，女”为李丽这个学生的属性值。

(4) 域 (Domain)

域是属性取值的范围，如学生学号域为“1000” ~ “9999”，性别域为“男”和“女”。

(5) 键 (Key)

能唯一标识实体集中各个实体的一个属性或一组属性值称为实体的键。例如，学号属性能唯一标识学生实体集中不同的学生，因此学号是学生实体的键。

(6) 联系 (Relationship)

在现实世界中，事物内部及事物之间是普遍存在联系的。这些联系在信息世界中表现为实体型内部各属性之间的联系以及实体型之间的联系。两个实体型之间的联系可以分为以下 3 种：

1) 一对一联系。若实体集 A 中每一个实体只能与实体集 B 中的一个实体有联系，则称 A 与 B 存在一对一的联系，记为1:1。例如，一个班只有一个班长，一个班长只能管理一个班，所以班级实体集 A 与班长实体集 B 为一对一的联系。

2）一对多联系。若实体集 A 中每个实体与实体集 B 中多个实体有联系，而 B 中每个实体至多与实体集 A 中的一个实体有联系，则称实体集 A 与 B 存在一对多的联系，记为 1:n。例如，系对班级、班级对学生都是一对多的联系。

3）多对多联系。若实体集 A 中的每个实体与实体集 B 中的任意多个实体有联系，而实体集 B 中的每个实体又与实体集 A 中的任意多个实体有联系，则称实体集 A 与 B 存在多对多的联系，记为 m:n。例如，教师与学生、学生与课程都是多对多的联系。

联系可以像实体一样拥有属性。例如，学生与课程之间有一个“选修”的联系，“选修”联系本身又可有属性“成绩”。

2. 概念数据模型的表示方法

概念数据模型的表示方法最常用的是实体—联系方法（Entity-Relationship）。该方法是指在数据库设计之前，先用实体—联系示意图表示概念世界中的实体联系，再将该图转换为数据库所支持的数据模型，这种数据库设计方法与程序设计中的画框图相类似。采用这种方法建立的模型作为不依托 DBMS 的一种概念数据模型，以比较自然的方式模拟现实世界。

在实体—联系模型中，基本建模元素是实体、联系和属性。在数据库逻辑设计中，用于表示概念世界中实体及其联系的结构图称为实体—联系模型图，简称 E-R 图。E-R 图是直观表示概念模型的有力工具，在软件工程和数据库设计过程中使用很普遍，是描述数据模型的有效方法。在 E-R 图中，使用的符号如下：

1）用矩形表示实体。

2）用椭圆形表示属性，并用无向线标出实体与属性的关系。

3）用菱形表示实体间的联系，并用无向线标出实体间的联系。

【例 1-1】 用 E-R 图表示学生选修课程成绩管理的概念模型（学生成绩管理中涉及的实体及联系较多，本例为方便起见，只考虑学生和课程实体及其联系）。

学生实体的属性有学号、姓名、年龄、性别等；课程实体的属性有课程号、课程名、课时等。两者之间具有选修的联系，一名学生可以选修多门课程，一门课程可以由多名学生选修，所以学生与课程是多对多的联系。“选修成绩”联系也具有属性，分别为学号、课程号、成绩等。据此可画出学生选修课程成绩管理的 E-R 图，如图 1-2 所示。

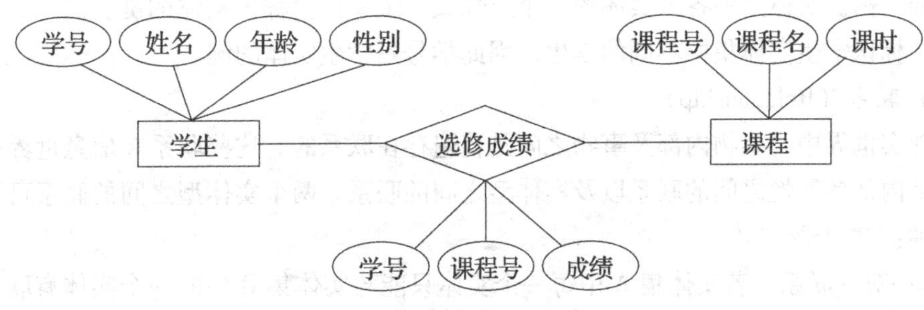

图 1-2　学生选修课程成绩管理的 E-R 图

1.2.2　结构化数据模型

1. 数据模型定义的三要素

结构化数据模型定义的三要素为数据结构、数据操作及完整性数据约束。

1）数据结构是对实体类型和实体间联系的表达和实现，如层次数据结构、网状数据结构和关系数据结构。

2）数据操作是对数据库中各种对象进行检索和更新（包括插入、删除、修改）等操作，数据模型必须定义这些操作的确切含义、操作符号、操作规则（如优先级）以及实现操作的语言。

3）完整性数据约束是对数据对象及其联系的约束规定，以保证数据库中数据的正确性、有效性和安全性。

2. 数据模型的分类

（1）层次模型

层次模型是用树形层次结构表示实体之间联系，如图 1 - 3 所示。现实世界中许多实体之间的联系本来就呈现为一种自然的层次关系，如产品组成、企业行政机构、家族关系等。因此，层次模型可以自然地表达自然界数据间具有层次规律的分类关系、概括关系、部分关系等，但在结构上有一定的局限性，且缺乏操作代数性质。

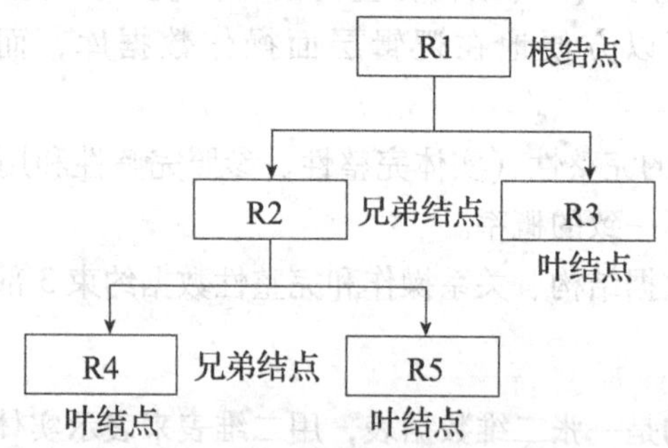

图 1-3　层次模型结构示意图

（2）网状模型

用有向图结构表示实体间联系的数据模型称为网状模型，如图 1-4 所示。有向图结构中的结点代表实体记录类型，连线表示结点间的关系，这一关系必须是一对多的关系。网状模型必须满足以下两个条件：其一是允许一个以上的结点没有双亲结点；其二是至少有一个结点可以有多于一个的双亲结点。

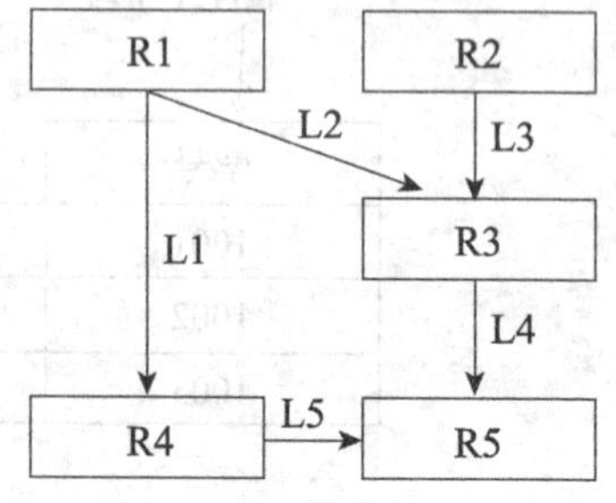

图 1-4　网状模型结构示意图

网状数据模型能更为直接地描述现实世界，存取效率较高，但结构比较复杂，多对多的关系必须分解为多个一对多的关系才能进行处理，不利于用户掌握。在网状数据模型中，由于记录之间的联系是通过存取路径实现的，因

此用户必须了解系统存储结构的细节。

(3) 关系模型

正是由于层次模型和网状模型都无法直接表示概念世界中多对多的联系，因此在概念世界向数据世界转换的过程中必须要改进数据模型的结构。1970 年 IBM 公司 San Jose 研究室的研究员 E. F. Codd 首次提出了数据库系统的关系模型。

关系模型用二维数据表表示实体，用外键表示实体之间的联系。在关系模型中，每张二维表均称为一个关系，表中每一行称为记录，每一列称为数据项。关系模型是建立在严格的数学概念基础上的，无论是实体还是实体之间的联系都是用关系表示。关系模型的存取路径对用户透明，简化了程序员的工作和数据库的开发工作，因此已经成为目前主流的数据模型。

1.2.3 关系数据库管理系统

建立在关系模型基础上的数据库管理系统称为关系数据库管理系统（Relational Database Management System，RDBMS）。Oracle、SQL Server、MySQL、Access 等数据库管理系统都是 RDBMS，其具有如下特点：

1）容易理解。二维表结构是非常贴近逻辑世界的一个概念，关系模型相对于网状、层次等其他模型来说更容易理解。

2）使用方便。通用的 SQL（结构化查询语言）使得操作关系型数据库非常方便，程序员和数据管理员可以方便地在逻辑层面操作数据库，而完全不必理解其底层实现。

3）易于维护。丰富的完整性（实体完整性、参照完整性和用户定义的完整性）大大降低了数据冗余和数据不一致的概率。

下面从关系模型的数据结构、关系操作和完整性数据约束 3 部分来介绍。

1. 数据结构

关系模型的数据结构是一张二维数据表，用二维表来表示实体，用外键表示实体之间的联系。每张二维表均称为一个关系，表中每一行称为元组，每一列称为属性（数据项）。在数据库中，通常关系被称为数据表，元组被称为记录，属性则被称为字段。关系模型的数据结构如图 1-5 所示。

属性（字段）

学生关系（学生表）

学号	姓名	年龄	性别
1001	Wang	20	M
1002	Wu	19	M
1003	Liu	21	F

元组（记录）

图 1-5　关系模型的数据结构

通过关系名和属性名列表对关系进行描述，相当于二维表的表头部分。关系模型的表示形式如下：

关系名（属性名 1，属性名 2，…，属性名 n）

关系满足以下 6 条性质：

1）元组的次序是无关的。

2）属性的次序是无关的。

3）不能有完全相同的元组。

4）不能有完全相同的属性名称。

5）同一属性的值必须来自同一个域。

6）属性是不可分的原子项。

在图 1-2 所示的 E-R 模型中，“学生”和“课程”两个实体集以及带属性的联系“选修成绩”的关系模型的表示形式如下：

学生（学号，姓名，年龄，性别）

课程（课程号，课程名，课时）

选修成绩（学年，学期，学号，课程号，成绩）

在关系数据库中还有一个重要的概念是“键”。键由一个或几个属性组成，在实际使用中，有以下几种键。

1）候选键：若一个属性集能唯一标识元组，则该属性集称为候选键。

2）主键：用户选作元组标识的一个候选键称为主键。

3）外键：若关系中的属性或属性组不是本关系的主键，其值是引用另一个关系的主键，则称该属性或属性组为外键。

【例 1-2】 分析学生成绩管理系统中各个关系的候选键、主键和外键。

1）学生关系的候选键是学号，如果学生不存在同名，则姓名也可以作为候选键。选择“学号”作为学生关系的主键。

2）课程关系的候选键是课程号，如果课程不存在同名，则课程名也可以作为候选键。选择“课程号”作为课程关系的主键。

3）选修成绩关系的候选键是“学号 + 课程号”的属性组合，这个候选键同时也是选修成绩关系的主键。选修成绩关系中的学号不是主键，但是它的取值必须引用学生关系的主键学号，所以选修成绩关系中的学号是外键。同理，选修成绩关系中的课程号也是外键，它的取值必须引用课程关系的主键课程号。

学生关系表、课程关系表、成绩关系表及其主、外键联系如图 1-6 所示。

2. 关系操作

关系操作是对关系型数据库中各种对象进行检索和更新（包括插入、删除、修改）等操作，关系模型使用关系数据语言实现数据操作。关系数据语言分为三类，如图 1-7 所示。

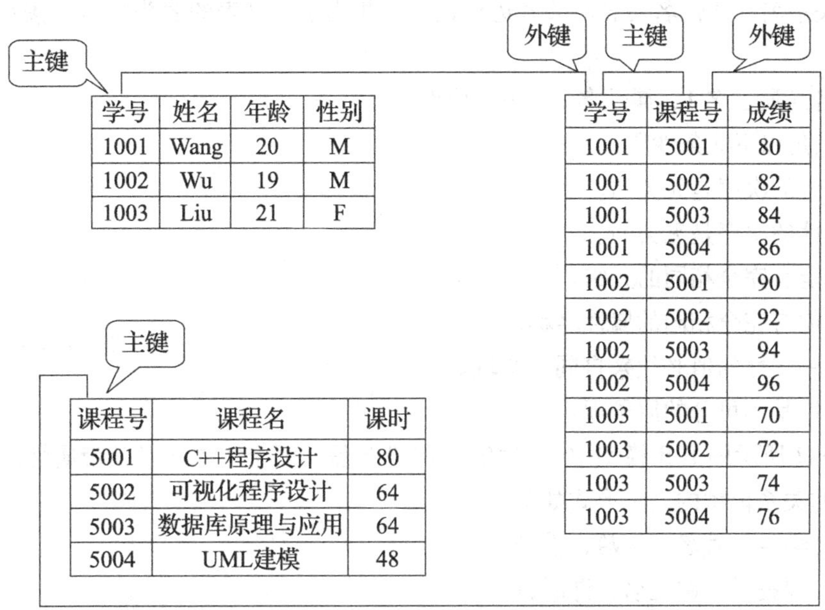

学号	姓名	年龄	性别
1001	Wang	20	M
1002	Wu	19	M
1003	Liu	21	F

学号	课程号	成绩
1001	5001	80
1001	5002	82
1001	5003	84
1001	5004	86
1002	5001	90
1002	5002	92
1002	5003	94
1002	5004	96
1003	5001	70
1003	5002	72
1003	5003	74
1003	5004	76

课程号	课程名	课时
5001	C++程序设计	80
5002	可视化程序设计	64
5003	数据库原理与应用	64
5004	UML建模	48

图1-6　学生、课程、成绩关系表

关系数据语言
- 关系代数语言
- 关系演算语言
  - 元组关系演算语言（如ALPHA）
  - 域关系演算语言（如QBE）
- 介于关系代数和关系演算之间的语言（如SQL）

图1-7　关系数据语言分类

关系代数、关系演算都是抽象的查询语言，它们与具体的DBMS中实现的实际语言并不完全一致，但它们能用作评估实际系统中查询语言能力的标准或基础。

基于关系集合运算的关系代数，能抽象而直观地表达对关系的各种操作，其中常用的关系操作有选择、投影、连接、除法、并、交、差等查询操作和添加、修改、删除等更新操作。其中，查询是最主要的组成部分。

SQL（Structured Query Language，结构化查询语言）最初于20世纪70年代由IBM公司的Chamberlin和Boyce提出，当时称为SEQUEL（Structured English Query Language，结构化英语查询语言）。由于SQL的成功，ANSI在1986年将其作为标准，称为SQL-86，随后ISO组织也采用它，称其为SQL-87。SQL经过多次修订，发展过程见表1-1。

表1-1　SQL发展一览表

年份	标准	别名	说明
1986	SQL-86	SQL-87	ANSI SQL的最初版本
1989	SQL-89	FIPS 127-1	少量修订
1992	SQL-92	SQL2	重要修订，是一个标志性的标准

（续）

年份	标准	别名	说明
1999	SQL: 1999	SQL3	增加了正则表达式、递归查询、触发器、过程控制流、非标量类型、面向对象特征
2003	SQL: 2003	SQL 2003	引入 XML 支持、标准化序列、自动生成 ID
2006	SQL: 2006	SQL 2006	提供了对 XML 更多的支持
2008	SQL: 2008	SQL 2008	增加 INSTEAD OF 触发器、增加 TRUNCATE 语句等

SQL 已经是一种非常成熟的语言，一般所说的支持 SQL 标准通常是指支持 SQL-92 或 SQL：1999标准。

SQL 是高级的非过程化编程语言，它允许用户在高层数据结构上工作，不要求用户指定对数据的存放方法，也不需要用户了解其具体的数据存放方式。而它的界面，能使具有与底层结构完全不同的数据库系统和不同的数据库之间，使用相同的 SQL 作为数据的输入与管理。它以记录项目〔records〕的合集（set）〔项集，record set〕作为操纵对象，所有 SQL 语句接受项集作为输入，回送出的项集作为输出，这种项集特性允许一条 SQL 语句的输出作为另一条 SQL 语句的输入，所以 SQL 语句可以嵌套，这使它拥有极大的灵活性和强大的功能。在多数情况下，在其他编程语言中需要用一大段程序才可实现的一个单独事件，在 SQL 中只需要一个语句就可以被表达出来，这也意味着用 SQL 可以写出非常复杂的语句。

由于篇幅限制，关系代数、关系演算语言不再做详细介绍，而 SQL 则是本门课程的学习重点，将在后面的章节具体介绍。

3. 完整性数据约束

完整性数据约束是对数据对象及其联系的约束规定，以保证数据库中数据的正确性、有效性和安全性。

关系模型的完整性数据约束条件分为 3 类，即实体完整性约束、参照完整性约束和用户定义的完整性约束。

（1）实体完整性约束

实体完整性约束要求每个关系都有一个主键，且主键对应的属性都不能取空值，通过主键来区分关系表中不同的记录（元组）。

（2）参照完整性约束

参照完整性规则：若属性（或属性组）F 是基本关系 R 的外键，它与基本关系 S 的主键 Ks 相对应，则对于 R 中每个元组在 F 上的值必须为 Ks 值或空值，即关系 R 上的外键只能取关系 S 中的主键值或空值。

（3）用户定义的完整性约束（User-Defined Integrity）

用户定义的完整性约束是用户针对某一具体关系数据库制定的约束条件。

例如，用户对学生关系 S 中的性别可制定约束为：Sex 取“M”或“F”。再如，大学生的年龄应定义为两位整数，如果认为这个范围太大，还可限制为 15 ~ 30 岁等。用户定

义的完整性约束可防止用户输入错误的性别或年龄信息。

实现数据完整性的方法有如下几种：在关系模式描述中定义数据完整性检查条件；使用触发器、存储过程实现数据完整性检查；用其他编程工具编写程序实现数据完整性检查（具体用法在后面章节详细介绍）。

1.3 关系规范化设计

关系数据库的规范化理论最早是由关系数据库的创始人 E. F. Codd 提出的，后经许多专家学者对关系数据库理论做了深入的研究，最终形成了一整套有关关系规范化的理论。

1.3.1 关系中的异常

【例 1-3】 以学生成绩关系 SC 为例分析关系中存在的异常。

设有学生关系 S、课程关系 C 与成绩关系 SC 如下。

1）学生关系：S（No，Name，Dept，Dname）。其中，No、Name、Dept、Dname 分别为学号、姓名、所属系部编码、所属系部名称。

2）课程关系：C（Num，Course，Hour）。其中，Num、Course、Hour 分别为课程号、课程名、课时。

3）成绩关系：SC（No，Num，Score）。其中，No、Num、Score 分别为学号、课程号与成绩。

现将学生关系 S、课程关系 C 与成绩关系 SC 合并成一个关系 R。关系 R 的 8 个属性为：

R（No，Num，Score，Name，Dept，Dname，Course，Hour）

关系 R 的数据表如图 1-8 所示。

No	Num	Score	Name	Dept	Dname	Course	Hour
1001	5001	80	Wang	10	机械	C ++	80
1001	5002	82	Wang	10	机械	C#	64
1001	5003	84	Wang	10	机械	数据库	64
1001	5004	86	Wang	10	机械	UML 建模	48
1002	5001	90	Liu	30	电气	C ++	80
1002	5002	92	Liu	30	电气	C#	64
1002	5003	94	Liu	30	电气	数据库	64
1002	5004	96	Liu	30	电气	UML 建模	48
1003	5001	70	Dong	30	计算机	C ++	80
1003	5002	72	Dong	30	计算机	C#	64
1003	5003	74	Dong	30	计算机	数据库	64
1003	5004	76	Dong	30	计算机	UML 建模	48
…	…	…	…	…	…	…	…

图 1-8 学生成绩关系 R 的数据表

现分析关系R中存在的数据冗余、插入异常、删除异常与更新异常4个问题。

1. 数据冗余

将图1-6与图1-8直接比较即可知道，关系R中的数据个数远远超过S、C、SC这3个表的数据个数总和，具体计算如下。

设关系S中学生人数为K1，关系C中课程门数为K2，则：

学生关系S中共有K1×4个数据，课程关系表C中共有K2×3个数据，成绩关系表SC中共有K1×K2×3个数据，总共有K1×4+K2×3+K1×K2×3个数据；

而关系R中共有K1×K2×8个数据。

数据冗余量=K1×K2×8-(K1×4+K2×3+K1×K2×3)=K1×K2×5-(K1×4+K2×3)。

若某学校有K1=10 000名学生，每个学生上K2=50门课程，则：

数据冗余量=K1×K2×5-(K1×4+K2×3)

=10000×50×5-(10000×4+50×3)=2459850≈246万。

若每个数据平均占用20字节，则数据冗余量将达到246×20=4920万字节。

在关系表R中，由于学生姓名、系名、课程名、任课程教师名要重复出现K2次，因此会出现大量数据冗余，占用了大量的存储空间。

2. 插入异常

将学生关系S、课程关系C与成绩关系SC进行合并后，所有信息都集中在关系R中。在招生前，应先确定系部并将系部编码Dept与系部名称Dame输入到关系表R中，然后才能招生。但在学生进校前，其学号No无法确定，由于No与Num是主键，不能为空，因此，会产生系部编码Dept与系部名称Dame不能录入关系表R的插入数据异常情况。

3. 删除异常

当学生毕业时，若要删除毕业学生的学号No、姓名Name等信息，但又要保留系部与课程信息，由于学号No为主键，其中的属性不能为空，因此不能只删除学生信息而保留系部与课程信息，否则会出现删除异常。

4. 更新异常

若要修改学生姓名、系部名称与课程名称，则必须更新关系表R中的所有相关记录中的上述信息，更新工作量非常大，且容易出现部分更新，部分未更新的异常情况发生，将造成数据的不一致。

根据上述分析可知，三表合一是一种不正确的做法，产生上述异常的原因是关系表R中的内容包罗万象且较为繁杂。解决异常问题的方法是将R分解为以下4个关系。

1）学生关系：S（No，Name，Age，Sex，Dept）。

2）系部关系：D（Dept，Dname）。

3）课程关系：C（Num，Course，Hour）。

4）成绩关系：R（No，Num，Score）。

分解后的关系必须满足关系的规范化要求，即尽可能少的数据冗余、无插入异常、无删除异常、无更新异常。要做到上述要求就必须遵守关系规范化理论，其包括 3 方面的内容：函数依赖、范式理论、模式设计，其中函数依赖起核心作用。

1.3.2 函数依赖

函数依赖是指某个属性集对另一个属性集的依赖关系，可分为完全函数依赖、部分函数依赖和传递函数依赖 3 类。

假设，X 为关系 R 中的某个属性或属性组，X′为 X 的任意非空子集；Y 为关系 R 中的任意属性或属性组，且 Y 不包含在 X 中，则上述 3 类依赖关系可分别定义如下。

1. 完全函数依赖

若 $X \rightarrow Y$，$X' \nrightarrow Y$（表示 Y 不是函数依赖于 X′），则称 Y 完全函数依赖于 X，记作：$X \xrightarrow{f} Y$。

【例 1-4】 分析学生成绩关系 SC 中的完全函数依赖关系。

设成绩关系为：SC（No，Num，Score，Name，Dept，Dname）。其中，No 为学生学号，Num 为课程号，Score 为学生成绩，Name 为学生姓名，Dept 为所属系部编号，Dname 为所属系部名称。

分析：成绩关系 SC 的主键为学号 No 与课程号 Num 的组合体。

主键 X = No + Num（能唯一决定成绩关系 SC 中每位学生的成绩 Score），即：No + Num→Score。

但 X 中的任意一个子集 X′（如 No 或 Num）都不能唯一决定属性 Score，即：X′↛Score。

所以，成绩 Score 完全函数依赖于主键 No + Num，即：$No + Num \xrightarrow{f} Score$。

2. 部分函数依赖

若 $X \rightarrow Y$，$X' \rightarrow Y$，则称 Y 部分函数依赖于 X，记作：$X \xrightarrow{p} Y$。

【例 1-5】 分析学生成绩关系 SC 中的部分函数依赖关系。

分析：主键 X = No + Num（能唯一决定成绩关系 SC 中每位学生的姓名 Name），即：No + Num→Name。

但 X 中的子属性 No（即 X′）也能唯一决定 Name，即：No→Name。

所以，姓名 Name 部分函数依赖于主键 No + Num，即：$No + Num \xrightarrow{p} Name$。

3. 传递函数依赖

若 $X \rightarrow Y$，$Y \rightarrow Z$，且 $Y \nrightarrow X$，则称 Z 传递函数依赖于 X，记作 $X \xrightarrow{t} Z$。

【例 1-6】 分析学生成绩关系 SC 中的传递函数依赖关系。

设：X = No，Y = Dept，Z = Dname；

则有 No→Dept，Dept→Dname，且 Dept↛No。

所以，系部名称 Dname 传递函数依赖于学号 No，即：$No \xrightarrow{t} Dname$。

上述成绩关系 SC 中的 3 种函数依赖关系可用图 1-9 表示。

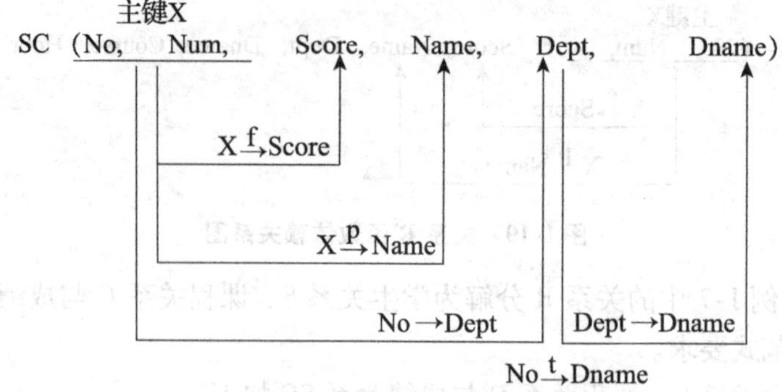

图 1-9　成绩关系 SC 函数依赖关系图

1.3.3　范式理论

数据库的设计范式是数据库设计所需满足的规范，满足这些规范的数据库是简洁的、结构明晰的，同时，不会发生插入（Insert）、删除（Delete）和更新（Update）操作异常。反之则是难以理解的，将给数据库的开发和维护带来无尽的麻烦。

范式有 1NF、2NF、3NF、BCNF、4NF、5NF 共 6 级，级别越高，要求越严格。通常的规范化设计达到 3NF 的要求即可。

1. 第一范式（1NF）

第一范式是指表的每一列都是不可分割的基本数据项，只要满足关系的基本特性就符合第一范式的要求。

例如，在学生关系 S（No，Name，Age，Sex）中，所有属性（学号 No、姓名 Name、年龄 Age、性别 Sex）都是不可再分的数据项，所以学生关系 S ∈ 1NF。

2. 第二范式（2NF）

如果关系 R 为第一范式，且 R 中每个非主属性（即不构成主键的属性）都完全函数依赖于 R 的主键，则称关系 R 属于第二范式。

【例 1-7】 分析学生课程成绩关系 R 是否属于第二范式。

设学生课程成绩关系为：R（No，Num，Score，Name，Dept，Dname，Course，Hour）。其中，No，Num，Score，Name，Dept，Dname，Course，Hour 分别为学号、课程号、成绩、姓名、系部编码、系部名称、课程名、学时，No 与 Num 为主键 X，如图 1-10 所示。

在关系 R 中，主键 X =（No，Num）能唯一确定非主属性 Name，且主键中的属性 No 也能唯一确定 Name，即有 X→Name，No→Name（No 为主键 X 中的非空子集），因此，R 中的非主属性 Name 部分函数依赖于主键 X，则关系 R 不属于第二范式。

关系 R ∉ 2NF 会产生数据冗余量增大、插入异常、删除异常与修改异常等问题，解决异常的方法是将关系进行分解，消除部分函数依赖关系，使得非主属性完全函数依赖于主

键，使关系 R∈2NF。

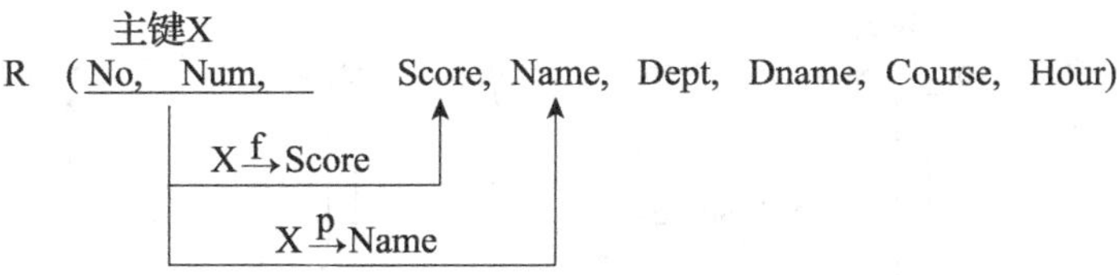

图 1-10　关系 R 函数依赖关系图

【例 1-8】将例 1-7 中的关系 R 分解为学生关系 S、课程关系 C 与成绩关系 SC，使 S、C、SC 符合第二范式要求。

分解后的学生关系 S、课程关系 C 与成绩关系 SC 如下。

1）学生关系：S（No，Name，Dept，Dname）。

由于 No、Name、Dept、Dname 均为不可再分的数据项，所以 S∈1NF。又因为 No 为单主键，能唯一确定 Name、Dept、Dname，所以 S 中的所有非主属性（Name、Dept、Dname）都完全函数依赖于主键 No，如图 1-11a 所示，所以 S∈2NF。

2）课程关系：C（Num，Course，Hour）。

由于 Num、Course、Hour 均为不可再分的数据项，所以 C∈1NF。又因为 Num 为单主键，能唯一确定 Course 与 Hour，所以 C 中的所有非主属性（Course、Hour）都完全函数依赖于主键 Num，如图 1-11b 所示，所以 C∈2NF。

3）成绩关系：SC（No，Num，Score）。

由于 No、Num、Score 均为不可再分的数据项，所以 SC∈1NF。又因为主键 X =（No，Num）能唯一确定 Score，且主键中任意一属性（No、Num）都不能唯一确定 Score，所以 SC 中非主属性 Score 完全函数依赖于主键 X，如图 1-11c 所示，所以 SC∈2NF。

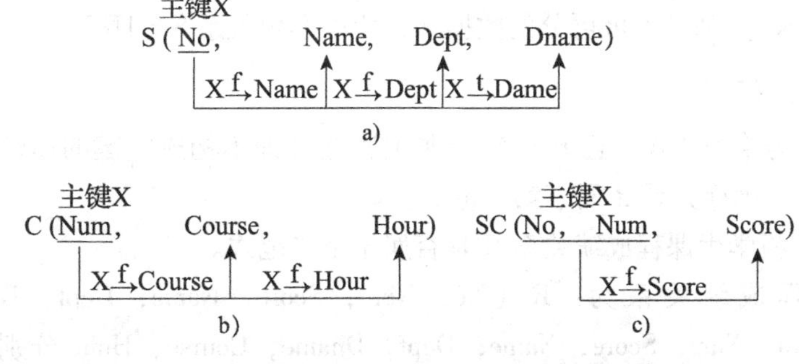

图 1-11　S、C 与 SC 的函数依赖关系及范式分析图

a）S∈2NF　b）C∈2NF　c）SC∈2NF

由例 1-8 可知，将关系 R 分解为学生关系 S、课程关系 C 与成绩关系 SC 后，数据冗余量大为减少，由于学生、课程与成绩已分解成 3 个关系表，所以插入异常、删除异常与修改异常等问题得到一定程度的解决。但要根本解决上述异常问题，还需要关系符合第三范式的要求。

成，第1、2、6、7、8章由李萍编写，第3、4、5章由黄可望编写，各章的实训内容与Jitor实训指导软件由黄能耿编写。全书由李萍统稿，由无锡职业技术学院的刘德强副教授主审。

本书在编写过程中得到了编者所在院系领导和同事的帮助和大力支持，刘培林、史荧中、王想实、汪菊琴、周薇老师提供了大量的资料并进行了教学模式与教学方法的探究，在此对他们的工作深表感谢。同时，在本书的编写过程中，参考了目前国内外优秀的数据库原理与应用方面的书籍、资料，在此谨向有关作者表示感谢。

限于编者水平，书中错误与不足之处在所难免，敬请广大读者批评指正。

编　者

前　言

“数据库原理与应用”是计算机软件技术、网络技术、物联网应用技术等专业的一门专业主干课程。通过本课程的学习，学生能够了解数据库设计的过程，掌握利用 SQL Sever 数据库管理系统实施数据库、进行数据操纵与数据查询、编写数据库对象、维护和管理数据库等技能。随着当前数据库技术日新月异的发展以及数据库应用在日常生活中的不断普及，作为现代大学生，特别是计算机专业的学生，学习和掌握数据库知识是非常必要的。

本书根据高等职业教育的教学特点，结合作者多年教学改革和应用实践经验编写而成。全书采用“项目导向、任务驱动”的组织模式，将“学生成绩管理系统”的实现与数据库应用技术的教学实施结合在一起。基于数据库系统的设计与实施过程划分为本书前 7 章的内容，分别为数据库基础、数据库和表的创建与维护、数据操纵、数据查询、数据库编程、数据库安全管理、数据库维护。每章结束附有小结、习题和实训项目，供读者及时消化章节内容，以更加深入地进行学习。

本书在各章实训部分和最后一章的数据库开发案例中还分别引入了“在线电子商店系统”和“图书借阅管理系统”，将数据库原理与应用技术融入到实际工程案例中。其中，实训部分紧扣理论知识点，采用自主研发的 Jitor 实训指导软件，指导读者一步一步地进行操作，并及时检查操作完成情况。综合案例部分让读者再次系统地体验了一个工程案例从数据库规划设计到数据库运行维护的全过程。

本书遵循学习者的认知和技能形成规律，使用通俗易懂的语言，采用图示法、类比法等多种适合学习者的讲解形式，由浅入深、循序渐进地介绍各章节内容，尽可能将知识融于形象的案例中，使读者易于学习和掌握，逐步培养读者的学习兴趣。

本书建议讲解学时为 64 ~ 80 学时，64 学时的学时分配见下表。

章节名	参考学时
第 1 章　数据库基础	8
第 2 章　数据库和表的创建与维护	10
第 3 章　数据操纵	6
第 4 章　数据查询	10
第 5 章　数据库编程	14
第 6 章　数据库安全管理	6
第 7 章　数据库维护	6
第 8 章　数据库开发案例——图书借阅管理系统	4

本书由无锡职业技术学院的李萍、黄可望、黄能耿编著。其中，整体设计由李萍完

本书根据当前市场对数据库人才的需求，以培养应用型和创新型数据库技术人才为目标，以 SQL Server 2012 为系统平台，重点介绍数据库的基本概念，数据库、数据表和各种约束的创建，数据操纵与数据查询，视图、函数、存储过程和触发器等数据库编程，以及数据库安全和日常维护管理等内容。

本书引入“学生成绩管理系统”“在线电子商店系统”和“图书借阅管理系统”3 个案例，分别从理论、实训和综合案例的角度介绍数据库结构的设计思想，并将数据库原理融入到实际工程案例中，由浅入深，由易到难，循序渐进，强调实践性，突出实用性。在每章的实训部分，紧扣理论知识点，采用自主研发的 Jitor 实训指导软件，指导读者一步一步地进行操作，并及时检查操作完成情况，创新性强且特色鲜明。

本书内容广泛、充实，实用性强，既可作为应用型本科及高职高专院校的数据库课程教材，又可作为数据库应用开发人员的参考资料或培训教材。

为方便教学，本书配备电子课件等教学资源。凡选用本书作为教材的教师均可登录机械工业出版社教育服务网 www.cmpedu.com 免费下载。如有问题请致信 cmpgaozhi@sina.com，或致电 010-88379375 联系营销人员。

图书在版编目（CIP）数据

SQL Server 2012 数据库应用与实训 / 李萍，黄可望，黄能耿编著. —北京：机械工业出版社，2015.7（2021.1 重印）
普通高等教育计算机类系列教材
ISBN 978-7-111-50508-2

Ⅰ.①S… Ⅱ.①李… ②黄… ③黄… Ⅲ.①关系数据库系统—高等学校—教材 Ⅳ.①TP311.138

中国版本图书馆 CIP 数据核字（2015）第 129149 号

机械工业出版社（北京市百万庄大街 22 号 邮政编码 100037）
策划编辑：刘子峰 责任编辑：刘子峰 陈瑞文
责任校对：张 征 封面设计：陈 沛
责任印制：常天培
北京盛通商印快线网络科技有限公司印刷
2021 年 1 月第 1 版第 5 次印刷
184mm×260mm · 18.75 印张 · 429 千字
标准书号：ISBN 978-7-111-50508-2
定价：49.80 元

电话服务	网络服务
客服电话：010-88361066	机 工 官 网：www.cmpbook.com
010-88379833	机 工 官 博：weibo.com/cmp1952
010-68326294	金 书 网：www.golden-book.com
封底无防伪标均为盗版	机工教育服务网：www.cmpedu.com

普通高等教育计算机类系列教材

SQL Server 2012 数据库应用与实训

李　萍　黄可望　黄能耿　编著

机 械 工 业 出 版 社

目　录

3. 第三范式（3NF）

若关系 R∈2NF，且 R 的每个非主属性都不传递函数依赖于主键，则称关系 R 属于第三范式，记作：R∈3NF。

【例 1-9】分析例 1-8 中的学生关系 S 是否属于第三范式。

学生关系为 S（No，Name，Dept，Dname）。

在 S 中，主键学号能唯一确定系部编码 Dept，系部编码 Dept 能唯一确定系部名称 Dname，但系部编码 Dept 不能唯一确定学生学号的关系。所以，No 与 Dname 存在传递函数依赖关系：No→Dname。因此，学生关系 S 不符合第三范式的要求，即 S∉3NF。

当关系 S 不符合第三范式要求时，说明关系 S 中仍存在数据冗余与异常情况，解决问题的方法是对关系进一步分解。在上例中，可将学生关系 S 进一步分解为学生 S 与系部 D 两个关系，属性如下。

学生关系：S（No，Name，Dept）。

系部关系：D（Dept，Dname）。

在学生关系 S 中，学号 No 为单主键，且能唯一确定非主属性 Name 与 Dept，所以非主属性 Name 与 Dept 完全函数依赖于主键 No，所以 S∈2NF。此外，学号 No、Name、Dept 之间不存在传递函数依赖关系，所以 S∈3NF。

同理，课程关系 C∈3NF，成绩关系 SC∈3NF，系部关系 D∈3NF。

1.3.4 注意事项

设计时并非先设计 1NF，然后 2NF，再到 3NF，而应该是尽量一步到位，直接设计为 3NF，时刻避免部分函数依赖和传递函数依赖。因此，表结构应尽量简单，一张表只包含一种实体的信息，以及对其他实体的引用（外键）。

每张表最好都有一个单属性的主键，这时不存在部分依赖。如果主键是多属性的属性组，则添加一个无具体含义的属性（如 UUID）作为主键，然后为原来的属性组建立唯一性索引。

如果按照上述要求进行设计，则基本上所有表都是符合第三范式要求的。

1.4 数据库设计

数据库设计是指根据用户要求，在某个数据库管理系统 DBMS 上设计数据库模式（用户视图、全部数据表、存储方式）和创建数据库的过程。在设计过程中必须考虑数据库的软、硬件支撑环境，所使用的 DBMS，用户的需求与操作要求，以及数据的完整性约束与安全性约束等问题。

1.4.1 数据库设计概述

一个完整的数据库设计过程分为需求分析、概念结构设计、逻辑结构设计、物理结构设计、数据库实施和数据库运行与维护 6 个阶段，涉及的人员包括系统分析员、终端用户、程序员和数据库管理员。

1. 需求分析

需求分析是数据库设计过程的起点，确定所要开发应用系统的目标，在这个目标的指引下收集和分析用户对数据的要求，产生用户和设计者都能接受的需求分析报告书。需求分析的结果将直接影响后面各阶段的设计，以及设计是否合理和实用。

2. 概念结构设计

概念结构设计是指对用户的需求进行综合、归纳与抽象，形成一个独立于具体 DBMS 的概念模型，是整个数据库设计的关键。最常用于表示概念模型的是实体—联系图，即 E-R 图。

3. 逻辑结构设计

逻辑结构式指将概念模型转换成某个 DBMS 所支持的数据模型，并对其进行优化，反映的是系统分析设计人员对数据存储的观点，是对概念数据模型进一步的分解和细化。一般的逻辑结构设计分为以下 3 个步骤：

1）将概念结构转换为一般的关系、网状、层次等模型。

2）将转换来的关系、网状、层次数据模型向特定的 DBMS 支持下的数据模型转换。

3）以规范化理论为基础，优化数据模型。

4. 物理结构设计

物理结构设计是指为逻辑数据模型选取一个最适合应用环境的物理结构（包括存储结构和存取方法），然后对存储模式进行性能评价并修改设计。物理结构对真实数据库的描述，包括数据库中的一些对象，如表、字段、数据类型、长度、主键、外键、用户定义的完整性约束、索引、视图等。

5. 数据库实施

根据逻辑设计与物理设计的结果，在计算机系统上建立起实际数据库结构、装入数据、测试和运行的过程称为数据库实现，主要有以下 3 个方面的工作：

1）建立实际的数据库结构。

2）装入试验数据，对应用程序进行调试。

3）装入实际数据，进入试运行状态。测试系统性能，若不符合要求，则要修改物理结构或逻辑结构。

在数据库实施阶段，设计人员运用 DBMS 提供的数据语言及其宿主语言，根据逻辑设计和物理设计的结果建立数据库，编制与调试应用程序，组织数据入库并进行试运行。

6. 数据库运行与维护

数据库系统正式运行标志着数据库设计和应用开发工作的结束和维护阶段的开始，运行维护阶段的主要任务有以下 4 项。

1）维护数据的安全性和完整性。

2）监测并改善数据库的运行性能。

3）根据用户要求对数据库的现有功能进行调整或扩充。

4）及时发现并改正运行中的系统错误和不足。

1.4.2　数据结构设计

数据结构设计涵盖了数据库开发 6 个阶段中的需求分析、概念结构设计、逻辑结构设计、物理结构设计 4 个阶段，但是对于小型的简单项目，数据结构设计可以合并为 2 个阶段，即：

1）需求分析。准确理解与分析用户的需求（包括数据与处理），这是数据结构设计过程的基础，是最困难、最耗费时间的一步。

2）数据结构设计。对于简单的项目，可以跳过概念设计和逻辑设计阶段，直接进行物理结构设计。在这种简化的模式下，要特别注意使数据结构满足规范化要求，即至少要达到 3NF。通常的做法是采用合适的数据结构设计工具软件进行设计，数据结构设计工具软件能够把设计好的数据结构自动转换为对应的物理结构。

1. 需求分析

需求分析的任务是通过详细调查现实世界要处理的对象（包括组织、部门、企业等）来充分了解原系统（手工或计算机）的工作流程，明确用户的各种需求。然后，在此基础上确定新系统的功能。需求分析的重点是调查、收集、分析用户在数据管理中的信息要求、处理要求、安全要求与完整性要求。同时要为今后系统的扩展与改进预留一定的扩展空间（如编码字段的位数留长些、多设置几个字段等）。

从最基本的要求来看，至少要获得下述信息。

1）总体需求：理解客户对系统平台的总体需求，包括进度需求、交付期等。

2）业务需求：首先列出将要使用系统的部门以及各类用户的清单，然后了解清楚各个业务部门和各种用户的具体业务内容、业务流程，充分理解各个部门和用户希望达到的功能，还要了解清楚部门之间业务流转的情况以及异常流程的处理等，收集各种业务表格、表单、统计报表、图表，理解这些表格、表单中每一个数据项的含义、类型和处理要求。

3）系统功能：与客户共同确定系统应该具有的具体模块功能，确定系统边界，明确界定哪些功能是需要的，哪些功能是不需要的。

4）非功能需求：了解系统的非功能需求，如界面的风格样式、响应速度等。

例如，对一个学生成绩管理系统，首先要确定系统的使用者（学校）有什么要求，不同层次的学校（小学、中学或大学）对成绩管理系统的要求肯定不同，不同类型的学校（正规学校、培训学校）对成绩管理系统的要求也不一样。系统的规模不同，要求也不同，全校范围使用的成绩管理系统与一个系或一个班级使用的成绩管理系统要求可能不一样。使用的用户不同，要求也会有所差别，如果使用的用户包括教学管理人员、学生处、授课教师、班主任、学生等各种类型的用户，则要求的功能就比较全面；如果使用的用户仅有授课教师和学生，那么功能就可能少很多，数据库需要保存的信息也相应较少。

需求分析是数据结构设计过程中最重要、最困难的一步，通常是由具有丰富设计经验的系统分析师担任，且最好由熟悉客户业务的系统分析师来担任，如钢铁企业的信息管理系统最好由熟悉钢铁行业的系统分析师来设计。

在需求分析的基础上，写出需求分析报告（需求说明书和需求规格说明书），交客户签字确认，作为系统设计和开发的依据，在项目结束时以需求规格说明书为标准对系统进行验收。客户签字认可需求分析报告是非常关键的一个环节，它代表了需求分析阶段的结束。在系统设计和开发过程中，如果出现需求变更，必须写出需求变更说明书，交客户签字确认，作为需求分析报告的附件归档，同样作为项目验收的依据。

2. 数据结构设计

(1) 表设计的原则

1）规范化。规范化是数据结构设计的一个最重要的原则，而规范化的要求是达到第三范式（3NF），这时数据库在性能、扩展性和数据完整性方面达到了最好的平衡。

如果一张表不存在复合主键，那么就达到了2NF。因此，对于复合主键的表，只要增加一个单属性主键（如 UUID 主键），放弃原来的复合主键，那么必定满足 2NF 的要求。在此基础上，再遵循一个设计原则："One Fact in One Place"，即一个实体一张表，也就是说，一张表只包括其本身基本的属性，当存在不是它本身所具有的属性时，就对表进行分解，分解后的表之间通过外键连接。

例如，现在有两张表：客户表（Customer）和订单表（Order），那么要求客户表中不含有任何订单信息，而订单表中不含有任何客户信息，但在订单表中存在一个外键，引用客户表的主键，实现这两张表的连接。

2）数据完整性约束。除了规范化，另外一个重要的原则是完整性约束，按照关系模型的完整性约束要求，必须设计下述 3 种完整性约束。

① 实体完整性：每个实体都必须有一个主键，且主键值不能为空。

② 参照完整性：外键的值只能取被引用的主键的值，或空值。

③ 用户定义完整性：用户针对某一具体关系数据库制定的约束条件，如 NOT NULL、CHECK 约束等。

在设计时正确地设置主键、外键以及用户定义的完整性约束后，DBMS 能够自动地保证这 3 类完整性约束要求的实现，而不需要设计人员和程序员的干预。

3）选择合适的数据类型

① 字符型或数字型的考虑：如对于邮政编码、电话号码、数字型密码等，虽然是纯数字，但应该作为字符串类型处理，做这样处理可能造成丢失前导 0 的问题（如河北和山西等省的邮政编码是以 0 开始的）。

② 整数或小数的考虑：如对于购货单上的数量，通常为件，可以用整数；购货单上的重量，通常可以考虑采用浮点数，如 3.5 公斤。

③ 数据宽度的考虑：如 tinyint 只有 8 位，无法表示较大的数字；又如，中文姓名一般使用 8 个字节（4 个汉字），但对于表示图书作者，则可能有多个作者并列，因此要有足够的宽度。

④ 各种日期类型的考虑：日期类型有 Date、Datetime、Time、Timestamp 等多种，应

该根据需要选用，如出生日期应该用 Date（只包含日期），而不用 Datetime（包含日期和时间）。

4）其他注意事项。考虑到设计和编程的需求，以及今后功能扩充的要求，可以考虑以下几点：

① 增加一个时间戳字段 timestamp。时间戳是一个非常有用的字段，在许多数据库系统中，默认设置是在创建及修改时为时间戳字段自动赋给当前时间。

② 考虑一些通用的字段，可以为每个表增加下述字段。

created_date：该记录的创建时间。

created_by：该记录的创建人，是一个外键，引用用户表的主键。

deleted：标识该记录是否为删除，而不是实际删除这条记录。

③ 在设计数据库时要考虑数据字段将来可能发生的变更，还要留有一定的冗余。例如，可以为所有表增加一个备注字段，即使用户没有这样的明确需求。

（2）命名规范

在数据库设计中，用完整的、具有明确含义的英文单词来命名数据表、字段等。书写时建议全部小写，尽量不要缩写；如果有缩写，也用小写字母；有两个或多个单词时，单词之间一律用下划线分隔。

注意：各公司有自己的规范，应该严格按公司的规范命名。

1）表名。表名一般由两个或多个单词组成，全部小写，单词之间用下划线分隔。第一个单词表示该表所属的模块（有利于模块化设计，模块名可使用缩写，小写字母），第二个单词表示表本身的含义，如图书馆（library）项目的表名：lib_book、lib_user、lib_copy、lib_lending。

2）列名。列名全部使用小写，当有两个或多个单词时用下划线分隔，列名应尽量简洁。

3）主键。主键一般由完整的表名加_id 组成，如 lib_user_id。

4）外键。外键与被引用的主键同名，因此非常容易辨识引用的是哪张表。

当一张表中存在两个外键引用了同一张表的主键时，需要部分改名，如图书借阅系统中的借阅表中有两个经手人：lib_user_id_lending（借出经手人）和 lib_user_id_return（还书经手人），在被引用的主键名的后面加上表明含义的单词。

5）视图、索引、存储过程、触发器。对于视图、存储过程、触发器等对象的命名，通常由前缀（如 v_、p_、t_等）、表名等组成，有时还要加上字段名。普通索引的前缀常用 idx_，唯一性索引的前缀可以用 idxu_，主键对应约束名的前缀是 pk_，外键对应约束名的前缀是 fk_。

（3）主键的处理

主键可以采用下述 3 种方式。

1）业务用的唯一标识：这是用户数据中的唯一标识，如学号、身份证号码等。

2）自动增量的数字：一般是长整型数字，由数据库系统自动维护。

3）UUID 类型：全球唯一 ID（Universal Unique ID，也称为 GUID 和 Global Unique

ID)，它是一个全球唯一的 128 位的值，通常该值转换为一个 36 字节的字符串，如 efe18862-1746-4493-81c6-d098264a345a，因此数据类型应该是 CHAR（36）。该值可由数据库系统自动生成，也可由程序生成，一般建议由程序生成。

建议统一采用 UUID 作为主键。UUID 的最大好处是它的唯一性，它允许两个数据库的数据合并，而不会造成太大的影响。采用 UUID 作为主键后，其他可用作主键的字段不再作为主键使用，因此可以在需要时方便地修改。例如，用户的登录账号如果作为主键，要修改一个用户的登录账号，将会涉及多个相关的表。如果不作为主键，则只需修改一处。但要注意的是，账号一类的字段不作为主键后，还需要为它建立唯一性索引，以保证没有重复的账号出现。

注意：应该避免使用多字段组成的复合主键，在需要这种主键的情况时，可在采用 UUID 作为主键后，为这一组多字段建立一个唯一性索引。例如，成绩表原来的主键是“student_id + course_id”，为其增加 UUID 的主键“score_id”后，可以为“student_id + course_id”建立一个唯一性索引，以防止出现重复的学生 + 课程组合。

(4) 合理使用索引

索引有两种用途，一是提高查询的效率；二是利用唯一性索引，避免出现相同的值。因此，对于一些不允许出现相同值的字段，如登录账号、身份证、手机号码等字段，以及原来作为复合主键的字段，都应该建立唯一性索引。

(5) 充分利用视图

可以建立视图，在数据库和应用程序之间提供另一层抽象。有关视图的讨论详见第 5 章。

3. 数据字典

数据字典是系统中各类数据描述的集合，是进行详细的数据收集和数据分析所获得的主要成果；通常包括数据项、数据结构、数据流、数据存储和处理过程 5 部分。

下面以学生成绩管理系统为例，简要说明如何定义数据字典。

(1) 数据项：以“学号”为例

数据项名：学号

数据项含义：唯一标识每一个学生

别名：学生编号

数据类型：字符型

长度：10

取值范围：0000000000 ~ 9999999999

取值含义：前两位表示系，3、4 位表示入学年份，5、6 位表示专业，7 位表示学制，8 位表示同专业班级编号，9、10 位表示班内序号。

与其他数据项的逻辑关系：学生成绩表等要以该数据项作为外键。

(2) 数据结构：以“学生”为例

数据结构名：学生

含义说明：学生成绩管理系统的主体数据结构，定义了一个学生的有关信息。

组成：学号，姓名，性别，年龄，所在班级。

4. 编制文档

为设计建立规范的文档，这些文档包括用户需求说明书、需求规格说明书、概要设计书、数据库设计说明书、详细设计说明书等。

1.4.3　数据结构设计工具软件

在实际项目开发中，需要使用有关的工具软件进行数据结构设计，这类软件有多种。例如，IBM 的 Rational Rose 是一个大型的数据结构设计工具，且功能强大，而 Microsoft Office 套件中的 Visio 也具有数据结构设计的功能，特点是简单易用。而在实际开发中最受欢迎的是 SyBase 公司的 PowerDesigner、CA 公司的 ERWin 和 Sparx Systems 公司的 Enterprise Architect。MySQL 也提供了一个非常实用的设计工具 MySQL Workbench。这里以 PowerDesigner 为例进行简单介绍。

PowerDesigner 是一个专业的数据结构设计工具，利用它可以制作概念数据模型、逻辑数据模型、物理数据模型、面向对象模型、业务流程模型、需求模型和 UML 图等，甚至可以生成 C ++ 和 Java 的源代码，支持团队协作设计和开发。本节的所有结构图均采用 PowerDesigner 绘制，包括概念数据模型图、逻辑数据模型图、物理数据模型图、用例图等。

1. PowerDesigner 的安装

PowerDesigner 提供试用版，可以从其网站下载并安装。

2. PowerDesigner 的使用

PowerDesigner 的主界面如图 1-12 所示。首先创建一个项目，然后从项目的右键菜单中选择“Physical Data Model”选项（见图 1-13），新建一个物理数据模型，这时 PowerDesigner 的界面左边是项目浏览区，右边是绘图区，其中有一个浮动的工具条，利用工具条上的工具，可以添加表和联系等。双击表实体，将弹出表的属性定义窗口，如图 1-14所示，可以定义属性，包括主键、外键等。

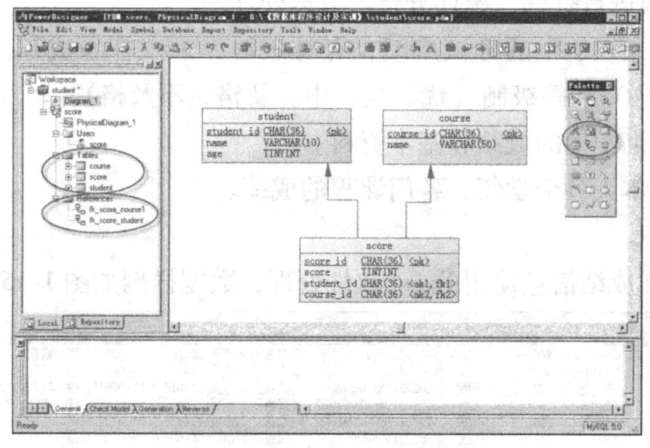

图 1-12　PowerDesigner 主界面

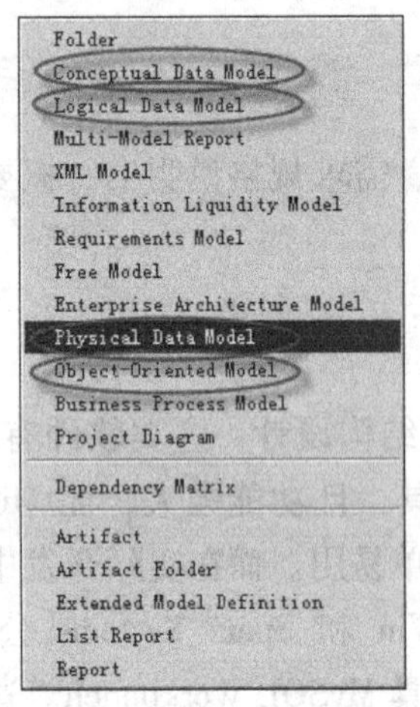

图 1-13　新建物理数据模型

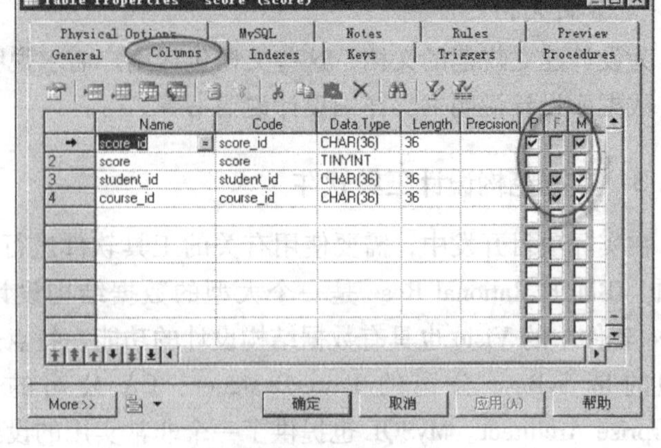

图 1-14　属性定义窗口

1.4.4　数据结构设计实例

这里以一个小型的成绩管理系统为例，讲解数据结构设计的过程。

1. 需求分析

(1) 总体需求

设计和开发一个小规模的成绩管理系统，满足系部管理人员及授课教师的成绩录入、查询和统计分析的要求，同时允许学生查询本人的成绩。

(2) 业务分析

系统角色有系部管理人员、授课教师、班主任、学生 4 类。

1）系部管理人员：录入和维护学生的基础资料，包括学号、姓名、性别、生日、入校日期、民族、身份证号、家庭住址、邮政编码、联系电话、学籍标识、班级、专业、系部；录入和维护学生的选课信息，包括学号、姓名、学期、课程名、课程类别、课时、授课教师；对学生成绩进行查询、统计分析等数据处理。

2）授课教师：录入学生的考试成绩；有补考时，录入补考成绩。考试成绩有两种，即百分制（0～100 分）和等级制（优、良、中、及格、不及格）。

3）班主任：查询学生的成绩和基本资料。

4）学生：查询本人各个学年、各门课程的成绩。

(3) 信息化现状

目前学生资料和成绩信息使用 Excel 软件处理，数据样例如图 1-15 所示。

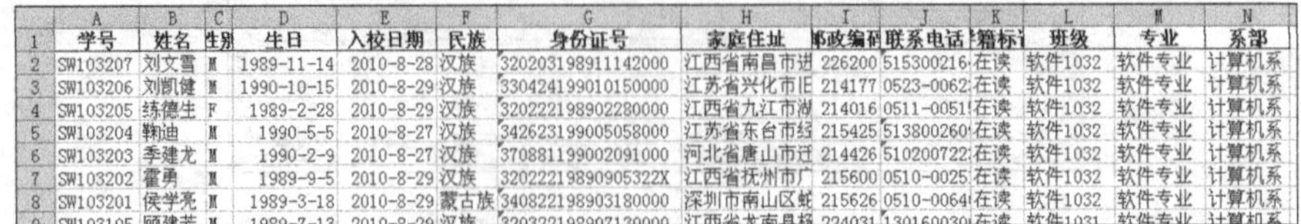

	A	B	C	D	E	F	G	H	I	J	K	L	M	N
1	学号	姓名	性别	生日	入校日期	民族	身份证号	家庭住址	邮政编码	联系电话	籍标识	班级	专业	系部
2	SW103207	刘文雪	M	1989-11-14	2010-8-28	汉族	320203198911142000	江西省南昌市进	226200	515300216	在读	软件1032	软件专业	计算机系
3	SW103206	刘凯健	M	1990-10-15	2010-8-29	汉族	330424199010150000	江苏省兴化市旧	214177	0523-0062	在读	软件1032	软件专业	计算机系
4	SW103205	练德生	F	1989-2-28	2010-8-29	汉族	320222198902280000	江西省九江市湖	214016	0511-0051	在读	软件1032	软件专业	计算机系
5	SW103204	鞠迪	M	1990-5-5	2010-8-27	汉族	342623199005058000	江苏省东台市经	215425	513800260	在读	软件1032	软件专业	计算机系
6	SW103203	季建龙	M	1990-2-9	2010-8-27	汉族	370881199002091000	河北省唐山市迁	214426	510200722	在读	软件1032	软件专业	计算机系
7	SW103202	霍勇	M	1989-9-5	2010-8-29	汉族	32022219890905322X	江西省抚州市广	215600	0510-0025	在读	软件1032	软件专业	计算机系
8	SW103201	侯学亮	M	1989-3-18	2010-8-29	蒙古族	340822198903180000	深圳市南山区蛇	215626	0510-0064	在读	软件1032	软件专业	计算机系
9	SW103105	顾建芳	M	1989-7-13	2010-8-29	汉族	320322198907130000	江西省龙南县杨	224031	130160030	在读	软件1031	软件专业	计算机系

图 1-15　学生信息表

	A	B	C	D	E	F	G	H	I	J	K	L	M
1	学号	姓名	学期	课程名	课程类别	成绩			补考成绩			课时	教师
2						百分制	等级	合格	百分制	等级	合格		
3	SW103207	刘文雪	09-10(I)	大学英语	基础课		优					64	许荧中
4	SW103207	刘文雪	09-10(II)	科学技术基础	基础课		及格					64	汪德强
5	SW103207	刘文雪	09-10(I)	打字训练	选修课			合格				16	黄敏
6	SW103207	刘文雪	10-11(II)	Javat程序设计	专业课	88						64	李得燕
7	SW103207	刘文雪	10-11(II)	数据库程序设计	专业课	53			60			80	周可望
8	SW103206	刘凯健	09-10(I)	大学英语	基础课		良					64	许荧中
9	SW103206	刘凯健	09-10(II)	科学技术基础	基础课		良					64	汪德强
10	SW103206	刘凯健	09-10(I)	打字训练	选修课			合格				16	黄敏

图 1-16　成绩记录表

(4) 非功能性需求

系统用户数在 3000 人以内，教师人数为 40 人，同时在线用户数 100 人左右，并发用户数为 5 ~ 40 人。

单用户查询操作请求响应时间一般不大于 2 秒，最长不大于 5 秒。在 Windows 操作系统平台下运行，系统 24 小时运行，停机时间不超过 2%。系统界面友好，易于使用，并提供联机帮助功能。

(5) 功能分析

在对需求进行分析的基础上提出成绩管理系统的功能，用例图如图 1-17 所示。

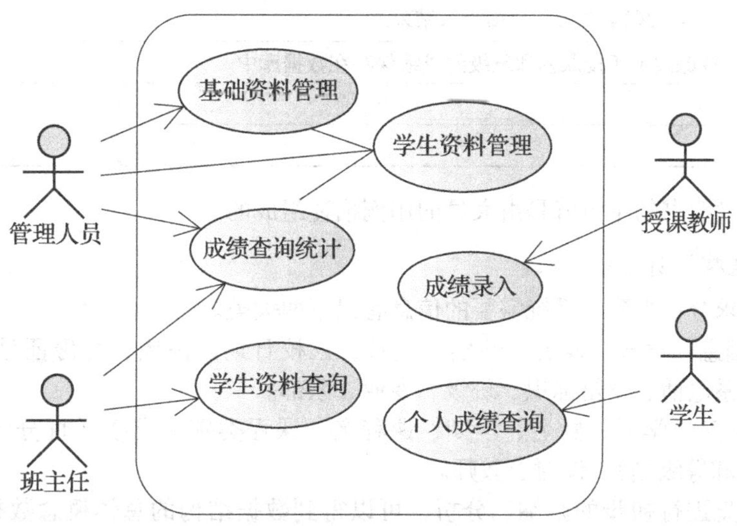

图 1-17　成绩管理系统用例图

图中的人物图案是参与者（Actor），椭圆表示用例（Use Case），圆角方框表示系统边界，用带箭头的连线表示参与者与用例的关系，参与者不一定是人，有时也可以是其他的部件，如另一个应用软件或外围设备。

用例图非常直观地反映了用户的需求，是需求分析的有力工具。每个用例都有一个名称，描述了系统要执行的一组动作。例如，成绩录入的用例包括了显示录入界面，接收用户输入，最后保存录入的数据等一系列动作。一个完整的用例图还需要对每个用例进行完整而详细的说明，称为用例描述。用例描述一般以表格的形式记录，如成绩录入的用例描述见表 1-2。

表 1-2　成绩录入用例描述表

<table>
<tr><td>软件名称</td><td>成绩管理系统</td><td>模块名称</td><td colspan="3"></td></tr>
<tr><td>用例名称</td><td>成绩录入</td><td>用例编号</td><td>SM-Score-UC-0001</td><td>用例类型</td><td></td></tr>
<tr><td>设 计 者</td><td>×××</td><td>创建日期</td><td>2011 - 3 - 3</td><td>版 本 号</td><td>1.0</td></tr>
<tr><td>审 核 人</td><td>×××</td><td>审核日期</td><td>2011 - 3 - 20</td><td>设计状态</td><td>已审核</td></tr>
<tr><td>参 与 者</td><td colspan="5">授课教师</td></tr>
<tr><td>用例描述</td><td colspan="5">授课教师在期末考试结束后，以及补考结束后，录入学生的成绩</td></tr>
<tr><td>假设条件</td><td colspan="5">考试或补考已经结束，成绩计算完毕</td></tr>
<tr><td>前置条例</td><td colspan="5">授课教师已登录系统</td></tr>
<tr><td>步　　骤</td><td colspan="5">1. 授课教师单击“成绩录入”
2. 系统显示该教师所授课程和班级列表
3. 教师选择一门课程和班级
4. 系统显示该课程及班级的学生名单，以及成绩录入框
5. 教师为每一位学生录入该课程的成绩
6. 完成录入后，教师单击“提交”按钮
7. 系统提示“是否确认成绩录入的数据，确认后将提交数据。”
8. 教师确认提交，成绩录入结束</td></tr>
<tr><td>后置条件</td><td colspan="5">授课教师所授课程和班级的成绩保存在数据库中</td></tr>
<tr><td>特殊需求</td><td colspan="5"></td></tr>
<tr><td>备　　注</td><td colspan="5"></td></tr>
</table>

需求规格说明书的主体就是由大量的用例描述组成的。

2. 数据结构设计

前述的需求分析得到了系统需要的信息有以下两大类。

1）学生信息：学号、姓名、性别、生日、入校日期、民族、身份证号、家庭住址、邮政编码、联系电话、学籍标识、班级、专业、系部。

2）成绩信息：学号、姓名、学期、课程名、课程类别、成绩（百分制和等级制）、补考（百分制和等级制）、课时、教师。

对这些信息进行初步的归纳、分析，可以得到数据结构的总体概念数据模型，如图 1-18所示。

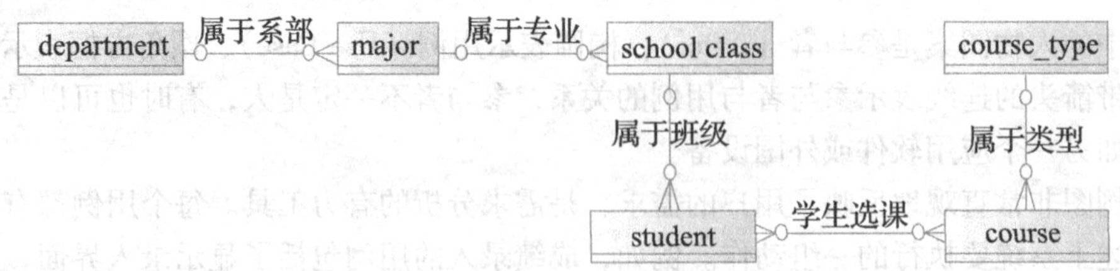

图 1-18　成绩管理系统的概念数据模型

按照前面表设计原则中的关于“每个实体一张表”的原则，对这些信息进行进一步的详细分析。除了学生实体，可能还存在的实体如下。

1）性别：由于只有两个取值，不宜作为实体，宜作为属性，但取值可以使用 M、F 表示男、女，这是国际上通用的做法。

2）民族：可以作为一个实体，并采用国家标准《中国各民族名称的罗马字母拼写法和代码》（GB/T 3304-1991），该标准提供了 3 种代码（数字代码、罗马字母拼写法、字母代码），本系统采用字母代码，用两个字母表示，均为大写，如汉族是 HA，藏族是 ZA。

3）学籍标识：在调查时发现，学籍标识共有 5 个取值，即在读、毕业、休学、退学、参军，因此可以将其作为实体进行处理，并采用两个数字的字符串表示。

4）班级：应该作为一个实体。

5）专业：应该作为一个实体。

6）系部：应该作为一个实体。

7）家庭住址：从表面上看，家庭住址仅是一个属性，但是应该预见到今后的需求，有可能按生源地进行统计，因此，可以将这个属性分为两个属性，即家庭所在省（自治区、直辖市）和家庭详细地址，前者可以独立成为一个实体，并采用《中华人民共和国行政区划代码》（GB/T 2260-2007），如 110000 表示北京市、320000 表示江苏省。

通过以上分析，可以将学生信息分为以下关系：

① 学生（学号、姓名、性别、生日、入校日期、身份证号、家庭详细住址、邮政编码、联系电话）

② 民族（民族）

③ 学籍标识（学籍标识）

④ 班级（班级）

⑤ 专业（专业）

⑥ 系部（系部）

⑦ 行政区划（行政区划）

同样，对于成绩信息，除了成绩实体，可能还存在的实体如下。

1）姓名：应该作为一个实体。

2）学期：对于要求较高的系统，可以将其作为一个实体。本书将其作为属性处理。

3）课程：应该作为一个实体。

4）教师：应该作为一个实体，并且可以根据实际情况，考虑增加一些与教师有关的属性，如教师的联系电话。

其中，姓名是学生的姓名，即前面定义的学生实体。对于课程实体还能进一步分为两个实体。

通过分析，将成绩信息分为以下关系：

① 成绩（学号、学期、百分制成绩、等级制成绩、百分制补考、等级制补考）

② 课程（课程名、课时）

③ 课程类别（课程类别）

④ 教师（姓名、电话）

经过上述分析，共设计了 11 个实体，这就是概念数据模型。概念数据模型仅是对系统中实体的关系的粗略描述，着重点在于实体和实体间的关系，它清楚地描述了关系的类型是 1:1、1:n 还是 m:n 等。概念数据模型不涉及属性的细节，更不涉及主键和外键等。在概念数据模型的基础上，进一步细化，定义了所有属性以及有关的细节后，这个模型就成为了逻辑数据模型。在逻辑数据模型中还可以不考虑数据的类型、主键和外键等。成绩管理系统的逻辑数据模型如图 1-19 所示。

PowerDesigner 支持从概念数据模型生成逻辑数据模型，然后再生成物理数据模型。

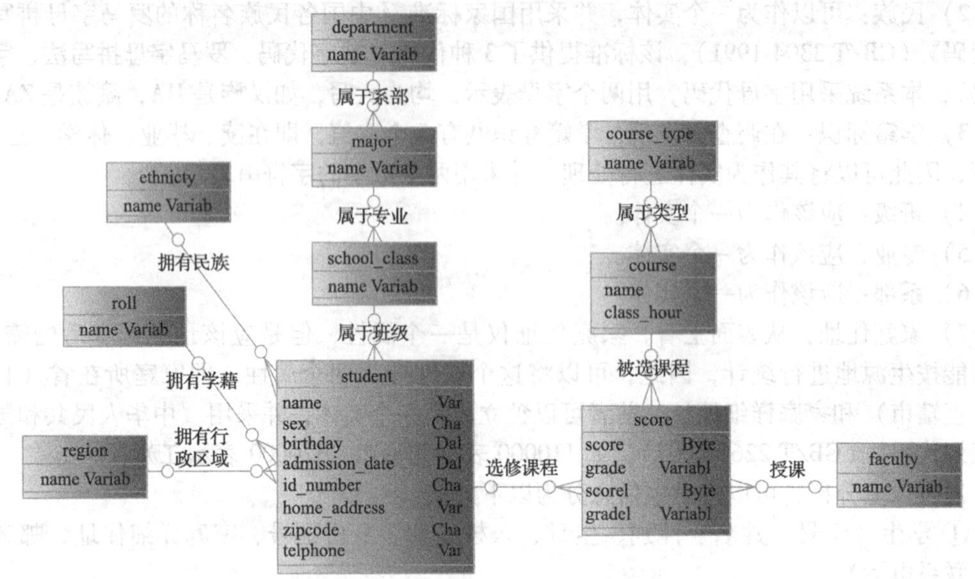

图 1-19　成绩管理系统的逻辑数据模型

在物理结构设计阶段，需要针对具体的数据库管理系统，考虑主键、外键、数据类型等，并完善所有的属性定义、有关的约束以及索引等。图 1-20 是上述逻辑数据模型在 SQL Server 2012 平台上设计的物理数据模型。

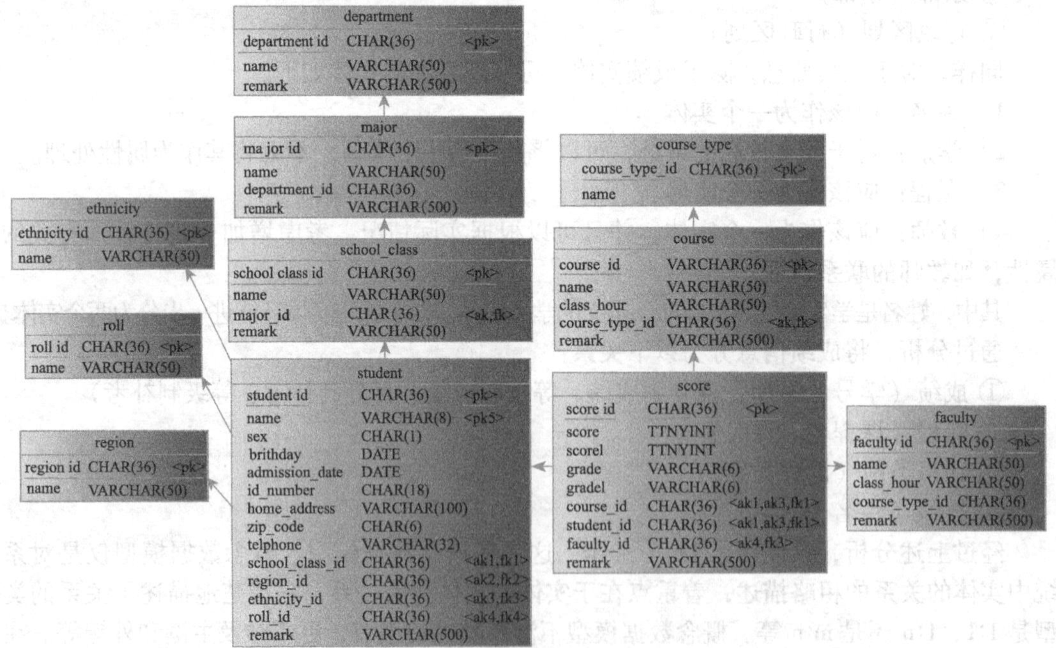

图 1-20　成绩管理系统的物理数据模型（SQL Server 2012 平台）

对于不同的数据库管理系统，物理数据模型会有少许差别，例如数据类型的不同。

3. 数据字典

根据上述物理模型，可以建立数据字典，具体见附录 A 学生成绩管理系统数据表结构的表 A-1 ~ 表 A-11。

在上述数据字典的设计过程中，大部分表结构在设计过程中配置一个唯一的、有实际编码意义的字段作为主键，如系部编号、专业编号等。成绩表未采用复合主键，而是采用 UUID 编码作为主键，其值通过 SQL Server 的 NEWID() 方法获取，如 B23133E5-5327-47B6-A2EF-1534DBF2FE88。

4. 数据库和表的生成

所有的数据结构设计工具软件都具有正向工程和逆向工程的功能。正向工程是指从设计好的物理数据结构生成对应的数据库和数据表，而逆向工程则是从现有的数据库和数据表中逆向生成对应的物理数据结构。

(1) 正向工程

PowerDesigner 可以从数据结构生成数据库（Database）以及各种报告（Report）和文档（见图 1-21a）。从物理数据结构生成数据库前应该先选择目标数据库管理系统，它支持 Oracle、SQL Server、MySQL 和 PostgreSQL 等几乎所有的数据库管理系统，即在数据库连接的前提下直接生成数据库，也可以生成相应的 SQL 脚本，这些 SQL 脚本代码可以保存成文件，供生成数据库使用（见图 1-22）。

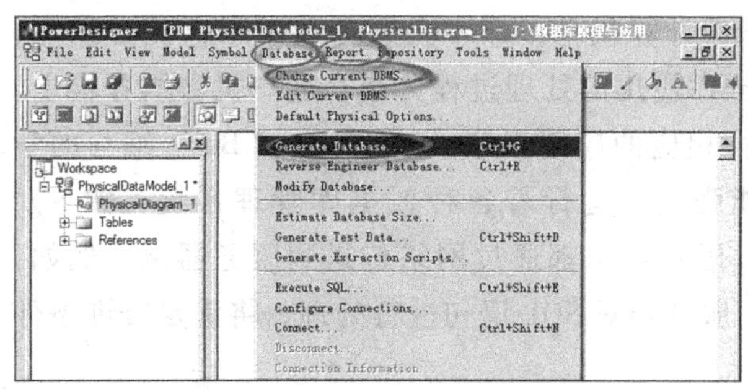

a)

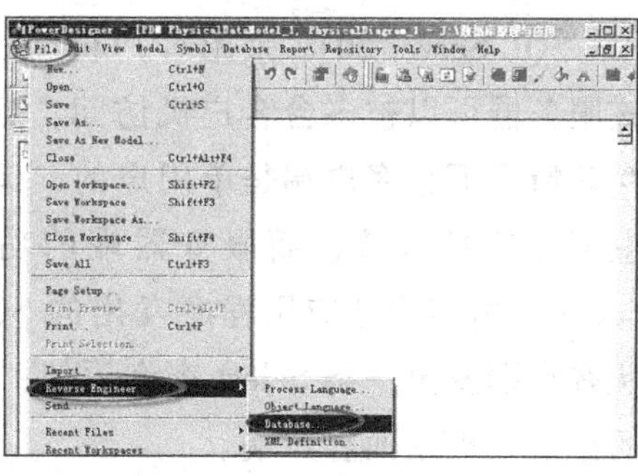

b)

图 1-21　PowerDesigner 的正向工程和逆向工程菜单

a) 正向工程　b) 逆向工程

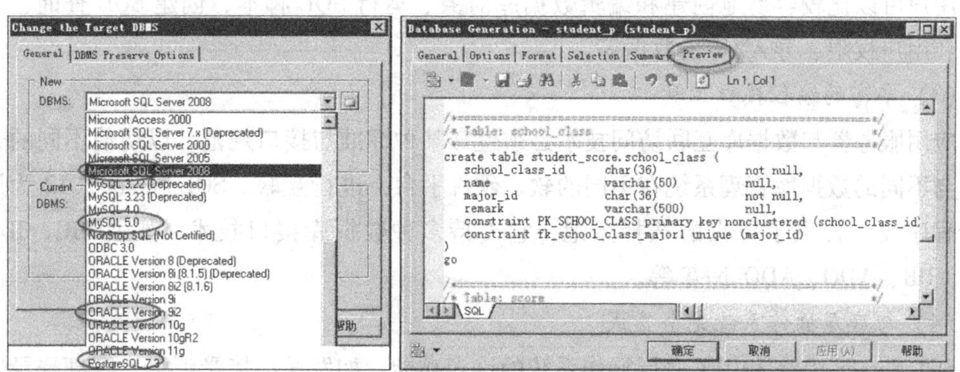

图 1-22　改变物理模型的 DBMS 和正向工程输出的 SQL 语句

（2）逆向工程

PowerDesigner 可以从数据库、面向对象的程序设计语言（如 Java、C ++）或过程性语言中生成相关的数据模型（见图 1-21b），以便对数据结构做进一步的分析和优化，或者生成数据字典，形成项目的文档报告。

1.5 SQL Server 2012 入门

1.5.1 SQL Server 2012 系统简介

SQL Server 是由 Microsoft 开发和推广的关系数据库管理系统（RDBMS），它最初是由 Microsoft、Sybase 和 Ashton-Tate 3 家公司共同开发的，并于 1988 年推出了第一个 OS/2 版本。SQL Server 近年来不断更新版本，SQL Server 2012 是 Microsoft 公司于 2012 年推出的最新版本，包括企业版（Enterprise）、标准版（Standard）、商业智能版（Business Intelligence）等。SQL Server 2012 可以运行于 Windows 7、Windows Server 2008 等 Windows 系列的多种操作系统。

SQL Server 2012 作为大型网络关系型数据库管理系统，可用于大型的数据库管理、大型的联机事务处理、数据仓库及电子商务等，主要具有以下几个特点：

（1）客户机/服务器体系结构

SQL Server 2012 采用客户机/服务器计算模型，即中央服务器用来存储数据库，该服务器可以被多台客户机访问，数据库应用的处理过程分布在客户机和服务器上。在此情况下，客户端是单用户的，运行相应的应用程序，如用 Visual Basic 编写的学生管理信息系统；而服务器端的功能强大，运行着各种数据库管理系统，如 SQL Server。由客户端应用程序发出的 SQL 语句请求都通过网络传送到服务器端。例如，从客户端发出一条 Select 查询语句，由服务器对 SQL 语句进行处理，将满足查询条件的记录集再返回客户端。

（2）图形化用户界面

SQL Server 2012 的组件采用图形用户界面，使系统管理和数据库管理更加直观、简单，用户可以比较容易地创建和编辑数据库对象、运行 SQL 脚本、创建 SQL 查询、管理用户和用户权限、导入/导出数据等。

（3）丰富的编程接口工具

应用服务器与数据库互联访问技术必须遵守某种标准与接口规范，以便使不同的开发工具与不同的数据库管理系统在不同的软、硬件平台上进行互联。SQL Server 2012 为用户进行程序设计提供了更大的选择余地，它支持多种数据库接口技术，如 ODBC、JDBC、OLE、DB、ADO、ADO. NET 等。

（4）与底层操作系统完全集成

SQL Server 2012 利用了底层操作系统的许多功能，如发送和接受消息、管理登录安全性等。

(5) 对 Web 技术的支持

SQL Server 2012 使用户能够很容易地将数据库中的数据发布到 Web 页面上。

(6) 提供数据仓库功能

Microsoft 将 OLAP 功能集成到 SQL Server 2012 中，提供可扩充的基于 COM 的 OLAP 接口。它通过一系列服务程序支持数据仓库应用。

1.5.2 SQL Server 2012 的安装

安装 SQL Server 2012 之前，用户需要了解其安装环境的具体要求。确定系统的配置要求和所需安装的组件后，本小节带领读者完成 SQL Server 2012（Enterprise Evaluation Edition）的详细安装过程，具体步骤如下：

1）将 SQL Server 2012 安装光盘放入光驱，双击安装文件 setup. exe，进入 SQL Server 2012 的安装中心界面，如图 1-23 所示。

2）单击安装中心左侧的“安装”选项，该选项提供了多种功能，选择“全新 SQL Server 独立安装或现有安装添加功能”选项，然后安装程序将对系统进行一些常规检测，如图 1-24 所示。

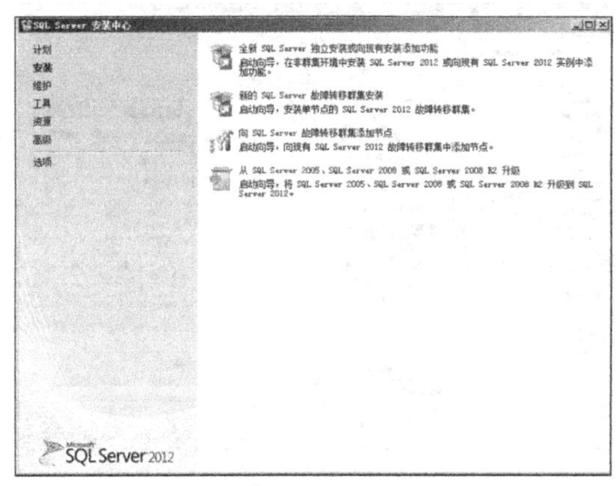

图 1-23　安装中心界面

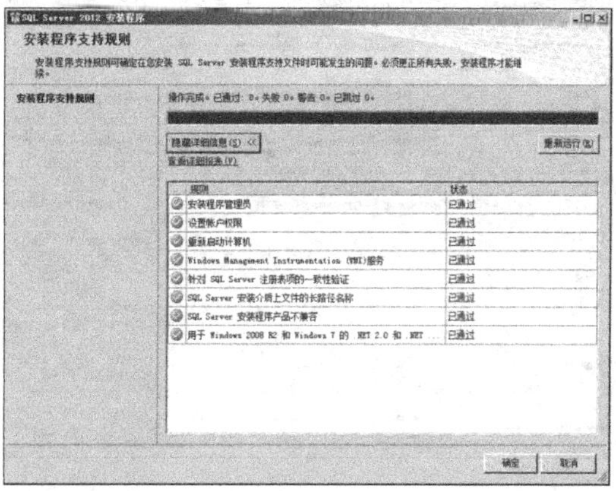

图 1-24　“安装程序支持规则”检测界面

3）全部规则检测通过之后，单击“确定”按钮进入“产品密钥”界面，在该界面中可以输入购买的产品密钥。如果是使用体验版本，则可以在下拉列表框中选择“Evaluation”选项，然后单击“下一步”按钮，如图 1-25 所示。

4）打开“许可条款”界面，勾选“我接受许可条款”复选框，然后单击“下一步”按钮，打开“安装安装程序文件”界面，单击“安装”按钮，则将安装 SQL Server 程序所需的组件，如图 1-26 所示。

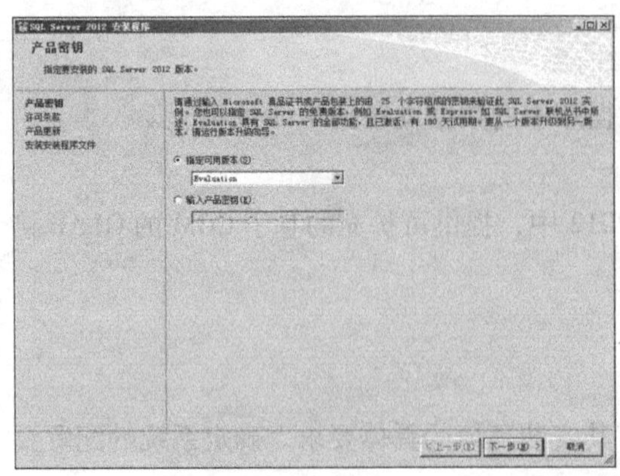

图 1-25　“产品密钥”界面

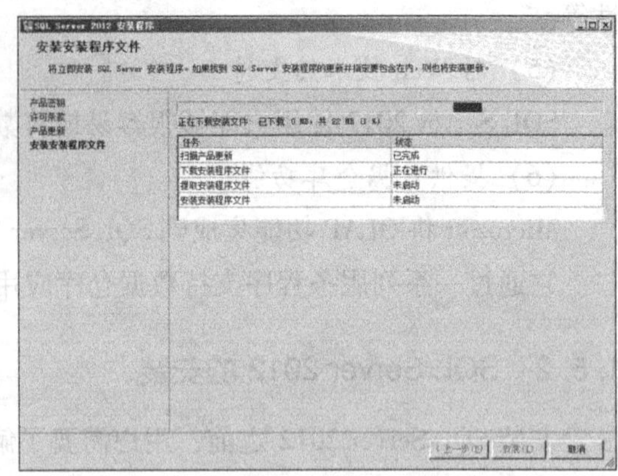

图 1-26　“安装安装程序文件”界面

5）安装完安装程序文件后，安装程序将自动进行第二次支持规则的检测，全部通过后单击“下一步”按钮，打开“设置角色”界面，选中默认的“SQL Server 功能安装”单选按钮，如图 1-27 所示。

6）在图 1-27 中单击“下一步”按钮，打开“功能选择”界面。如果需要安装某项功能，则选中对应功能前面的复选框，如图 1-28 所示。

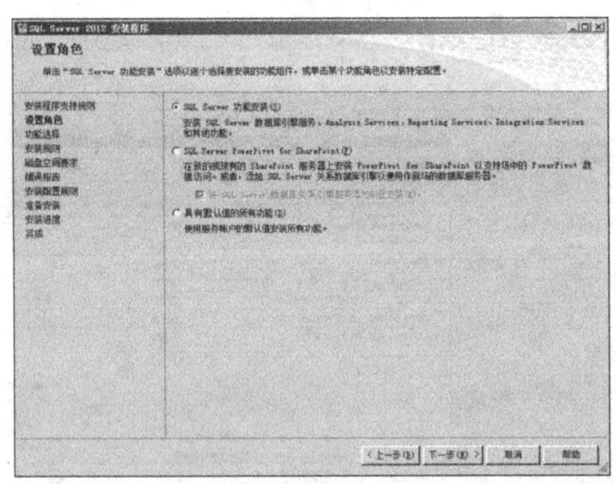

图 1-27　“设置角色”界面

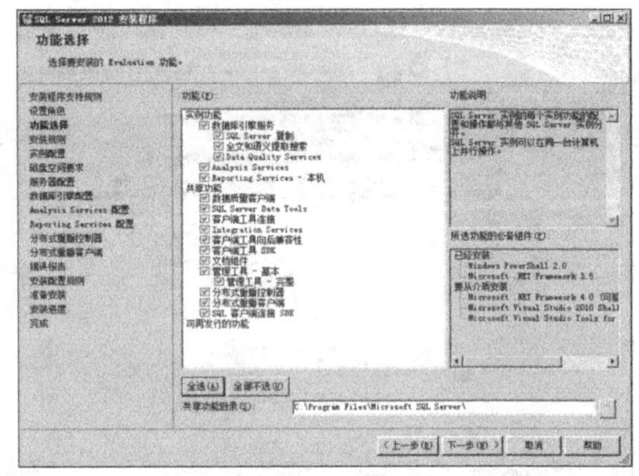

图 1-28　“功能选择”界面

7）打开“安装规则”界面，系统自动检查安装规则信息。打开“实例配置”界面，在安装 SQL Server 的系统中可以配置多个实例，每个实例必须有一个唯一的名称。这里选中“默认实例”单选按钮，单击“下一步”按钮，如图 1-29 所示。

8）打开“磁盘空间要求”界面，该步骤只是对硬件进行检测，直接单击“下一步”按钮，打开“服务器配置”界面。该步骤设置使用 SQL Server 各种服务的用户，账户名称后面统一选择 NT AUTHORITY \ SYSTEM，表示本地主机的系统用户，单击“下一步”按钮，如图 1-30 所示。

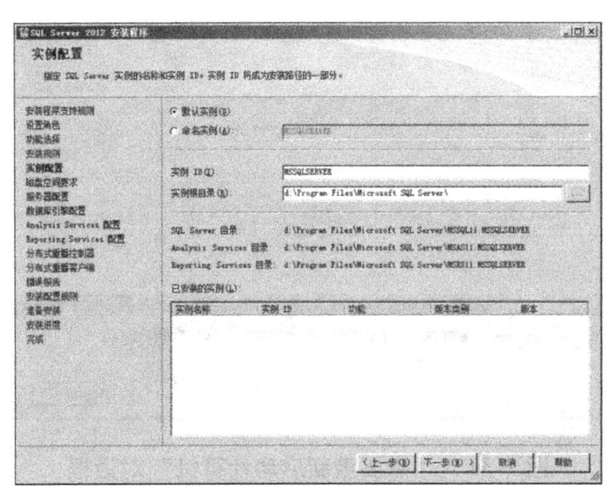

图 1-29　“实例配置”界面

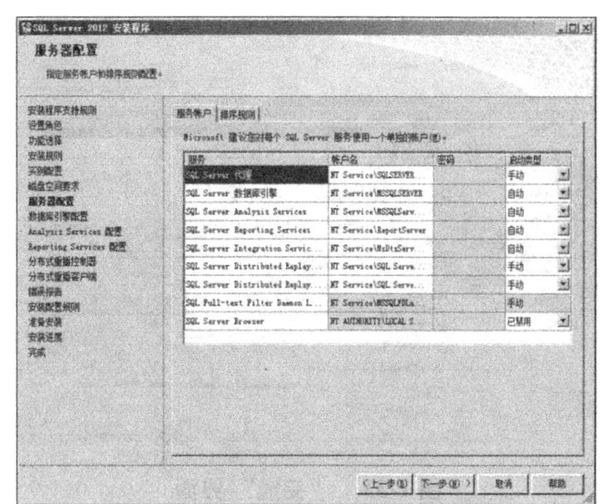

图 1-30　“服务器配置”界面

9）打开“数据库引擎配置”界面，其中显示了设计 SQL Server 的身份验证模式，这里选择使用混合验证模式，为 SQL Server 的系统管理员设置登录密码。然后单击“添加当前用户”按钮，将当前用户添加为 SQL Server 管理员。单击“下一步”按钮，如图1-31 所示。

10）依次打开“Analysis Services 配置”“Reporting Services”“分布式重播控制器”“错误报告”界面，进行各类配置。然后打开“安装配置规则”界面，再次对系统进行检测。通过后，单击“下一步”按钮。

11）打开“准备安装”界面，该界面只是描述了将要进行的全部安装过程和安装路径，单击“安装”按钮开始进行安装，如图 1-32 所示。

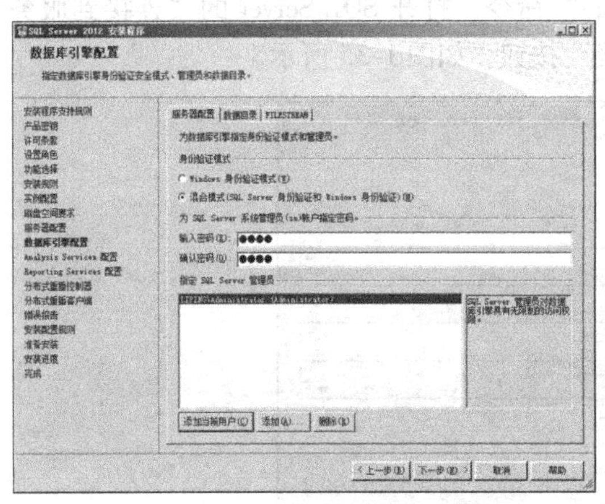

图 1-31　“数据库引擎配置”界面

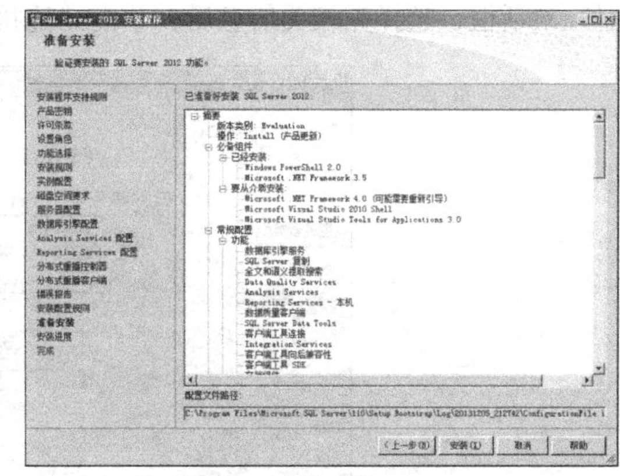

图 1-32　“准备安装”界面

12）安装完成后，单击“关闭”按钮完成 SQL Server 2012 的安装过程，如图 1-33 所示。

13）弹出“需要重新启动计算机”对话框，单击“确定”按钮，重新启动计算机即可，如图 1-34 所示。

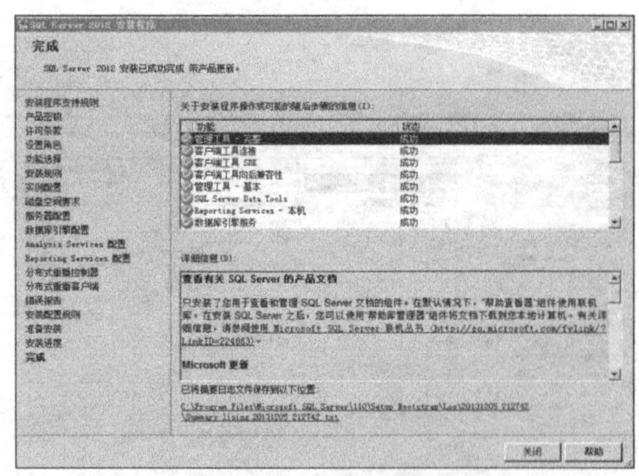

图 1-33　“完成”界面

图 1-34　“需要重新启动计算机”对话框

1.5.3　SQL Server 2012 的使用

SQL Server 2012 提供图形化的数据库开发和管理工具，其中 SQL Server Management Studio（简称 SSMS）就是一种集成化开发环境。SSMS 简易直观，可以使用该工具访问、配置、控制、管理和开发 SQL Server 的所有组件。它将早期版本的 SQL Server 中所包含的企业管理器、查询分析器和 Analysis Manager 功能整合到单一的环境中，使得所有组件能协同工作。

SQL Server 安装到系统中以后，将作为一个服务由操作系统监控，而 SSMS 则作为一个单独的进程进行运行。

打开 SSMS 并且连接到 SQL Server 服务器，具体操作步骤如下：

1）单击“开始”按钮，在弹出的菜单中该选择“所有程序”→“Microsoft SQL Server 2012”→“SQL Server Management Studio”命令，打开 SQL Server 的“连接到服务器”对话框，选择完相关信息后，单击“连接”按钮，如图 1-35 所示。

图 1-35　“连接到服务器”对话框

2）连接成功，进入 SSMS 的主界面，该界面显示了左侧的“对象资源管理器”窗口，如图 1-36 所示。

模板资源管理器、解决方案与项目脚本是 SSMS 中的两个组件，可以方便用户在开发时对数据的操作和管理。

在以后的章节中将逐步介绍 SSMS 的具体使用方法，这里暂不一一叙述。

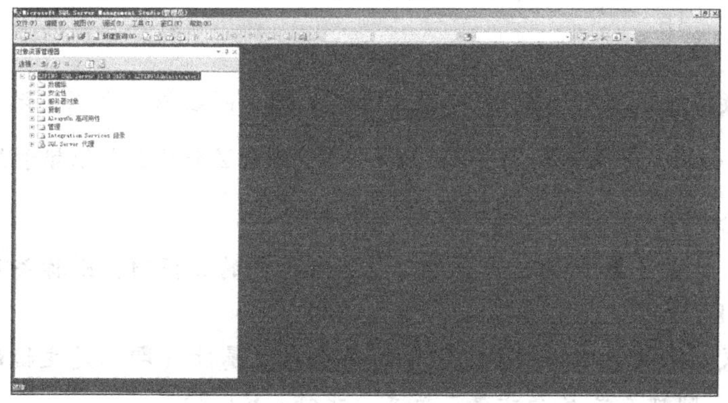

图 1-36　SSMS 主界面

本章小结

1. 数据库系统的组成

数据库系统（DBS）是由数据库（DB）、数据库管理系统（DBMS）、支持数据库运行的软硬件环境、数据库应用程序、数据库管理员（DBA）、用户等组成。

DBMS 为数据库系统的核心，其功能为数据定义、数据操作、数据管理、数据维护。

2. 数据模型

从事物的特性到计算机中的具体表示经历了 3 个世界，即现实世界、概念世界和数据世界。从现实世界转换成概念世界需要建立概念数据模型，从概念世界转换成数据世界需要建立结构数据模型。

1）概念数据模型实现系统从现实世界到信息世界的转换，是用户和数据库设计人员进行交流的工具，常用的概念数据模型是“实体—联系”模型。

2）结构化数据模型实现信息世界到机器世界的转换，主要包括层次模型、网状模型和关系模型。层次模型是用树形层次结构表示实体之间联系，网状模型有用有向图结构表示实体间联系，关系模型是用二维数据表表示实体集，用外键表示实体之间联系。目前，最常用的数据模型是关系数据模型。

3. 关系模型

关系模型是由数据结构、关系操作和完整性约束 3 部分组成。

1）关系模型的数据结构是一张二维数据表（实体），表中每行为元组（记录），每列为属性（字段），每张表称为一个关系，用外键表示关系表（实体）之间的联系。

2）关系操作是用关系数据语言实现检索与更新的数据操作。关系数据语言分为关系代数语言、关系演算语言和结构化查询语言。

3）完整性数据约束用以保证数据库中数据的正确性、有效性和安全性，分为 3 类约束：实体完整性约束是指主键非空约束；参照完整性约束是指外键只能取主键值或者空值的约束；用户定义的完整性约束是用户针根据需求制定的约束。

4. 函数依赖

1）完全函数依赖。若X→Y，X′↛Y（表示Y不是函数依赖于X′），则称Y完全函数依赖于X，记作：$X \xrightarrow{f} Y$。

2）部分函数依赖。若X→Y，X′→Y，则称Y部分函数依赖于X，记作：$X \xrightarrow{p} Y$。

3）传递函数依赖。若X→Y，Y→Z，且Y↛X，则称Z传递函数依赖于X，记作$X \xrightarrow{t} Z$。

5. 范式理论

1）第一范式。若关系R的所有属性都是不可再分的数据项，则称关系R属于第一范式，记作R∈1NF。

2）第二范式。若关系R∈1NF，且R的每个非主属性（即不是主键的属性）都完全函数依赖于主键，则称关系R属于第二范式，记作：R∈2NF。

3）第三范式。若关系R∈2NF，且R的每个非主属性（即不是主键的属性）都不传递函数依赖于主键，则称关系R属于第三范式，记作：R∈3NF。

6. 数据库设计的6个阶段

一个完整的数据库设计过程分为需求分析、概念结构设计、逻辑结构设计、物理结构设计、数据库实施和数据库运行与维护共6个阶段。

习题1

1）简述数据库系统的组成和数据库管理系统的功能。

2）常用的概念数据模型是什么？常用的结构化数据模型有哪些？

3）两个实体之间存在哪3种联系？绘制E-R图的基本元素是什么？

4）简述关系模型的数据结构、关系操作和完整性约束3要素。

5）数据库设计分为哪6个阶段？简述6个阶段的主要工作。

6）学生课程成绩关系R为：

R（No，Num，Score，Name，Dept，Dname，Course，Teacher），主键X=(No，Num)。

其中，No、Num、Score、Name、Dept、Dname、Course、Teacher分别为学号、课程号、成绩、姓名、系部编码、系部名称、课程名、教师。

分析关系R中所有非主属性对主键X的函数依赖关系，并画出函数依赖关系图。

7）设学生收费关系R为：

R（No，Year，Item，Name，Class，Dept，Money），主键X=(No，Year，Item)。

其中，No、Year、Item、Name、Class、Dept、Money分别表示学号、学年、收费项目、姓名、班级、系部、收费金额。

试分析关系R的范式级别，要求画出关系R的函数依赖关系图。若关系R的范式级别小于或等于3NF，则对关系R进行规范化处理，使分解后关系能满足3NF要求。

实训1 在线电子商店的设计

本书的实训部分将以一个在线电子商店项目为载体，与本书内容同步，完成从第1章到第7章的7个实训。实训的内容涵盖了需求分析、数据结构设计、数据初始化、查询、编程、安全管理和数据库维护等方面。实训1将完成在线电子商店的需求分析和数据结构设计。

1. 需求分析

(1) 总体需求

设计和开发一个小型的在线商店系统，通过网络销售户外用品，如登山鞋、帐篷等。用户可以在线注册、下订单、付款、收货后给予评价，公司员工则可以在商店上展示商品、修改相关资料、上传商品图片、统计库存和销售情况。

开发周期3个月，120天后正式上线。

(2) 业务分析

系统角色有网上客户和公司员工。

1）网上客户：客户通过注册页面进行注册，成为公司的有效客户。客户登录后，可以分类浏览在线商店的商品，将满意的商品放入购物车，最后为所购商品结账付款。客户收到所购商品后，可以再次登录在线商店，对所购商品进行评价。

2）公司员工：公司员工可以对在线商店进行管理，一是客户管理，可以帮助客户修改密码，对不友好的客户，可以禁止其登录；二是商品管理，每种商品属于某个类别，可添加商品，上传商品图片，将商品上架或下架，修改价格和库存数量等；三是销售及发货管理，根据客户的订单发货。

系统还有一个约束条件，即商品数量不足时不能继续销售。

(3) 功能分析

在对需求进行分析的基础上，提出在线电子商店系统的功能，用例图如图1-37所示。

为简化系统的设计和实施，本系统省略了付款和财务方面的功能，详细的用例描述请读者自行完成。

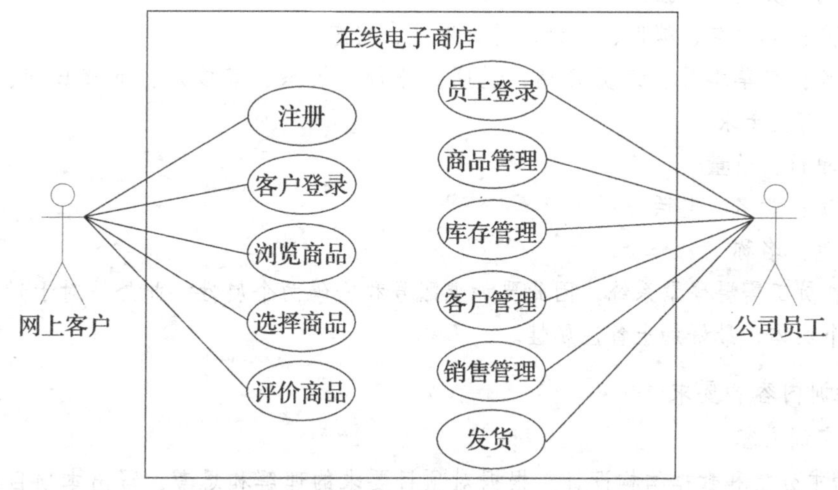

图1-37 在线电子商店用例图

2. 数据结构分析

以下是调研时从客户处获得的一份送货单的样例，如图 1-38 所示。

×××公司发货单

购　货　人：　　　　　　　　　　　　　　　　编　　号：

购货人电话：　　　　　　　购货人邮件：　　　　　　　订货日期：

送货地址：

货物名称	品牌	规格	单价	数量	金额
总计（人民币）					
订货要求：					

审　核　人：　　　　　审核日期：　　　　　发　货　人：　　　　　发货日期：

图 1-38　送货单样式

从上述发货单可以分析得出下述 5 个实体，即客户（代表性属性是购货人）、产品（货物名称）、员工（审核人）、订单头（订货日期）、订单行（数量）。另外，公司的商品采取分类管理，因此还有一个类别实体，不同的员工有不同的权限。例如，某位员工有权审核，但无权发货，而另一位员无权审核，但是负责发货，因此需要一个角色表。下述是这 7 个实体及其属性。

① 货物：货物名、品牌、规格、描述、图片地址、单价、库存

② 类别：类别名、描述

③ 客户：客户名、邮件、电话、送货地址、状态

④ 订单：订单编号、订货日期、说明、评价、状态、审核人、审核日期、发货人、发货日期、订货要求

⑤ 订单行：数量

⑥ 员工：姓名、电话

⑦ 角色：名称

客户和员工需要登录系统，因此要加上账号和密码两个属性。此外，对于货物、客户和订单 3 个实体，最好加上备注属性。

3. 实训内容和要求

（1）实训内容

1）需求分析和数据结构设计。根据对项目要求的理解和思考，写出本项目的需求分析和数据结构设计。

2）物理数据模型设计。根据前述数据结构分析的结果，用工具软件画出物理数据

模型。

3）数据字典。根据前述步骤得到的物理数据模型，写出其数据字典。

（2）实训步骤

首先，按本书附录的安装说明，安装 Jitor 实训指导软件。根据授课教师的要求，将实训内容保存为 Word 文档，用 Jitor 实训指导软件上传到教师机上，具体步骤如下：

1）撰写数据库结构设计说明书。数据库结构设计说明书包含使用工具软件画出的物理数据模型，以及对应的数据字典。保存为 Word 文档，保存或复制到安装了 Jitor 实训指导软件的目录，并命名为 eshop. doc。

2）上传文档文件。将文件 eshop. doc 上传到服务器。

第 2 章　数据库和表的创建与维护

在第 1 章中，以学生成绩管理系统为开发项目，进行了详细的需求分析、概念结构设计、逻辑结构设计和物理结构设计。本章继续围绕学生成绩管理系统，根据前面物理结构设计的结果进行数据库实施，建立学生成绩管理系统数据库、数据表、各种约束和索引等。

2.1　创建和管理数据库

2.1.1　数据库常用对象

SQL Server 2012 的数据库中存放着各类数据库对象，数据库对象是具体存储数据或对数据进行操作的实体。常用的数据库对象有表、索引、视图、关系图、存储过程、触发器、规则、用户、角色等。

1. 表

数据库中存放数据的“容器”就是表。表是 SQL Server 中一种重要的数据库对象。表中的每一行代表一条独立的数据记录，每一列代表记录中的一个字段。在定义数据库结构时，首先应定义数据表的结构，如数据记录的字段名称、字段类型、取值范围、存放方式等，而且还要定义数据表之间的联系，定义数据表的安全性、完整性约束等。这些有关数据表的定义，都将在一定程度上影响数据库的性能。

2. 索引

索引是根据指定的数据库表字段建立起来的顺序。它提供了快速访问数据的途径，并且通过唯一性索引还可以监督表的数据，使其索引指向的列中的数据不重复。

3. 视图

视图是一种虚拟的表，其数据列和数据行都来自于基表并由定义视图的查询而产生，即视图是由一个或多个基表中导出的表。图 2-1 展示了视图与表的关系。视图是直接面向普通用户的，是用户与数据库系统的接口，属于数据库系统体系结构中的外模式。

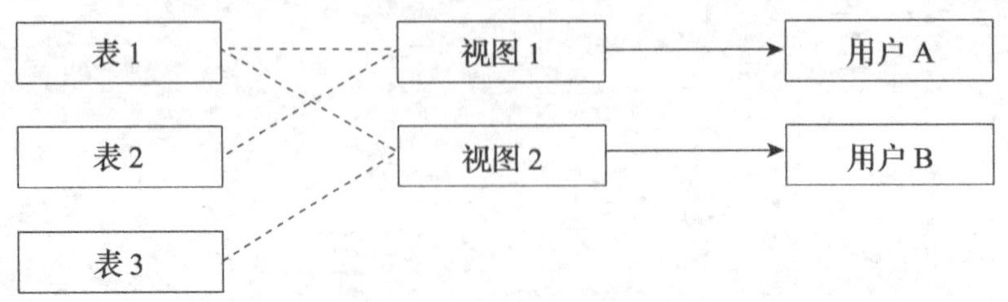

图 2-1　视图与表的关系

4. 关系图

关系图以图形方式显示通过数据连接选择的表或表结构化对象，同时也显示它们之间的连接关系。在关系图中可以进行创建或修改表和表结构化对象之间的连接关系。利用关系图可以更好地理解前面所讲的E-R图以及在后续数据查询中的连接查询。

5. 存储过程

存储过程是利用SQL语句和流程控制语句编写的预编译程序，存储在数据库内，可以被客户端应用程序调用，并允许数据以参数形式在存储过程和应用程序间来回传递。使用存储过程可以提高工作效率，减少数据在网络上的传输量。

6. 触发器

触发器由事件自动触发，主要用于强制服从复杂的业务规则或要求，也可用于强制引用完整性，以便在多个表中添加、更新或删除行时，保留在这些表之间所定义的关系。

7. 规则

规则是数据库中对存储在表的列或用户自定义数据类型中的值的规定和限制，是单独存储的独立的数据库对象。规则和约束可以同时使用，表的列可以有一个规则及多个CHECK约束。规则与CHECK约束很相似，但CHECK约束不能直接作用于用户自定义的数据类型。

8. 用户与角色

在数据库中，一个用户取得合法的登录账号，只表明该账号通过了SQL Server服务器的认证，并不表明其可以对数据库数据和数据库对象进行某些操作。只有为登录账号创建了与其有映射关系的一种数据库对象，即数据库用户，才能访问数据库。

在SQL Server 2012中可以将用户设置成某一角色。当对角色进行权限设置时，能够把这种权限设置传递给单一的用户。这样，只要对角色进行权限的设置即可实现对属于该角色的所有用户的权限设置，大大减少了工作量。

2.1.2 数据库的组成

1. 文件

SQL Server 2012采用文件来存放数据库，数据库文件可分为主数据文件、辅助数据文件和事务日志文件3类，如图2-2所示。

(1) 主数据文件

主数据文件用于存放数据，是所有数据库文件的起点（包含指向其他数据库文件的指针）。每个数据库有且仅有一个主数据文件。主数据文件的默认扩展名为.MDF。例如，学生成绩管理系统的主数据文件名为score_data.MDF。

(2) 辅助数据文件

辅助数据文件也用来存放数据，存储主数据文件未存储的所有其他数据和对象。一个数据库中可以没有辅助数据文件，也可以有多个辅助数据文件。当一个数据库需要存储的数据量很大（超过了 Windows 操作系统对单一文件大小的限制）时，可以用辅助数据文件来保存主数据文件无法存储的数据。辅助数据文件的默认扩展名为 . NDF。

（3）事务日志文件

事务日志文件用来存放事务日志，即记录 SQL Server 中所有的事务和由这些事务引起的数据库的变化。事务日志文件是维护数据完整性的重要工具，如果由于某种不可预料的原因使得数据库系统崩溃，但仍然保留有完整的日志文件，那么数据库管理员仍然可以通过日志文件完成数据库的恢复与重建。一个数据库至少有一个事务日志文件，也可以有多个事务日志文件。事务日志文件的默认扩展名为 . LDF。例如，学生成绩管理系统的事务日志文件名为 score_log. LDF。

SQL Server 数据库文件 { 主数据文件（有且仅有一个）; 辅助数据文件（可有多个，也可没有）; 事务日志文件（至少有一个） }

图 2-2　SQL Server 数据库文件的组成

2. 文件组

为了便于分配和管理，SQL Server 允许将多个数据文件归纳为同一组，并赋予此组一个名称，这就是文件组。这里需要注意的是，事务日志文件不属于文件组。

通过设置文件组，可以有效提高数据库的读/写速度。例如，将 3 个数据文件分别存放在 3 个不同的物理盘上，将这 3 个文件组成一个文件组。在创建表时，可以指定将表创建在文件组上，使表的数据分布在 3 个盘上，当对该表执行查询操作时，可以并行操作，大大提高了查询效率。

SQL Server 2012 提供了以下两种文件组类型。

1）主文件组：包括主数据文件和所有没被包括在其他文件组中的文件。

2）用户自定义文件组：包括创建或修改数据库时使用 FileGroup 关键字指定的文件组。

2. 1. 3　系统数据库

在创建数据库前，打开 SQL Server Management Studio（SSMS），依次展开“服务器”→“数据库”目录，可以查看到 SQL Server 2012 中有 4 个初始数据库。这些数据库是在安装 SQL Server 2012 时由安装程序自动创建的，它们用于对数据库管理系统的管理，具体介绍如下。

1）master 数据库：记录 SQL Server 系统级的信息，包括登录账号、系统配置、数据库位置及数据库错误信息等，用于控制用户数据库和 SQL Server 的运行。

2）model 数据库：系统所有数据库的模板。

3）msdb 数据库：SQL Server 代理利用它来安排作业、报警等。

4）tempdb 数据库：存放所有连接到系统的用户和 SQL Server 产生的临时性对象。

2. 1. 4　创建数据库

在 SQL Server 中创建数据库有两种方法：一是通过 SQL Server Management Studio 提供

的图形界面进行创建（在第 7 章中详细介绍）；二是编写 SQL 语句进行创建。本章重点讲述使用 SQL 语句创建数据库的方法。

在 SQL Server Management Studio 中单击“新建查询”按钮，打开查询窗口，在其中编写 SQL 语句。创建数据库使用 Create DataBase 语句，由于该语句在执行中会自动创建数据文件与日志文件，因此在语句格式中需要指明数据库名、数据文件名、日志文件名、存放路径、文件大小、增长比例等参数。Create DataBase 语句应具有如下格式：

```
Create Database 数据库名
On [Primary]
(   name = 逻辑文件名,
    filename = 物理文件名
    [,size = 初始大小]
    [,maxsize = 文件最大长度|unlimited]
    [,filegrowth = 文件增长幅度]
)[, … n]
Log On
(   name = 逻辑文件名,
    filename = 物理文件名
    [,size = 初始大小]
    [,maxsize = 文件最大长度|unlimited]
    [,filegrowth = 文件增长幅度]
)[, … n]
```

上述语法格式中，方括号中的内容是可选的，竖线表示“或者”。filegrowth 文件增长幅度分为按数值增长和按百分比增长两种。size、maxsize、filegrowth（按数值增长时）单位可以为 KB、MB、GB、TB，默认单位为 MB。

【例 2-1】 采用系统默认配置方式（只包含一个主数据文件和一个事务日志文件，它们均采用系统默认文件名，其大小、最大长度和文件增长幅度均采用系统默认值）创建学生成绩管理数据库 Scoresys。代码如下：

```
Create Database Scoresys
```

【例 2-2】 创建一个名为 Test1 的数据库，它有两个数据文件，其中主数据文件为 100MB，最大大小为 200MB，按 20MB 增长；1 个辅助数据文件为 20MB，最大大小不限，按 10% 增长。该数据库有两个事务日志文件，大小、最大长度和文件增长幅度均采用系统默认值，所有文件均存放在 e:\sql 文件夹中。代码如下：

```
Create Database Test1
On
(   name = Test1_data1,
    filename = 'e:\sql\Test1_data1.mdf',
    size = 100mb,
    maxsize = 200,
```

```
    filegrowth = 20
),
(   name = Test1_data2,
    filename = 'e:\sql\Test1_data2.ndf',
    size = 20,
    maxsize = unlimited,
    filegrowth = 10%
)
Log On
(   name = Test1_log1,
    filename = 'e:\sql\Test1_log1.ldf'
),
(   name = Test1_log2,
    filename = 'e:\sql\Test1_log2.ldf'
)
```

【例 2-3】 创建一个有两个文件组的数据库 Test2。主文件组包括文件 Test2_data1 和 Test2_data2；第 2 个文件组名为 Testgoup，包括文件 Test2_data3 和 Test2_data4。该数据库只有一个事务日志文件。所有文件的大小、最大长度和文件增长幅度均采用系统默认值，所有文件都存放在 e:\sql 文件夹中。代码如下：

```
Create Database Test2
On Primary
(   name = Test2_data1,
    filename = 'e:\sql\Test2_data1.mdf'
),
(   name = Test2_data2,
    filename = ' e:\sql\Test2_data2.ndf'
),
Filegroup Testgroup
(   name = Test2_data3,
    filename = ' e:\sql\Test2_data3.ndf'
),
(   name = Test2_data4,
    filename = ' e:\sql\Test2_data4.ndf'
),
Log On
(   name = Test2_log,
    filename = ' e:\sql\Test2_log.ldf'
)
```

注意：创建数据库后，要刷新服务器才能在列表中显示新建的数据库。选中数据库，单击鼠标右键，在快捷菜单中选择“属性”选项可以查看这个数据库的属性，通过“数据库属性”对话框可以查看数据库中各个文件的属性配置。

2.1.5　修改数据库

创建完数据库后，一般情况下不能对数据库做太多修改，如不能修改其主数据文件、事务日志文件的名字、存放路径。但是，数据库拥有者可以为数据库添加辅助数据文件或事务日志文件，也可以修改某些配置选项，如最大大小、增长方式、安全配置等。修改数据库是通过 Alter Database 语句实现的。

1. 修改数据库名称

比较常用的修改数据库的需求是修改数据库的名字，可以通过 Alter Database 语句和调用系统内置存储过程 sp_renamedb 两种方法实现。

【例 2-4】 将数据库 Scoresys 更名为 Xscj（注意，进行此操作时应保证该数据库不能被其他任何用户使用）。

方式一：使用 Alter Database 语句。代码如下：

```
Alter Database Scoresys
Modify name = Xscj
```

方式二：调用系统内置存储过程 sp_renamedb。代码如下：

```
sp_renamedb Scoresys, Xscj
```

注意： 数据库改名时并不会修改其他参数，如数据文件的逻辑文件名或物理文件名。

2. 修改数据库容量和增长率

【例 2-5】 修改数据库 Scoresys 现有数据文件的属性，将主数据文件的最大大小修改为不限制，增长方式修改为按每次 5MB 增长。代码如下：

```
Alter Database Scoresys
Modify File
(   name = score_data,
    maxsize = unlimited
)
Go
Alter Database Socresys
Modify File
(   name = score_data,
    filegrowth = 5
)
```

说明： Alter Database 语句一次只能修改主数据文件的一个属性，若要修改主数据文件的两个属性，则需执行两次 Alter Database 语句。

3. 添加/删除数据库文件

【例 2-6】 先为数据库 Scoresys 增加辅助数据文件 scorebak，然后再删除 scorebak。代码如下：

```
Alter Database Scoresys
Add File
(   name = scorebak,
    filename = 'e: \sql\scorebak. ndf'
)
Go
Alter Database Scoresys
Remove File scorebak
```

4. 添加/删除文件组

【例 2-7】为数据库 Scoresys 添加文件组 Fgroup，并为文件组添加两个辅助数据文件。代码如下：

```
Alter Database Scoresys
Add Filegroup Fgroup
go
Alter Database Scoresys
Add File
(   name = score_data2,
    filename = 'e: \sql\score_data2. ndf',
),
(   name = score_data3,
    filename = 'e: \sql\score_data3. ndf',
)
to Filegroup Fgroup
```

【例 2-8】为数据库 Scoresys 删除文件组 Fgroup。代码如下：

```
Alter Database Scoresys
Remove File score_data2
go
Alter Database Scoresys
Remove File score_data3
go
Alter Database Scoresys
Remove Filegroup Fgroup
```

说明：使用 SQL 语句删除文件组时必须保证文件组为空，即文件组中的数据文件要在之前全部删除。

2.1.6　删除数据库

当数据库及其中的数据失去利用价值后，可以删除数据库以释放被其占用的磁盘空间。由于删除一个数据库会删除所有的数据和该数据库所使用的所有磁盘文件，所以删除数据库之前应格外小心。删除之后如果再想恢复，必须要从之前做好的备份中进行数据库还原，所以平时要注意及时备份数据库。

当数据库处于以下 3 种情况之一时，不能被删除：

1）当用户正使用数据库时。

2）当数据库正在恢复时。

3）当数据库正被复制时。

系统数据库中的 master、model 和 tempdb 都不能被删除，msdb 虽然可以被删除，但删除 msdb 后很多服务（如 SQL Server 代理服务）将无法使用。

删除数据库是通过 Drop Database 语句实现的，语句格式如下：

```
Drop Database 数据库名
```

【例 2-9】删除名为 Scoresys 的数据库。代码如下：

```
Drop Database Scoresys
```

2.2 创建和管理数据表 

2.2.1 数据表的设计

在设计表时需要注意表的结构、数据类型以及数据完整性约束 3 方面的内容，具体来说，包括以下几个方面：

1）表中包含哪些数据项，即有多少列。

2）指定列的名称，名称应该有具体的含义。

3）根据列所保存数据的性质，指定每一列的数据类型。

4）指定哪些列可以取空值（null），哪些列不能取空值（not null）。

5）指定数据完整性约束。

6）指定索引以及索引的类型。

7）指定数据的安全配置和访问权限。

【例 2-10】设计学生成绩管理数据库 Scoresys 中的专业表 major（见表 2-1）。

表 2-1　专业表 major

序号	字段名	含义	类型	宽度	允许空	索引	数据完整性约束
1	major_id	专业编码	varchar	36		Y	主键
2	name	专业名称	varchar	50			
3	department_id	所属系部	varchar	36			外键，引用 department/department_id
4	remark	备注	varchar	500			

2.2.2 数据类型

1. 基本数据类型

数据类型决定了数据存储的空间和格式，有助于正确、有效地存储数据，是数据库设计中的重要一环。数据类型的选择也会影响数据存储和查询时的方式和效率。数据类型包含以下 4 个方面的内容：

1）数据类型的种类。

2）数据存储时的长度或大小。

3）数值的精度（数字类型）。

4）数值的小数位数（数字类型）。

不同的数据库管理系统支持的数据类型基本相同，但也有细微的差别。例如，datetime 类型，SQL Server 表示的范围是 1753 年 1 月 1 日到 9999 年 12 月 31 日，而 MySQL 表示的范围是 1000 年 1 月 1 日到 9999 年 12 月 31 日。

SQL Server 常见的数据类型见表 2-2。

表 2-2　SQL Server 数据类型

分类	数据类型	含义	字节数	取值范围
整型	Int	整型	4	$-2^{31} \sim (2^{31}-1)$
	Smallint	短整型	2	$-2^{15} \sim (2^{15}-1)$
	Tinyint	微整型	1	0 ~ 255
	Bigint	长整型	8	$-2^{63} \sim (2^{63}-1)$
实型	Real	实型（精度：7 位）	4	$-3.4\times10^{38} \sim 3.4\times10^{38}$
	Float	实型（精度：7 ~ 15 位，n = 小数位）	4 ~ 8	$-1.7\times10^{308} \sim 1.7\times10^{308}$
	Decimal	实型，可设置精度与小数位，如 decimal(18，2)	2 ~ 17	$-10^{38} \sim 10^{38}$
	Numeric	实型，可设置精度与小数位，如 numeric(18，2)	2 ~ 17	$-10^{38} \sim 10^{38}$
字符型	Char	字符（每字符占用一个字节）		<8000
	Varchar	变体字符（存储空间随字符数变化）		<8000
	Nchar	字符（每字符占用两个字节）		<4000
	Nvarchar	变体字符（每字符占用两个字节）		<4000
日期时间	Date	日期		
	Time	时间		
	Datetime	日期时间（精度：1/300s）	8	1753-1-1 ~ 9999-12-31
	Smalldatetime	日期时间（精度：分）	4	1900-1-1 ~ 2097-12-31
文本图形	Text	文本（采用 ASCII 码）		$<(2^{31}-1)$ B
	Ntext	文本（采用 unicode 标准字符集）		$<(2^{31}-1)$ B
	Image	用于存储照片、图片等		$<(2^{31}-1)$ B
货币	Money	整数占 4 个字节，小数占 4 个字节	8	$-2^{63} \sim (2^{63}-1)$
	Smallmoney	整数占两个字节，小数占两个字节	4	$-2^{31} \sim (2^{31}-1)$
二进制	binary(n)	存储图像		<8KB
	varbinary(n)	变体二进制数（存储空间随数变化）		<8KB
其他	Timestamp	时间戳		
	Uniqueidentifier	全球唯一标识		

上述数据类型中有几种需要做一些说明：

1）二进制类型可以存储各种数据，对数据的类型不加区别，保持原来的格式，因此可以存储图像、音频、视频、可执行文件、有格式的文本（如 DOC 文件和 PDF 文件）等。

2）timestamp 类型也称作时间戳数据类型，是一种自动记录时间的数据类型，主要用于在数据表中记录其数据的修改时间。如果定义了一个表列使用 timestamp 类型，则 SQL Server会将一个均匀增加的计数值隐式地添加到该列中。timestamp 类型提供数据库范围内的唯一值。每个表中只能有一列是 timestamp 类型。如果建立一个名为“timestamp”的列，则该列的类型将被自动设置为 timestamp 类型。

3）uniqueidentifier 类型也称作唯一标识符数据类型。uniqueidentifier 用于存储一个 16 个字节长的二进制数据类型，它是 SQL Server 根据计算机网络适配器地址和 CPU 时钟产生的全局唯一标识符代码（Globally Unique Identifier，简写为 GUID）。

2. 用户自定义数据类型

用户自定义数据类型并不是真正的数据类型，它只是提供了一种加强数据库内部元素和基本数据类型之间一致性的机制。通过使用用户自定义数据类型能够简化对常用规则和默认值的管理。

使用系统数据类型 sp_addtype 创建用户自定义数据类型，语法如下：

```
sp_addtype[@typename = ]type,            -- 指定待创建的用户自定义数据类型的名称
[@phystype = ]systcm_data_type           -- 指定用户定义数据类型所依赖的系统数据库类型
[,[@nulltype = ]'null_type']             -- 指定用户定义数据类型的可空属性
```

【例 2-11】 在 Scoresys 数据库中，创建用来存储邮政编码信息的用户自定义数据类型 postcode。代码如下：

```
Use Scoresys
Exec sp_addtype postcode, 'char(10)', 'not null'
```

2.2.3 创建数据表

与创建数据库一样，SQL Server 提供了两种方式创建数据表，SSMS 图形化界面方式和编写 SQL 语句方式。本章重点讲述使用 SQL 语句创建数据表，创建的数据表结构请参见附录 A 学生成绩管理系统数据表结构。

创建数据表使用 Create Table 语句，语法格式如下：

```
Create Table 表名
(
列名1 <数据类型1> [列级约束1],
列名2 <数据类型2> [列级约束2],
...
[表级约束1],
[表级约束2],
...
)
```

列级约束包括非空约束、主键约束、外键约束、唯一性约束、检查约束、默认约束 6 种，具体格式如下。

① 非空约束：null|not null

② 主键约束：primary key

③ 外键约束：references 被参照的表名(被参照的键)

④ 唯一性约束：unique

⑤ 检查约束：check(检查约束逻辑表达式)

⑥ 默认约束：default(默认约束表达式)

表级约束包括主键约束、外键约束、检查约束、唯一性约束、默认约束（同列级约束）5 种，具体格式如下：

① [constraint 实体约束名] primary key(字段列表)

② [constraint 参照约束名] foreign key(外键) references 被参照的表名(被参照的键)

③ [constraint 检查约束名] check(检查约束逻辑表达式)

④ [constraint 唯一性约束名] unique(字段列表)

有关列级约束和表级约束的创建将在 2.2.4 节重点介绍。

【例 2-12】 在 Scoresys 数据库中，用 Create Table 语句创建系部表 department（数据完整性约束暂不创建）。代码如下：

```
Use Scoresys
Go
Create Table department
(   department_id     varchar(36),
    name              varchar(50),
    remark            varchar(500)
)
```

SQL Server 中有一种特殊的数据列叫作标识列，又称为自增列。标识列具有以下 3 个特点：

1）列的数据类型为不带小数的数值类型。

2）列值不重复，具有标识表中每一行的作用，每个表只能有一个标识列。

3）在进行数据插入操作时，该列的值是由系统按一定的规律生成的，不允许为空值。

由于以上特点，使得标识列在数据库的设计中得到广泛使用。创建一个标识列，通常要指定 3 个内容：数据类型（一般为 int、smallint、bigint 等）、种子值（指派给数据表中第一行的数值，默认值为 1）、递增量（相邻两个标识值之间的增量，默认值为 1）。

【例 2-13】 创建数据表 test1，包含名为 id、类型为 int、种子为 1、递增量为 1 的标识列，以及名为 name 的普通数据列。代码如下：

```
Create Table test1
(   id int IDENTITY(1,1),
    name varchar(50)
)
```

2.2.4 数据完整性约束

创建数据表时，必须满足数据的完整性约束，即数据的实体约束、参照约束与用户约束。所谓实体约束是指数据表的主键不能取空值且唯一，如学生表 student 中的主键 student_id（学生学号）不允许有空值且唯一。参照约束是指数据表外键只能取关联数据表中的主键值或空值，而不能取其他任何值，如学生表 student 中的所属班级字段 school_class_id 只能取班级表 school_class 中的主键 school_class_id 的值或空值，而不能取其他值，若取其他值，则该学生将找不到自己所属的班级。用户约束是指用户义对字段取值自定义的约束，如学生表性别字段 sex 只能取“M”与“F”两个值。

为了实现数据的完整性约束，SQL Server 中通过主键约束实现实体约束，通过外键约束实现参照约束，通过检查约束、非空约束、唯一性约束等实现用户自定义约束。

1. 非空约束

非空约束是一种最容易理解的约束，即指定该字段的值是否允许取空值，一般以列级约束的形式定义非空约束。

需要指出的是，取空值、值为 0 或值为空字符串是不同的。例如，成绩字段的值为 0 表示该学生考过试了，成绩为 0 分，而成绩字段的值为空，则表示该学生还没有参加考试，或考试的成绩还没有录入。

【例 2-14】 在 Scoresys 数据库中创建系部表 department，其中系部编码和系部名称不能为空。代码如下：

```
Use Scoresys
Go
Create Table department
(   department_id     varchar(36)   not null,
    name              varchar(50)   not null,
    remark            varchar(500)  null
)
```

默认情况下，字段允许为空，因此 remark 字段后的 null 可以不写。

2. 主键约束

主键约束用来保证数据表中记录的唯一性，即保证数据表中不出现两个完全相同的记录。一般来说，每张数据表有且仅有一个能唯一标识记录的主键，主键必须为非空以保证实体完整性约束的要求。主键约束可以用列级约束和表级约束两种形式进行定义。

【例 2-15】 在 Scoresys 数据库中创建系部表 department，其中系部编码为主键。

方式一：使用列级约束方式。代码如下：

```
Use Scoresys
Go
Create Table department
(   department_id     varchar(36)   not null primary key,
```

```
    name            varchar(50)   not null,
    remark          varchar(500)
)
```

方式二：使用表级约束方式。代码如下：

```
Use Scoresys
Go
Create Table department
(   department_id   varchar(36)   not null,
    name            varchar(50)   not null,
    remark          varchar(500),
    constraint pk_department primary key(department_id)
)
```

这里需要说明的是，当构成主键的字段超过 1 个时，只能使用表级约束方式进行定义。

建立了主键约束后，对该表的操作有下列约束：

1）插入数据时，不允许主键值为空。

2）插入数据时，如果出现重复的主键值，将引起出错，插入失败。

3）更新数据时，如果将主键值更新为空或一个重复的值，则同样引起出错，修改失败。

3. 外键约束

外键约束主要用于维护两个表之间的一致性，即外键的值必须引用另一张表的主键的值。若将外键所在表称为子表，而将引用主键的表称为父表，则子表中的外键必须引用父表中主键的值或取空值。例如，学生表 student 中的所属班级编码 school_class_id 应与班级表 school_class 中的主键班级编码 school_class_id 相关，该列是 student 的外键。

在如图 2-3 所示的班级表中有两个班级，其主键值分别为“C01”和“C02”，则学生表中班级外键的值只能取“C01”或“C02”或空，表示该学生是这两个班级中某个班级的一员，或是未定班级，但不允许取其他值。

班级表

school_class_id	name	remark
C01	软件1031	
C02	软件1032	

学生表

student_id	name	sex	school_class_id
S101	孙成浩	男	C01
S102	王俊峰	男	C02
S103	顾建芳	女	

图 2-3　外键约束引用关系

创建外键约束也可以使用列级约束和表级约束两种形式进行。

【例 2-16】 在 Scoresys 数据库中创建专业表和班级表，其中专业表的所属系部引用系部表的系部编号，班级表的所属专业引用专业表的专业编号。代码如下：

```
Use Scoresys
Go
```

```
--创建专业表
Create Table major
(
    major_id        varchar(36)   not null   primary key,
    name            varchar(50)   not null,
    department_id   varchar(36)   references department(department_id),    --列级外键约束
    remark          varchar(500)
)
--创建班级表
Create Table school_class
(
    school_class_id  varchar(36)    not null primary key,
    name             varchar(50)    not null,
    major_id         varchar(36)    not null,
    remark           varchar(50),
    constraint fk_class foreign key    references major(major_id)    --表级外键约束
)
```

创建外键约束时，还可以配置如下参数：

① On Delete [Cascade|No Action]

② On Update [Cascade|No Action]

③ Not For Replication

说明：

On Delete [Cascade|No Action]：在删除父表中数据时，对子表所做的相关操作。若指定 Cascade，则在删除父表中数据行时，自动删除子表中相应的数据记录；若指定 No Action，则 SQL Server 会产生一个错误，使删除操作失败。

On Update [Cascade|No Action]：在修改父表中数据时，对子表所做的相关操作。若指定 Cascade，则在修改父表中数据行时，自动修改子表中相应的数据记录；若指定 No Action，则 SQL Server 会产生一个错误，使修改操作失败。

Not For Replication：指定字段的外键约束，在将其他表中复制的数据插入到表时不发生作用。

建立了外键约束后，对子表和父表的操作有下述约束。

1）对子表操作的约束：当向子表插入数据时，外键的值必须是父表的主键值之一，更新子表的外键值时，同样必须满足这个条件。

2）对父表更新操作的约束：当有级联更新时，可以更新父表主键的值，同时子表中所有关联的记录的外键值会被全部更新。当没有级联更新时，如果子表中存在关联的记录，则不允许更新父表主键的值，否则引起出错，更新失败。如果子表中不存在关联的记录，则可更新父表主键的值。

3）对父表删除操作的约束：当有删除更新时，可以删除父表主键的值，同时子表中所有关联的记录同时被全部删除。当没有级联删除时，如果子表中存在关联的记录，则不

允许删除父表中的记录，否则引起出错，删除失败。如果子表中不存在关联的记录，则可删除父表中的记录。

这里需要注意的是，在创建外键约束时，一定要保证如下的前提存在：

1）父表必须存在，否则创建出来的子表的外键无法找到被参照的父表，引起出错，表创建失败。因此，创建表的顺序是先创建父表，然后创建子表，再创建子表的子表，依次类推。

2）父表中被引用的列必须唯一（即必须为主键或唯一性约束的字段），否则将出现创建错误。

3）父表中的被引用列与子表中的外键列数据类型和长度必须相同，否则将出现创建错误。

需要指出的是，有些设计人员在数据库设计中不设计外键约束，而是在应用程序的代码（如 C#或 Java）中进行外键约束的检查，这种做法增加了应用程序编写的难度，且具有一定的风险性。

4. 唯一性约束

唯一性约束用于保证某字段数据的唯一性。与主键约束一样，设置了唯一性约束的字段也可被外键引用。但唯一性约束与主键约束也有区别：唯一性约束允许该列存在空值，而主键不允许存在空值；在一个表上可定义多个唯一性约束，但只能定义一个主键约束。

创建唯一性约束可以使用列级约束和表级约束两种形式进行。

【例 2-17】 在 Scoresys 数据库中创建成绩表，其中学期 term、学号 student_id 和课程号 course_id 这 3 个字段的组合是唯一性约束。代码如下：

```
Use Scoresys
Go
Create Table score
(
    score_id      varchar(36)  not null primary key,
    term          varchar(10)  not null,
    pscore        tinyint,
    pscore1       tinyint,
    grade         varchar(6),
    grade1        varchar(6),
    student_id    varchar(36)  not null,
    course_id     varchar(36)  not null,
    faculty_id    varchar(36)  not null,
    remark        varchar(500)
    constraint uk_score_mix unique(term, student_id, course_id)    --表级唯一性约束
)
```

对于例 2-17，唯一性约束的作用是防止同一位学生在同一学期选修了同一门课程，但是不同的学期可以选修同一门课程（如留级后重修）。

5. 检查约束

检查约束通过使用逻辑表达式来限制列上可以接受的值，不论是插入数据还是更新数据都要满足检查约束的条件才能通过。检查约束可以用列级约束和表级约束两种形式进行定义。

【例 2-18】在 Scoresys 数据库中创建学生表，其中性别字段使用检查约束，使得性别的取值只能为“M”或“F”。

方式一：使用列级约束方式。代码如下：

```
Use Scoresys
Go
Create Table student
(
    student_id        varchar(36) not null primary key,
    name              varchar(8) not null,
    sex               varchar(500) check(sex = 'F' or sex = 'M'),        -- 列级检查约束
    ...
)
```

方式二：使用表级约束方式。代码如下：

```
Use Scoresys
Go
Create Table student
(
    student_id        varchar(36) not null primary key,
    name              varchar(8) not null,
    sex               varchar(500) null,
    ...
    constraint chk_student_sex check(sex = 'F' or sex = 'M')        -- 表级检查约束
)
```

6. 默认约束

默认约束是指在记录建立后用户没有输入字段值时，该字段值是由系统自动提供，如学生民族多数为汉族，则可设置民族字段的默认值为“01”。默认约束只能用列级约束进行定义。

【例 2-19】在 Scoresys 数据库中创建学生表，其中民族字段的默认值为“01”。代码如下：

```
Use Scoresys
Go
Create Table student
(
    student_id        varchar(36) not null primary key,
    name              varchar(8)  not null,
```

```
    ethnicity_id     char(2)     not null default '01'
    …
)
```

2.2.5 修改数据表

创建完一个表后，可以使用SQL语句或SSMS图形化界面方式对表结构进行修改，这里只介绍利用SQL语句修改表的方法。

修改数据表是通过Alter Table语句实现的，其基本语法如下：

```
Alter Table 表名
    Alter Column 列名 …
    |Add 列名 …
    |Drop Column 列名 …
    |Add Constraint 约束名 …
    |Drop Constraint 约束名 …
```

1. 修改字段属性

可修改的字段属性包括字段名、数据类型、数据长度、是否允许空值等，语句格式如下：

```
Alter Table <数据表名> Alter Column <字段名> <类型> <长度> [<NULL|Not NULL>]
```

【例2-20】在Scoresys数据库中，将学生表student中的学生姓名字段name的类型改为varchar (20)且非空。代码如下：

```
Use Scoresys
Go
Alter Table student
Alter Column name varchar(20) not null
```

说明：在默认情况下，字段被设置成允许空值。将一个允许空值的字段设置成非空，必须在满足以下两个条件时才能成功：一是列中没有空值记录；二是在列上没有创建索引。

2. 添加与删除字段

1）添加字段的语句格式如下：

```
Alter Table <数据表名> Add <字段名> <类型> <长度> [<NULL|Not NULL>] [约束]
```

【例2-21】在学生表student中添加学生电子邮件地址字段email，并对该字段进行检查约束，使其必须包含"@"符号。代码如下：

```
Use Scoresys
Go
Alter Table student
Add email varchar(30) null check(email Like '%@%')
```

2）删除字段的语句格式如下：

```
Alter Table <数据表名> Drop Column <字段名>
```

【例 2-22】在学生表 student 中删除学生电子邮件地址 email。代码如下：

```
Use Scoresys
Go
Alter Table student
Drop Column email
```

说明：若字段存在约束，则必须先删除约束然后才能删除字段。

3. 添加与删除约束

1）添加约束的语句格式如下：

```
Alter Table <数据表名> Add Constraint <约束名> <约束定义>
```

【例 2-23】在成绩表 score 中添加对课程编号、学号和教师工号 3 个字段的外键约束。代码如下：

```
Use Scoresys
Go
Alter Table score
Add Constraint fk_score_course_id foreign key( course_id) references course( course_id)
Alter Table score
Add Constraint fk_score_student_id foreign key( studen_id) references studen( studen_id)
Alter Table score
Add Constraint fk_score_faculty_id foreign key( faculty _id) references faculty( faculty _id)
```

通过 Alter Table 语句添加外键约束有特殊的意义。如果一个数据库的数据结构比较复杂，要满足先创建父表，后创建子表的原则来创建所有的表，那么就要找出所有的父子（主外键引用）关系，这会比较困难。这时可以采用下述方法避开这个问题，即先创建全部表（不创建外键），在全部创建完毕后，再用 Alter Table 语句为子表添加外键约束。

从前面的例子也可以看出，通过表级约束或 Alter 语句创建的约束，需要指定约束名，这对于今后的维护工作有一定的帮助，建议对重要的约束避免使用列级约束的方式进行定义。

2）删除约束的语句格式如下：

```
Alter Table <数据表名> Drop Constraint <约束名>
```

【例 2-24】在成绩表 score 中删除对教师工号字段的外键约束。代码如下：

```
Use Scoresys
Go
Alter Table score
Drop Constraint fk_score_faculty_id
```

2.2.6 删除数据表

当一个表被删除后，它的数据、结构定义、约束、索引都将被永久地删除。删除数据表的语法格式如下：

```
Drop Table 数据表名
```

【例 2-25】删除学生成绩管理数据库 Scoresys 中的成绩表 score。代码如下：

```
Use Scoresys
Go
Drop Table score
```

可以用一条 Drop Table 语句删除多个表，表名之间要用逗号隔开。但是，用这种方法不能删除系统表。

删除数据表时需要注意以下几点：

1）当数据表正在被使用时，无法删除。

2）当数据表是一个父表，且子表存在时，父表不能删除，必须先删除子表中对父表的外键约束，然后才能删除父表。

3）当存在主外键关联时，删除表和创建表的顺序正好相反：创建时，先创建父表，后创建子表；删除时，先删除子表，后删除父表。

4）删除表将删除与该表有关的所有数据、结构定义、约束、索引等，且删除后无法恢复，因此执行删除操作时要十分慎重，平时要注意备份数据库。

2.3 索引

2.3.1 索引的概念

1. 数据库引入索引的目的

评价数据库的一个重要性能指标，就是数据表中记录查询的速度。为了提高数据库的查询速度，引入了索引机制。在无索引表时要查找一条指定记录，若内存中不存在该记录，则要采用某种页面调度算法，将内存中的块淘汰，从外存（如硬盘）调入新的块，直到找到记录为止。对硬盘频繁进行 I/O 操作将消耗大量的查找等待时间，以致查询效率极低。经过 FoxBase 数据库的实验证明，在一个具有 200 万条记录的无索引数据表中，查询一条记录的平均时间为 20 分钟，而建立索引后的查找时间为 0.5 秒。由此可见，数据库引入索引的目的是提高数据表的查询速度。

创建索引的优点主要表现在以下几个方面：

1）通过创建唯一性索引，可以保证数据表中数据的唯一性。

2）可以大大加快数据的检索速度。在查询的过程中，使用优化隐藏器可以提高系统的性能。

3）可以加速表和表之间的连接，实现参照完整性。

4）在使用分组和排序子句进行数据检索时，同样可以显著减少查询中分组和排序的时间。

2. 实现索引查询的方法

实现索引查询的方法就是建立索引表。索引表由排序后的索引字段与指向记录的地址指针组成。由于索引表较小，因此一个内存块可存放较多的索引记录行，又因为索引表经过排序，所以可采用二分法等算法快速定位到所需的记录行，然后再由该记录的地址指针在硬盘中定位记录的物理地址，并将物理记录块调入内存完成一次查询操作。由于索引表较数据表小得多，所以内存一次能装较多的索引表记录，从而减少了缺页中断，提高了查询效率，使查询速度得到成倍的提高。

虽然使用索引能提高查询效率，但索引表要占用额外的存储空间，在插入、删除、修改记录时，要增加对索引表维护的额外开销。因此，使用索引应根据实际情况而定。

3. 建立索引的情况

当考虑是否在列上创建索引时，应考虑列在查询中起到什么样的作用。以下情况适合创建索引：

1）对主键字段建立索引。在数据库的查询操作中，数据表之间的等值连接是通过由外键值查询主键值实现的。为加快查询主键值的速度，数据库系统通常会自动为主键字段建立索引。

2）对频繁查询字段建立索引。对于数据表中经常要查询的字段，如对学生表中的学号、姓名等字段建立索引。

在以下列上可以不考虑建立索引：

1）很少或从来不作为查询条件的列，因为系统很少或从来不用这个列的值作为条件查找行。

2）在小表中通过索引查找行可能比简单地进行全表扫描还慢。

3）只从很小的范围内取值的列。

2.3.2　索引的类型

1. 聚簇索引与非聚簇索引

聚簇索引记录的物理存储顺序与索引的逻辑顺序完全相同，即索引顺序决定了表中行的存储顺序，就像新华字典中的按字母查找的目录。因为记录行是经过排序的，所以每个表只能有一个聚簇索引。由于聚簇索引的顺序与数据行的物理顺序相同，所以聚簇索引最适合范围搜索，找到一个范围内的起始行后，可以很快地取出后面的行。例如，在学生表中按主键学号排序构成聚簇索引，只要查询到某班级的第一个学生学号，就可按顺序取出该班其他学生的记录。如果表中没有创建其他的聚簇索引，则在表的主键列上会自动创建聚簇索引。

非聚簇索引并不是在物理上排列数据，即索引中的逻辑顺序并不等同于表中行的物理顺序，就像新华字典中的按偏旁部首查找的目录。索引仅记录指向表中行的位置的指针，通过这些指针可以在表中快速定位数据。为一个表建立索引默认为建立非聚簇索引。

2. 唯一性索引与非唯一性索引

唯一性索引能保证在创建索引的列或多列的组合上不存放重复的数据。聚簇索引和非聚簇索引都可以是唯一性索引。在创建了主键和唯一性约束的列上会自动创建唯一性索引。

非唯一性索引允许所保存的列中出现重复的值。

3. 单属性索引和复合索引

单属性索引只对单个属性的值进行索引，而复合索引是对多个属性组成的属性组进行的索引。

2.3.3 创建索引

创建索引可以通过 SSMS 图形化界面和 SQL 语句两种方式进行。创建索引使用 Create Index 语句，格式如下：

```
Create  [Unique] [Clustered|NonClustered] Index <索引名>
On <表名或视图名> (字段名1[Asc|Desc], 字段名2[Asc|Desc], …)
```

说明：

1）定义索引时可以指定创建索引的类型。当省略 Unique 选项时，默认情况下建立非唯一索引；省略 Clustered|NonClustered 选项时，默认情况下建立非聚簇索引。

2）索引名必须遵循标识符规则，索引名在表或视图中必须唯一，但在数据库中可以不唯一。

3）Asc 表示对索引字段进行升序排序；Desc 表示对索引字段进行降序排序。默认情况下为升序排序。

【例 2-26】 在学生表 student 上对身份证号 id_number 建立唯一性、非聚集升序索引，索引名为 Index_id_number。代码如下：

```
Use Scoresys
Go
Create Unique NonClustered Index Index_id_number
On student(id_number Asc)
```

创建索引时需要注意以下几点：

1）每个表上只能创建一个聚集索引。

2）不能在 Text、Ntext、Image、Bit 类型的字段上建立索引。

3）SQL Server 的限制是每个表上最多能创建 249 个非聚集索引。

4）SQL Server 的限制是索引字段总长度不能超过 900 个字节。

5）SQL Server 的限制是一个索引中最多包含 16 个字段。

索引不能显式地使用，它是在后台中起作用的，表现在提高了与索引列有关的查询、连接、分组等的速度。

2.3.4 管理索引

1. 查看索引

(1) 使用系统存储过程查看索引

调用系统存储过程 sp_helpindex 可以查看有关表或视图上的索引信息，语法格式如下：

```
[Exec] sp_helpindex  表名|视图名
```

【例 2-27】调用系统存储过程 sp_helpindex，查看 Scoresys 数据库中 student 表的索引信息。代码如下：

```
Use Scoresys
Go
Exec sp_helpindex student
```

(2) 利用系统表查看索引

查看数据库中指定表的索引信息，还可以利用该数据库中的系统表 sysobjects（记录当前数据库中所有对象的相关信息）和 sysindexes（记录有关索引和建立索引表的相关信息）进行查询。系统表 sysobjects 可以根据表名查找到索引表的 id 号，再利用系统表 sysindexes 根据 id 号查找到索引文件的相关信息。

【例 2-28】利用系统表查看 Scoresys 数据库中 class 表的索引信息。代码如下：

```
Use Scoresys
Go
Select id, name From sysindexes
Where id = (Select id From
sysobjects where name = 'class')
```

2. 修改索引

修改索引用得比较多的是更改索引名称，其语法格式如下：

```
[Exec] sp_rename 旧索引名, 新索引名
```

要对索引进行重命名时，需要修改的旧索引名格式必须为“表名 . 索引名”。

【例 2-29】利用系统存储过程 sp_rename，将 Scoresys 数据库中的 idx_student 索引重命名为 idx_student01。代码如下：

```
Use Scoresys
Go
Exec sp_rename 'student. idx_student', 'idx_student01'
```

一般情况下，要较为复杂地修改索引，可以先删除原来的索引，然后重新创建新的索引。

3. 删除索引

删除索引的语法格式如下：

```
Drop Index 索引名
```

【例 2-30】在 Scoresys 数据库中，删除 studen 表中的 idx_student01 索引。代码如下：

```
Use Scoresys
Go
Drop Index student. idx_student01
```

本章小结

本章围绕数据库和数据表，介绍了数据库的各类对象、数据库组成、数据库的各种操作、数据表的设计、约束条件以及索引的各种操作。

1. SQL Server 中数据库文件的组成

数据库文件可分为主数据库文件、二级数据库文件和事务日志文件 3 类。将各数据库文件组成一个文件组，对它们进行整体管理。每个数据库中有且仅有一个主数据文件，至少要有一个事务日志文件。

2. 创建数据库

利用企业管理器的图形化界面可以创建数据库，也可以使用 SQL 语句创建，语句格式如下：

```
Create Database 数据库名
On  [Primary]
(   name = 逻辑文件名,
    filename = 物理文件名
    [,size = 初始大小]
    [,maxsize = 文件最大长度|unlimited]
    [,filegrowth = 文件增长幅度]
) [, … n]
Log On
(   name = 逻辑文件名,
    filename = 物理文件名
    [,size = 初始大小]
    [,maxsize = 文件最大长度|unlimited]
    [,filegrowth = 文件增长幅度]
)[, … n]
```

3. 创建表

表在创建过程中要选择字段数据类型、数据长度与精度，以及设置各种约束条件，包括主键约束、外键约束、检查约束、唯一性约束、非空约束、默认约束等。创建表的语句格式如下：

```
Create Table 表名
(
    列名1 <数据类型1> [列级约束1],
    列名2 <数据类型2> [列级约束2],
    …
    [表级约束1],
    [表级约束2],
    …
)
```

列级约束包括非空约束、主键约束、外键约束、唯一性约束、检查约束、默认约束，格式如下：

① 非空约束：null|not null

② 主键约束：primary key

③ 外键约束：references 被参照的表名(被参照的键)

④ 唯一性约束：unique

⑤ 检查约束：check(检查约束逻辑表达式)

⑥ 默认约束：default(默认约束表达式)

表级约束包括主键约束、外键约束、检查约束、唯一性约束、默认约束（同列级约束)，格式如下：

① [constraint 实体约束名] primary key(字段列表)

② [constraint 参照约束名] foreign key(外键) references 被参照的表名(被参照的键)

③ [constraint 检查约束名] check(检查约束逻辑表达式)

④ [constraint 唯一性约束名] unique(字段列表)

4. 修改和删除表

修改表结构的 SQL 语句为 Alter Table，删除表的语句为 Drop Table。

5. 索引

为了提高数据库的查询速度，引入了索引机制。索引就像一本字典的检索表，它组织了一个数据库表中值的关键值列表。SQL Server 2012 中提供了以下几种索引：聚簇索引、非聚簇索引和唯一性索引。索引的创建语句格式如下：

```
Create [Unique][Clustered|NonClustered] Index <索引名>
On <数据表名|视图> (字段名1 [Asc|Desc ],字段名2 [Asc|Desc ],…)
```

习题 2

1）SQL Server 2012 中有哪些常用的数据库对象？

2）SQL Server 2012 有哪些系统数据库？

3）SQL Server 2012 用文件来存放数据库，数据库文件分成哪几类？每一类的作用分别是什么？

4）删除数据库时有哪些限制？

5）在设计数据表之前应考虑什么问题？

6）创建数据表时应考虑哪几类约束？分别对应数据模型的哪些约束？

7）数据库引入索引的目的是什么？什么叫聚簇索引？什么叫非聚簇索引？两种索引有何区别？

8）写出建立学生成绩管理数据库 Scoresys 的 SQL 语句，主数据文件（Score_Data. MDF）与日志文件（Score_Log. LDF）的初始大小 5MB，增长比例为 5%，存放在 E:\dbs\Data 目录中。

9）在学生成绩管理数据库 Scoresys 中，按附录 A 中数据表的字段、类型与约束要求，用 SQL 语句建立表 A-1 ~ 表 A-11。

10）用 Drop 语句删除第 9 题所建数据表（提示：应先删除子表后删父表）。

11）在成绩表 Score 中对学号 student_id、课程号 course_id、学年学期 term 建立唯一性、非聚集的复合索引，索引名为 Index_score。使用 SQL 语句查看 score 表中的索引信息，然后再删除成绩表 Score 中的索引 Index_score。

实训 2　在线电子商店数据库和表的创建

在第 1 章的实训 1 中已经完成了在线电子商店的物理数据模型及数据字典。本实训在教师完成的物理数据模型及数据字典基础上进行。本课程的后续实训（实训 2 ~ 实训 7）也将在这个物理数据模型及数据字典的基础上实现。

1. 实训内容和要求

根据第 1 章实训 1 的结果（即物理数据模型和数据字典）创建数据库和数据表。为了保证设计的正确性和一致性，采用教师提供的实训 1 的结果（具体数据结构请参见附录 B 在线电子商店数据表结构），在这个基础上进行本次实训。

2. 实训步骤

本实训根据上述数据结构，按照要求逐步进行，每完成一步，进行检查，检查通过后再进行下一步。

（1）创建数据库——数据库名为 eshop

首先，在 D 盘根目录下创建一个名为 eshop_data 的目录，用于保存数据。然后，创建数据库，数据库名为 eshop，其有关参数要求见表 2-3。

表 2-3　eshop 数据库文件参数要求

文件类型	逻辑文件名	物理文件名	初始大小	增长方式
数据文件	eshop	d:\eshop_data\eshop. mdf	10M	10%
日志文件	eshop_log	d:\eshop_data\eshop_log. ldf	5M	10%

（2）创建数据表——客户表 shop_customer

在 eshop 数据库中，创建名为 shop_customer 的客户表，参考代码如下：

```
Create Table shop_customer
(
    shop_customer_id varchar(36) not null primary key,
    account varchar(20) not null unique,
    password varchar(50) null ,
    name varchar(8) null ,
    sex char(1) null ,
    age tinyint null ,
    tel varchar(20) null ,
    email varchar(32) null ,
    shipping_address varchar(100) null,
    rank tinyint null,
    status tinyint null
)
```

(3) 创建数据表——角色表 shop_role

根据前述的数据结构，由读者自行写出创建角色表 shop_role 的代码，调试并执行。如果这一步不能通过检查，则说明编写的 SQL 代码不正确，需要用 Drop Table 语句删除该表，然后重新创建。

(4) 创建数据表——员工表 shop_employee

根据前述的数据结构，由读者自行写出创建员工表 shop_employee 的代码。此处暂时不创建外键约束，调试并执行。如果这一步不能通过检查，则同样需要删除后重新创建。

(5) 创建员工表和角色表的主外键联系

员工表的外键约束可以通过下述 3 种方式创建：字段级外键约束、表级外键约束和单独创建外键约束。在这里，我们采用第 3 种方法，这种方法比较灵活，只要将相关的表创建成功，最后再创建约束。采用这种方法创建表时，表的创建顺序是无关的。创建员工表和角色表的主外键联系的代码如下：

```
Alter Table shop_employee
Add Constraint fk_shop_employee_shop_role
foreign key(shop_role_id) references shop_role(shop_role_id)
```

(6) 创建其余表及外键约束

通过前述 4 张表和一个外键约束的创建，读者已经巩固了表的创建和外键约束的创建。本实训的最后一步，也是编码量最多的一步，就是根据本次项目提供的完整数据结构，完成整个电子在线商店项目的数据表的创建，即再创建商品类别表、商品表、订单头表、订单行表以及表中的各种约束条件。

(7) 上传 SQL 代码

完成后，将前面各个步骤的 SQL 语句保存在项目所在的目录中（即安装 Jitor 所在的目录），文件的扩展名必须为 . sql，最后上传到服务器上。

第 3 章　数据操纵

SQL 是一种介于关系代数与关系演算之间的语言，其功能包括数据定义、数据操纵、数据查询和数据控制 4 个方面，是通用的、功能极强的关系数据库标准语言。完成数据定义、数据操纵、数据查询和数据控制的核心功能只用了 10 个动词，即 Create、Drop、Alter、Insert、Update、Delete、Select、Grant、Deny、Revoke，具体见表 3-1。

表 3-1　SQL 功能与动词

SQL 功能	动词
数据定义	Create、Drop、Alter
数据操纵	Insert、Update、Delete
数据查询	Select
数据控制	Grant、Deny、Revoke

第 2 章讨论了数据库、数据表、索引等创建、修改、删除的一系列数据定义操作，本章将从数据操纵的角度出发，讨论数据插入（Insert）、数据更新（Update）和数据删除（Delete）3 种语句。

3.1　数据插入语句

当数据表创建后，就要对数据表进行数据插入操作，可以使用 SSMS 图形化界面与 SQL 语句两种方法实现数据插入操作。

用 SSMS 对数据进行插入操作的方法是：右键单击要输入记录的表，在弹出的快捷菜单中选择“编辑前 200 行”命令，弹出数据编辑界面，在空白行中输入相关的数据。在此界面中可进行记录的插入，同时也可进行记录的删除和修改，操作比较简单，读者可以自行练习。这里只介绍用 SQL 语言进行数据插入的方法（数据删除与修改也仅介绍用语句实现的方法）。

Insert 语句有两种格式，一种是使用 Values 关键字直接给字段赋值，另一种是使用 Select 子句，从其他表或视图中取出数据插入到数据表中。

3.1.1　使用 Values 关键字的 Insert 语句

使用 Values 关键字的 Insert 语句格式如下：

```
Insert [Into] <数据表名> [(列名列表)]
Values (值列表)
```

执行此语句时，一次只能插入一条记录。首先在数据表中添加一条新记录，然后将关键字 Values 后的字段值依次赋给新记录的每个字段。

说明：

1）如果向表中所有列插入数据且字段顺序与表结构相同，则字段名可以省略；如果向表中的部分列插入数据，则相应的字段名不能省略，字段名的顺序可以与表的列顺序不同。

2）列名列表和值列表必须严格一一对应，不仅列名的个数和值的个数相同，对应的数据类型也要相同，字符型长度不能超过定义的长度，否则会发生插入错误。

3）字符型的值和日期型的值要用单引号引起来，数字型的值则不需要用引号；如果字符型的值中含有单引号，则需要将其替换为两个单引号。例如，It's me 应写为 It''s me。

4）如果在设计表的时候就指定了某列不允许为空，则必须插入数据，不能省略。

5）具有默认值的列，可以使用 Default（默认）关键字来代替插入的数值。

6）不能为标识列指定值，因为它的数字是自动增长的，由系统进行自动维护。为 UUID 列赋值时要使用 NewId 函数。

7）插入的数据项要求符合各种约束的要求。

1. 插入全部字段值

当省略了列名列表时，将插入全部字段的值，值的个数、类型和顺序必须与数据表定义的字段完全一致。

【例 3-1】 向系部表 department 中插入两个系部的数据。代码如下：

```
Insert Into department
Values('D01'', '计算机系', null)
Insert Into department
Values('D02', '电子系', null)
```

2. 插入部分字段值

当列出列名列表时，可以指定只插入某些字段的值，但列名列表和值列表的个数、类型和顺序必须完全一致。

【例 3-2】 将例 3-1 改写为插入部分字段值的形式。代码如下：

```
Insert Into department(department_id, name, remark) -- 三个列名
Values('D01', '计算机系', null)
Insert Into department(department_id, name) -- 两个列名
Values('D02', '电子系')
```

3.1.2 使用 Select 子句的 Insert 语句

使用 Select 子句的 Insert 语句格式如下：

```
Insert [Into] <数据表名> [(列名列表)]
Select 列名列表
```

```
From 表名
[Where 条件]
```

有关 Select 语句将在第 4 章介绍，使用 Select 子句的 Insert 语句的举例也会在第 4 章详细介绍。

3.1.3 数据插入中的完整性约束

1. 实体完整性约束的限制

插入数据时不能违反实体完整性约束，即主键的值非空且不能重复。例如，当连续执行例 3-1、例 3-2 中的 4 条 Insert 语句时，后两条语句将会出错，因为主键值“D01”和“D02”已经存在，再次插入便违反了实体完整性约束，错误信息如图 3-1 所示。

```
消息
消息 2627，级别 14，状态 1，第 1 行
违反了 PRIMARY KEY 约束 'PK__departme__C22324220CBAE877'。不能在对象 'dbo.department' 中插入重复键。
语句已终止。
```

图 3-1　主键值重复时的出错信息

2. 参照完整性约束的限制

插入数据时不能违反参照完整性约束，即外键的值必须取自被参照表的主键值或为空。例如，当在插入专业数据时，系部数据必须存在，否则就违反了参照完整性约束。当为存在参照完整性关系的数据表插入数据时，必须先插入父表的数据，然后再插入子表的数据。

【例 3-3】 向专业表 major 中插入 4 个专业的数据。代码如下：

```
Insert Into major
Values('SW', '软件专业', 'D01', null)
Insert Into major
Values('NW', '网络专业', 'D01', null)
Insert Into major
Values('IT', '物联网专业', 'D02', null)
Insert Into major
Values('NEW', '新专业', 'D03', null)
```

上述语句中的前 3 条语句数据插入成功，最后 1 条语句数据插入失败，因为专业表外键的值“D03”在系部表中不存在，违反了参照完整性约束，错误信息如图 3-2 所示。

```
消息
消息 547，级别 16，状态 0，第 1 行
INSERT 语句与 FOREIGN KEY 约束"fk_major_department"冲突。该冲突发生于数据库"StudentScore"，表"dbo.department"，column 'department_id'。
语句已终止。
```

图 3-2　外键冲突时的出错信息

3. 其他约束的限制

插入数据时同样不能违反其他的约束，如唯一性约束、非空约束和检查约束等。

【例 3-4】向班级表 school_class 中插入 5 个班级的数据。代码如下：

```
Insert into school_class
Values('SW1031', '软件 1031', 'SW', null)
Insert into school_class
Values('NW1031', '网络 1031', 'NW', null)
Insert into school_class
Values('IT1021', '物联网 1021', 'IT', null)
Insert into school_class
Values('SW1032', '软件 1031', 'SW', null)
Insert into school_class(school_class_id, major_id)
Values('IT1022', 'IT')
```

上述语句中的前 3 条语句数据插入成功，最后两条语句数据插入失败。第 4 条语句插入失败的原因是班级名称具有唯一性约束，不能插入重复的数据；第 5 条语句插入失败的原因是班级名称具有非空约束，插入时不能省略班级名称字段。

3.2 数据更新语句

当发现插入的数据有误，或由于其他原因需要修改数据时，可以使用 Update 语句更新原有的数据。

3.2.1 数据更新基本语句

Update 语句的格式如下：

```
Update 表名
Set 列名 1 = 值 1, 列名 2 = 值 2
Where 条件表达式
```

说明：

1）一条 Update 语句可以修改多个字段的值，多个列赋值之间用逗号进行分隔。

2）列和值的数据类型必须完全一致。

3）对于字符型和日期型的值，与插入语句的处理相同，要用单引号引起来，字符串中的单引号也要替换为两个单引号，字符串长度也有限制。

4）Update 语句可以更新一到多条记录的相应列的数据，如果只要修改某条记录，则应该在条件表达式中指定主键的值。

5）如果省略了 Where 子句，则将更新该数据表的所有记录，因此必须特别谨慎。关于条件表达式的语法，将在第 4 章讲解 Select 语句时详细讨论。

【例 3-5】修改学号为“SW103102”的学生的生日。代码如下：

```
Update student                    --仅更新一条记录
Set birthday = '1991-3-5'
Where student_id = 'SW103102'
```

【例 3-6】将所有学生的课程编号为“C3007”的课程成绩增加 5 分。代码如下：

```
Update score                        -- 更新多条符合条件的记录
Set pscore = pscore + 5
Where course_id = 'C3007'
```

【例 3-7】为“计算机网络技术”课程所有成绩小于 60 分的记录增加 5 分。

第一步：查询“计算机网络技术”的课程编号，代码如下：

```
Select course_id
From course
Where name = '计算机网络技术'
```

查询结果为“C3001”。

第二步：将考试成绩小于 60 分且课程编号为“C3007”的课程成绩增加 5 分，代码如下：

```
Update score
Set pscore = pscore + 5
Where pscore < 60 and course_id = 'C3001'
```

上述两步也可以整合成一个完整的语句，具体实现参见第 4 章的 4.5 节。

【例 3-8】在成绩表 score 中，将课程编号以“C1”开头的百分制成绩设置为等级制成绩，并把成绩（百分制）设置为空，代码如下：

```
Update score
Set pscore = null, grade =
    case
        when pscore > = 90 then '优'
        when pscore > = 80 then '良'
        when pscore > = 70 then '中'
        when pscore > = 60 then '及格'
        when pscore < 60 then '不及格'
        else grade
    end
Where course_id like 'C1%'
```

特别注意：Update 语句通常需要一个 Where 子句，如果缺少 Where 子句，则将更新整张表所有行的数据。

3.2.2 数据更新中的完整性约束

使用 Update 语句修改数据时，同样不能违反实体完整性约束、参照完整性约束以及其他的完整性约束。

对于参照完整性约束，如果定义了级联更新，则修改某个表的主键值可能引发其他关联表的外键值的修改，以此维护参照完整性约束不被破坏。

3.3　数据删除语句

3.3.1　Delete 语句

当需要删除数据时，可以使用 Delete 语句删除一条或多条记录，其语句格式如下：

```
Delete From 表名
Where 条件表达式
```

说明：

1）Delete 语句可以删除一条或多条记录，如果只要删除某条记录，则应在条件表达式中指定主键的值。

2）如果省略了 Where 子句，则将删除该数据表中的所有记录，因此必须特别谨慎。关于条件表达式的语法，将在第 4 章中详细讨论。

【例 3-9】 删除已经退学（学籍编号为“R04”）的学生的记录。代码如下：

```
Delete From student
Where roll_id = 'R04'
```

3.3.2　Truncate 语句

删除记录还可以用 Truncate 语句，它是无条件地删除一张表中的所有记录，因此当需删除所有记录时，使用 Truncate 语句的删除速度比 Delete 语句快。Truncate 语句的格式如下：

```
Truncate Table 表名
```

说明：

1）Truncate 语句用于删除指定表的所有记录。如果只需删除部分记录，则必须使用 Delete 语句加上条件表达式。

2）Truncate 语句的操作不在日志中记录，因此该操作更是不可恢复的，危险性极大。

【例 3-10】 删除成绩表 score 中的所有记录。代码如下：

```
Truncate Table score
```

3.3.3　数据删除中的完整性约束

使用 Delete 语句、Truncate 语句删除数据时同样不能违反实体完整性约束、参照完整性约束以及其他的完整性约束。

对于参照完整性约束，如果定义了级联删除，则删除某个表的记录可能引发其他关联表中的一条或多条记录被删除，以此维护参照完整性约束不被破坏。

本章小结

本章重点讨论了数据操纵语句的数据插入、更新和删除。在数据插入时，要考虑是插入全部字段值还是部分字段值，要特别注意数据表的约束条件；在数据更新时，要考虑更新条件，同时也要兼顾到数据表的约束条件；在数据删除时，特别要考虑约束条件，尤其是级联删除，当删除某个表的记录时，可能引发其他关联表中的一条或多条记录被删除。各种语句的格式汇总如下。

1. Insert 语句

```
Insert [Into] <数据表名> [字段名表] Values (字段值)    --语句格式 1
Insert [Into] <数据表名> [字段名表] Select 子句    --语句格式 2
```

2. Update 语句

```
Update <数据表名> Set <字段名> = <表达式值> Where <条件表达式>
```

3. Delete 语句与 Truncate 语句

```
Delete From <数据表名> Where <条件表达式>
Truncate Table <数据表名>
```

习题 3

1）在系部表 department 中，完成如下操作。

① 插入一条记录，记录内容为:'50','外语系','WYX'。

② 将上述记录内容修改为为:'50','英语系','YYX'。

③ 删除上述记录。

2）在专业表 major 中添加一行，要求不指出列名，并使用以下值：

major_id	name	department_id	remark
EI	电子信息专业	D02	特色专业

3）在课程表 course 和课程类型表 course_type 中各添加一条记录，具体要求如下。

课程类型表 course_type 的数据如下：

course_type_id	name
CT04	公共艺术课

课程表 course 只提供课程编号、名称和所属类别，数据如下：

course_id	name	course_type_id
C4001	影视鉴赏	CT04

提示：数据插入时请注意参照完整性约束的限制。

4）将专业表 major 中专业编号为“MD”的专业名称改成“移动互联专业”。

5）将学生表 student 中的学生“霍勇”的学籍标识改为 R04（即为退学）。

6）使用Case表达式，将成绩表score中的等级制成绩设置为“合格”（即百分制成绩≥60）或“不合格”（即百分制成绩<60）。

7）将成绩表score中“数据库程序设计”这门课程成绩中小于60分的成绩记录增加10分。（**提示：分两步实现**）

8）删除班级表school_class中“微电子1021”班的记录。

9）删除学生表student中已经毕业的（学籍编号为R02）学生记录。

10）从学生表student中删除“徐祥”同学的记录是否会出错？如何才能删除这条记录？

实训3 在线电子商店的数据初始化

在第2章的实训2中已经完成了数据库和数据表的创建。本次实训是在教师完成的数据库和数据表的基础上，将整理好的基础数据和运行数据插入到相应的表中，以便在实训4～实训7中使用。

1. 数据分析与整理

在需求分析阶段，还收集到了一些客户公司的运行数据，经过整理，决定使用下述数据作为测试使用。

网络在线公司发货单

购 货 人：周永明　　编　号：OH101

购货人电话：13912341234　　购货人邮件：zhouym@ qq. com　　订货日期：2011-03-12

送 货 地 址：江苏省东台市经济园货场东巷23号

货物名称	品牌	规格	单价	数量	金额
MP3	清华紫光	T39 2G	68.00	1.00	68.00
MP4	台电	C520VE 8G 5寸高清	295.00	1.00	295.00
电子书	汉王	N510精华版	990.00	1.00	990.00
总计（人民币）	1353.00				
订货要求：礼盒包装					

审 核 人：吴琪琪　　审核日期：2011-03-15　　发 货 人：周可望　　发货日期：2011-03-15

网络在线公司发货单

购 货 人：袁晓伟　　编　号：OH102

购货人电话：12912341235　　购货人邮件：yuanxw@ qq. com　　订货日期：2011-03-14

送 货 地 址：江苏南京六合区高桥镇田夏家

货物名称	品牌	规格	单价	数量	金额
MP3	清华紫光	T39 2G	68.00	1.00	68.00
电子书	亚马逊	Kindle 3	1135.00	1.00	1135.00
总计（人民币）	1203.00				
订货要求：					

审 核 人：吴琪琪　　审核日期：2011-03-15　　发 货 人：王培林　　发货日期：2011-03-15

网络在线公司发货单

购 货 人： 袁晓伟　　　　　　　　　　　　　　　　　　编　　号： OH103

购货人电话： 12912341235　　购货人邮件： yuanxw@ qq. com　　订货日期： 2011-03-15

送 货 地 址： 江苏南京六合区高桥镇田夏家

货物名称	品牌	规格	单价	数量	金额
帐篷	牧高笛	冷山 2air 双人双层铝杆	368. 00	1. 00	368. 00
睡袋	英国 Mountain	户外露营羽绒 1500g 零下 25 度	238. 00	1. 00	238. 00
总计（人民币）	606. 00				
订货要求：					

审 核 人： 吴琪琪　　审核日期： 2011-03-16　　发 货 人：　　　　发货日期：

另外，还有一些基础数据，包括员工角色表、商品类别表、客户表、员工表和商品表等。经过分析整理，基础数据表的数据以及上述订单（发货单）列于下表。

（1）基础数据

以下数据为支撑相应发货单的数据，由于它们不直接与某个特定的订单关联，所以称为基础数据。

表 1　员工角色表

角色 ID	角色名称
R01	经理
R02	仓库管理

表 2　商品类别表

类别 ID	类别名称
C01	电器类
C02	户外类

表 3　客户表

客户 ID	账号	密码	姓名	性别	年龄	电话	邮件	地址	星级	状态
C001	zhouym	123	周永明	M	46	13912341234	zhouym@ qq. com	（略）	3	1
C002	yuanxw	123	袁晓伟	M	48	12912341235	yuanxw@ qq. com	（略）	4	1

表 4　员工表

员工 ID	账号	密码	姓名	性别	电话	角色 ID
E01	wuqq	123	吴琪琪	F	13912341234	R01
E02	zhoukw	123	周可望	M	12912341235	R02
E03	wangpl	123	王培林	M	11912341236	R02

表 5　商品表

商品 ID	商品名	品牌	规格	价格	库存量	图片	描述	类别 ID
P10001	MP3	苹果	MP3 iPod 6 代 2G	345	50			C01
P10002	MP3	清华紫光	T39 2G	68	50			C01
P10003	MP4	台电	C520VE 8G 5 寸高清	295	50			C01
P10004	电子书	汉王	N510 精华版	990	50			C01
P10005	电子书	亚马逊	Kindle 3	1135	50			C01
P10006	帐篷	阿珂姆 ACME	铝杆、双人双层	188	50			C02
P10007	帐篷	牧高笛	冷山 2air 双人双层铝杆	368	50			C02
P10008	睡袋	英国 Mountain	户外露营羽绒(1500g、-25℃)	238	50			C02
P10009	睡袋	艾斯塔	户外野营超细绒抓绒睡袋	78	50			C02

(2) 运行数据

以下数据为前述3张发货单的数据，这些数据是在运行中发生的，即在开出订单时动态生成的，所以称为运行数据。

表6　订单头表

订单ID	编号	订单日期	审核日期	发货日期	状态	要求	评论	客户	审核	发货
OH101	2011-3-12-101	2011-3-12	2011-3-15	2011-3-15	3	礼盒包装	质量好	周永明	吴琪琪	周可望
OH102	2011-3-14-101	2011-3-14	2011-3-15	2011-3-15	3		发货快	袁晓伟	吴琪琪	王培林
OH103	2011-3-15-101	2011-3-15	2011-3-16		1			袁晓伟	吴琪琪	

表7　订单行表

订单行ID	销售价格	数量	商品ID	订单ID
OL100001	68	1	P10001	OH101
OL100002	295	1	P10003	OH101
OL100003	990	1	P10004	OH102
OL100004	68	1	P10002	OH102
OL100005	1135	1	P10005	OH102
OL100006	368	1	P10007	OH103
OL100007	238	1	P10008	OH103

2. 实训内容

根据第2章中实训2的结果（即创建好数据库和数据表），为了保证数据结构的正确性，采用教师提供的实训2的参考答案，在这个基础上进行本次实训。

3. 实训步骤

本实训根据上述数据结构，按照要求逐步进行，每完成一步，进行检查，通过后再进行下一步。

(1) 生成数据库和数据表结构

这一步由本软件自动完成（采用实训1设计的数据结构，在实训2中要求读者完成的）。完成后刷新一下，即可看到新的数据库以及7张表。

注意：如果之前已经存在eshop数据库，则不能在SQL Server中打开它，因为这一步需要删除这个数据库，然后重建数据库。

(2) 插入角色表的数据

根据表1员工角色表中的数据，将数据插入到shop_role中，参考的部分代码如下：

```
Insert Into shop_role Values('R01', '经理');
Insert Into shop_role Values('R02', '仓库管理');
```

(3) 插入商品类别表的数据

根据表2商品类别表中的数据，将数据插入到shop_goods_category中，参考的部分代码如下：

```
Insert Into shop_goods_category Values('C01', '电器类');
```

其余的由读者编写。

(4) 插入客户表的数据

根据表 3 客户表中的数据，将数据插入到客户表中，参考的部分代码如下：

```
Insert Into shop_customer
Values('C001', 'zhouym', '123', '周永明', 'M',46, '13912341234', 'zhouym@ qq. com', '江苏省东台市经济园货场东巷23 号', 3, 1);
```

其余的由读者编写。

(5) 插入员工表的数据

根据表 4 员工表中的数据，将数据插入到员工表中。全部由读者自行编写。

思考：如果在还没有插入角色表的数据前，先插入员工表的数据，那么会出现什么样的情况?

(6) 插入商品表的数据

根据表 5 商品表中的数据，将数据插入到商品表中，参考的部分代码如下：

```
Insert Into shop_goods Values('P10001', 'MP3', '苹果', 'MP3 iPod 6 代 2G ', 345, 50, '', '', 'C01');
Insert Into shop_goods Values('P10002', 'MP3', '清华紫光', 'T39 2G', 68, 50, '', '', 'C01');
Insert Into shop_goods Values('P10003', 'MP4', '台电', 'C520VE 8G 5 寸高清', 295, 50, '', '', 'C01');
Insert Into shop_goods Values('P10004', '电子书', '汉王', 'N510 精华版', 990, 50, '', '', 'C01');
Insert Into shop_goods Values('P10005', '电子书', '亚马逊', 'Kindle 3', 1135, 50, '', '', 'C01');
```

其余的由读者编写。

(7) 插入订单头表和订单行表的数据（第一张发货单）

第一张订单（订单号主键为“OH101”）由订单头表的第一行数据和订单行表的前两条数据组成，以下是订单头表中的数据：

```
Insert Into shop_order_head
Values('OH101', '2011-3-12-101', '2011-3-12', '2011-3-15', '2011-3-15', 0, 3, '礼盒包装', '质量很好', 'C001', 'E01', 'E02');
```

以下是订单行表的两行数据，它与订单头组成一张完整的发货单：

```
Insert Into shop_order_line Values('OL100001', 68, 1, 'P10001', 'OH101');
Insert Into shop_order_line Values('OL100002', 295, 1, 'P10003', 'OH101');
```

订单头表和订单行表的数据与基础数据一起保存了第一张发货单的完整数据。

(8) 插入订单头表和订单行表的数据（第二张发货单）

请插入第二张发货单的订单头表和订单行表的数据。

(9) 插入订单头表和订单行表的数据（第三张发货单）

请插入第三张发货单的订单头表和订单行表的数据。

第4章　数据查询

数据查询是数据库应用程序开发的重要组成部分，设计数据库并用数据进行填充后，需要利用数据查询来使用数据。SQL 中的数据查询是通过 Select 语句来实现的，它能从数据库中检索出符合用户要求的数据，并以结果集的形式返回。本章将围绕学生成绩管理系统数据库，讨论数据查询的各种用法。

4.1　数据查询语句的基本结构

数据查询语句可完成对关系数据表的集合运算（并、交、差）和关系代数运算（投影、选择、连接），还可对数据表进行排序与统计汇总运算，如求某数据项的和、平均值、最大值、最小值等。因此，数据查询语句具有极强的查询与统计汇总功能，语句的一般格式如下：

```
Select [All|Distinct] <目标表达式1>[,…n]
From <表名|视图名>[,…n]
[Where <条件表达式>]
[Group By <表达式列表>]
[Having <条件表达式>]
[Order By <表达式> [Asc|Desc]]
```

说明：

1）Select <目标表达式1> [，…n] 为投影运算，“目标表达式”指定了结果集中要包含的数据列。

2）From <表名|视图名>指定了查询的数据源。

3）Where <条件表达式>为选择运算，指定了数据源中的行需要满足的筛选条件。

4）Group By <表达式列表>为分组语句，通常需要在分组的情况下进行统计运算。

5）Having <条件表达式>为附加选择运算，用来向使用 Group By 子句的查询添加数据筛选条件。

6）Order By <表达式> [Asc|Desc] 为排序运算，指定了结果集中行的排列顺序。

由上述语句格式看出，Select 语句是 SQL 中较为复杂的语句。为此，将 Select 语句分为简单查询、连接查询、子查询来分别阐述，采用从简单到复杂的方法进行介绍。

4.2　简单查询

4.2.1　Select…From 子句

1. 选择全部列

将表中所有的数据列都选取出来，仅指定查询某个表的所有内容，没有指定显示哪些列，也没有指定查询哪些行。这是最为简单的查询，语法格式如下：

```
Select *
From 表名
```

【例 4-1】查询学生表 student 的所有信息。代码如下：

```
Select *
From   student
```

2. 选择指定列

通常情况下，根据用户需求，仅显示数据表中的某些列，即选择指定列，语法格式如下：

```
Select 列名 1, 列名 2, …
From 表名
```

【例 4-2】查询学生的姓名、性别和出生日期。代码如下：

```
Select name, sex, birthday
From student
```

查询结果如图 4-1a 所示。

3. 使用计算列

有时有些数据列需要经过计算才能得到，这时可以使用计算列，语法格式如下：

```
Select 列名 1, 列名 2, 计算表达式 1, 计算表达式 2, …
From 表名
```

【例 4-3】查询学生的学号、姓名、性别和年龄。代码如下：

```
Select student_id, name, sex, year(getDate()) - year(birthday)
From student
```

上述计算表达式使用了两个 SQL Server 的内置函数：getDate()返回当前日期；year()返回参数的年份值。年龄的计算方法是当前时间的年份减去出生日期的年份，查询结果如图 4-1b 所示。

计算表达式中可以使用数字常量、字符串常量、日期常量、算术运算符（+、-、*、/等）、字符串连接符（+）、列名、case 表达式、子查询、变量以及函数，其中子查询将在 4.4 节介绍，变量以及函数将在第 5 章介绍。

	student_id	name	sex	birthday
1	IT102101	孙成浩	M	1989/06/24
2	IT102102	王俊峰	M	1989/04/22
3	IT102103	王明星	F	1989/04/09
4	IT102104	王秋静	M	1990/09/15
5	IT102105	王一军	F	1989/04/01
6	IT102106	王志超	M	1989/07/01
7	ME102101	王希	M	1990/09/15
8	ME102102	吴青	M	1989/05/09
9	ME102103	夏习瑞	M	1989/05/18
10	ME102104	徐祥	M	1989/08/03

a)

	student_id	name	sex	(无列名)
1	IT102101	孙成浩	M	25
2	IT102102	王俊峰	M	25
3	IT102103	王明星	F	25
4	IT102104	王秋静	M	24
5	IT102105	王一军	F	25
6	IT102106	王志超	M	25
7	ME102101	王希	M	24
8	ME102102	吴青	M	25
9	ME102103	夏习瑞	M	25
10	ME102104	徐祥	M	25

b)

图 4-1　从出生日期计算年龄

a) 例 4-2 查询出生日期　b) 例 4-3 查询年龄

4. 为列指定别名

上述例题中没有涉及列的别名。如果普通列没有指定别名，就会显示数据表中真实的字段名。如果计算列没有指定别名，就会显示“无列名”。为了阅读查询结果时增强可读性，可以为普通的列和计算列指定别名，格式如下：

```
Select  列名 1  as  '别名 1', 列名 2  as  '别名 2', 计算表达式 1  as  '别名 3', 计算表达式 2  as  '别名 4', …
From 表名
```

说明：当计算表达式过长时，也可以写成“别名 = 计算表达式”的形式。

【例 4-4】 查询学生的学号、姓名、性别和年龄，用中文别名显示字段名。代码如下：

```
Select student_id as '学号', name as '姓名', sex as '性别', year(getDate()) - year(birthday) as '年龄'
From student
```

上述语句中，as 关键字可以省略，如果别名中没有空格，则单引号也能省略。因此，例 4-4 的代码也可以写为：

```
Select student_id 学号, name 姓名, sex 性别, year(getDate()) - year(birthday) 年龄
From student
```

5. 消除重复的行

为了使投影运算后的列值不重复，可在列名前添加关键字 Distinct。

【例 4-5】 基于学生表 student 查询班级编号。代码如下：

```
Select school_class_id 班级编号
From student
```

在如图 4-2a 所示的查询结果中可以看到，查询显示了内容重复的行。如果要消除重复的行，则要加上关键字 Distinct，代码如下：

```
Select Distinct school_class_id 班级编号
From student
```

在图 4-2b 所示的查询结果中可以看到，值都相同的行被消除后仅留下一行作为代表。

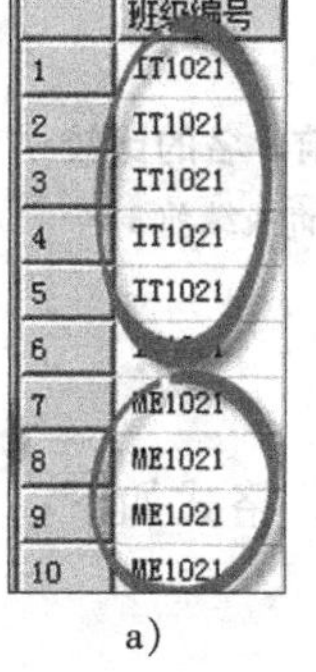

	班级编号
1	IT1021
2	IT1021
3	IT1021
4	IT1021
5	IT1021
6	[illegible]
7	ME1021
8	ME1021
9	ME1021
10	ME1021

a)

	班级编号
1	IT1021
2	ME1021
3	NW1031
4	SW1031
5	SW1032

b)

图 4-2　消除重复行查询前后的比较

a) 存在重复行　　b) 消除重复行

6. 无条件选择部分行

如果表中的数据太多（如达到 100 万行），那么显示所有行是不现实的，这时可以指定只显示其中的部分行。在 SQL Server 中使用 Top 关键字来输出部分行，格式如下：

```
Select Top n [Percent] 列名列表
From 表名
```

说明：

1）Top 一般要与 Order By 子句结合使用，选取出按某种排序方式显示的前 n 条记录。

2）n Percent 表示选择前 n% 的记录。

【例 4-6】 查询成绩表 score 中百分制成绩最高的前 3 行。代码如下：

```
Select Top 3 student_id, course_id, pscore
From score
Order By pscore desc
```

查询结果如图 4-3a 所示。如果提出的问题是找出百分制成绩最高的前 3 名，则情况就不同了。分析一下数据可以发现，拥有 94 分的记录不只一条，也就是说，有多条记录并列第 3 名。这时如果加上 with ties 关键字，就可解决这个问题，查询结果如图 4-3b 所示。代码如下：

```
Select Top 3 with ties pscore, student_id
From score
Order By pscore desc
```

	student_id	course_id	pscore
1	SW103202	C3004	97
2	SW103201	C3004	95
3	SW103102	C3005	94

a)

	student_id	course_id	pscore
1	SW103202	C3004	97
2	SW103201	C3004	95
3	SW103101	C1001	94
4	SW103103	C3004	94
5	SW103102	C3005	94
6	ME102103	C3008	94

b)

图 4-3　查询成绩前 3 行和前 3 名的比较

a）查询成绩前 3 行　b）查询成绩前 3 名

4.2.2　Where 子句

从数据表中选择行是用 Where 条件子句来实现，格式如下：

```
Select 列名列表
From 表名
Where 条件表达式
```

条件表达式中可用的运算符见表 4-1。

表 4-1　条件表达式中的运算符

查询条件	运算符	含义
关系表达式	=、>、<、>=、<=、<>（或 !=）、!<、!>	等于、大于、小于、大等于、小等于、不等于、不小于、不大于
范围查询	between…and、not between…and	在……范围之间、不在……范围之间
集合查询	in、not in	在……集合之内、不在……集合之内
模糊查询	like、not like	类似于、不类似于
逻辑表达式	and、or、not	并且、或、不
空值判断	is null、is not null	为空、不为空

1. 关系表达式

关系运算符可以连接列名和常量，从而形成关系表达式，用于查询条件中。

【例 4-7】 查询所有男同学的姓名和电话。代码如下：

```
Select name 姓名, telephone 电话
From student
Where sex = 'M'
```

【例 4-8】 查询年龄大于 21 岁的学生的学号、姓名、性别和年龄。代码如下：

```
Select student_id 学号,name 姓名, sex 性别, year(getDate()) - year(birthday) 年龄
From student
Where year(getDate()) - year(birthday) >21
```

【例 4-9】 查询补考后百分制成绩低于原考试百分制成绩的学生学号和两次考试的成绩。代码如下：

```
Select student_id 学号, pscore 成绩, pscore1 补考成绩
From score
Where pscore1 < pscore
```

2. 范围查询

用于查询表达式的值在（或不在）一个连续的范围内的数据记录，查询条件如下：

```
<表达式> [not] between <下界> and <上界>
```

【例 4-10】 查询百分制成绩在 80 ~ 95 分的学生学号、课程号和成绩（包括 80 分和 95 分）。代码如下：

```
Select student_id 学号, course_id 课程号, pscore 成绩
From score
Where pscore between 80 and 95
```

【例 4-11】查询年龄不在 21 ~ 23 岁的学生信息，包括学号、姓名、性别和年龄。代码如下：

```
Select student_id 学号, name 姓名, sex 性别, year(getDate()) - year(birthday) 年龄
From student
Where year(getDate()) - year(birthday) not between 21 and 23
```

3. 集合查询

用于查询表达式的值在（或不在）一个不连续的集合中的数据记录，查询条件如下：

```
<表达式> [not] in 集合
```

【例 4-12】查询等级成绩是优、良和中的学生学号、课程号和成绩，由于等级制的成绩是不连续的，所以应该使用集合查询。代码如下：

```
Select student_id 学号, course_id 课程号, grade 等级制成绩
From score
Where grade in('优','良','中')
```

4. 模糊查询

模糊查询是非常有用的查询，它利用通配符来达到不精确匹配的查询要求。通配符有 4 种，具体说明见表 4-2。

表 4-2　模糊查询通配符

通配符	说明	实例
%	百分号，代表 0 至多个任意字符	'王%'表示以“王”起始，后接 0 至多个其他字符，如王姓的姓名
_	下划线，代表 1 个任意字符	'王_'表示以“王”起始，后接 1 个其他字符，如王姓的单名的姓名
[ ]	代表指定范围内的字符	'王［明志］_'表示以“王”起始，后接“明”或“志”，再加一个字的姓名
[^]	代表不在指定范围内的字符	'王［^明志］_'表示以“王”起始，后面不是“明”或“志”，再加一个字的姓名

【例 4-13】查询所有王姓学生。代码如下：

```
Select name 姓名, sex 性别
From student
Where name like '王%'
```

【例 4-14】查询姓名中第 2 个字是“明”或“志”或“建”的学生。代码如下：

```
Select name 姓名, sex 性别
From student
Where name like '_[明志建]%'
```

5. 逻辑表达式

需要使用多个查询条件时，可以使用 and、or 等将查询条件连接起来，形成逻辑表达式；也可以用 not 运算符，对查询条件取反。

【例 4-15】查询成绩低于 60 分或不及格的学生学号。代码如下：

```
Select Distinct student_id 学号
From score
Where pscore < 60 or grade = '不及格'
```

上述语句使用了关键字 Distinct，因此如果某位学生有多门课程不及格，则该学生的学号也只出现一次。

6. 空值判断

空值表示没有值，它不是数值 0，也不是空字符串，因此要用 is null 这样的语法来判断。

【例 4-16】查询百分制考试成绩小于 60 分，且参加过补考（即补考百分制成绩不为空）的学生成绩信息。代码如下：

```
Select student_id 学号, course_id 课程号, pscore 成绩, pscore1 补考成绩
From score
Where pscore < 60 and pscore1 is not null
```

【例 4-17】查询课程编号以“C3”起始，且缺考（即百分制考试成绩为空）的学生成绩信息。代码如下：

```
Select student_id 学号, course_id 课程号, pscore 成绩
From score
Where pscore is null and course_id like 'C3%'
```

4.2.3 Order By 子句

在查询语句中如果没有指定排序的规则，则查询结果中行的顺序是不确定的，没有任何规律可循。如果要按某种规律对结果进行排序，则必须指定排序的规则，这就需要使用 Order By 子句，语法格式如下：

```
Select 列名列表
From 表名
Order By 排序用列名列表 [Asc|Desc]
```

说明：

1）Asc 为升序排序（默认值），Desc 为降序排序。

2）可对多达 16 个列执行 Order By 语句。

3）“排序用列名列表”中可以是列名，也可以是列别名，还可以是列的序号（列号从 1 开始）。

4）Order By 关键字必须是 Select 语句中的子句的最后一个。

【例 4-18】查询成绩表 score 中课程编号以“C3”起始的学生成绩信息，包括学号、课程号和百分制成绩，要求先按课程号升序排序，然后按成绩从高到低降序排序。代码如下：

```
Select student_id, course_id, pscore
From score
Where course_id like 'C3%'
Order By course_id asc, pscore desc
```

也可以写成：

```
Select student_id, course_id, pscore
From score
Where course_id like 'C3%'
Order By 2, pscore desc
```

4.2.4 Group By 子句

用户除了对数据库进行查询外，还经常需要进行统计汇总操作。常用的统计函数见表 4-3。

表 4-3 常用的统计函数

统计函数	说明	实例
sum(字段名)	对数字型字段求和（null 值除外）	sum(class_hour) 返回课时的总和
avg(字段名)	对数字型字段求均值（null 值除外）	avg(score) 返回平均成绩
min(字段名)	对数字、字符、日期型字段求最小值（null 值除外）	min(score) 返回最低成绩
max(字段名)	对数字、字符、日期型字段求最大值（null 值除外）	max(score) 返回最高成绩
count(字段名)	统计行数（字段值为 null 的除外）	count(score) 返回成绩不为空的行数
count(*)	统计行数（包括 null 值）	count(*) 返回所有行数

【例 4-19】统计学生总人数。代码如下：

```
Select count(*) 总人数
From student
```

【例 4-20】统计学生的各种成绩情况。代码如下：

```
Select avg(pscore) 平均成绩, min(pscore) 最低成绩, max(pscore) 最高成绩,
count(pscore) 有成绩的行数, count(grade) 有等级的行数, count(*) 总行数
From score
```

执行的结果如图 4-4 所示，其中有百分制成绩的行数为 73，有等级制成绩的行数为 39，有成绩的行数（百分制成绩或等级制成绩不为空）为二者之和，即 112。由于成绩表中有一位学生百分制成绩和等级制成绩均为空，所以查询的最后一列总行数为 113。

	平均成绩	最低成绩	最高成绩	百分制成绩行数	等级制成绩行数	总行数
1	73	32	95	73	39	113

图 4-4　统计学生成绩情况

在统计过程中，还需要按组进行分类统计，这时需要用到分组语句 Group By。在分组前可能需要进行记录筛选，对分组后的统计数据可能也需要进行选取。分组统计的语句格式如下：

```
Select 分组字段，统计函数
From 表名
Where 条件表达式
Group by 分组字段
Having 条件表达式
Order By 排序字段
```

说明：

1）若存在 Group By 子句，则表示要对查询结果进行分组，统计函数将作用于每一个组，即每一组都有一个函数值，显示多条记录。若无 Group By 子句，则统计函数对整个数据表进行统计，即统计结果只有一条记录。

2）在 Select 子句中出现的“分组字段”必须出现在 Group By 子句的后面，且字段名相同。

3）Where 子句作用于基本表，从中选择满足条件的元组。

4）Having 子句作用于组，从分组的结果中选择满足条件的组。

【例 4-21】分组统计学生表 student 中各个班级的男女生人数。代码如下：

```
Select school_class_id as 班级，sex as 性别，count( * ) as 人数
From student
Group By sex，school_class_id
```

该分组统计语句中，先按性别 sex 进行分组，再按班级号进行分组，查询结果如图 4-5 所示。

	班级	性别	人数
1	IT1021	F	2
2	IT1021	M	4
3	ME1021	F	1
4	ME1021	M	4
5	NW1031	F	5
6	NW1031	M	2
7	SW1031	F	3
8	SW1031	M	2
9	SW1032	F	1
10	SW1032	M	6

图 4-5　分组统计各班级男女生人数

【例 4-22】统计成绩表 score 中各门课程百分制成绩的平均分、最高分和最低分。代码如下：

```
Select course_id 课程号，avg(pscore) 平均分，max(pscore) 最高分，min(pscore) 最低分
From score
Group by course_id
```

查询结果如图 4-6a 所示。

【例 4-23】 统计成绩表 score 中，各门课程中及格学生的百分制成绩的平均分、最高分和最低分。

分析： 本例与例 4-22 的区别在于分组前要进行筛选，将及格学生（即百分制成绩≥60 分）筛选出来后再进行分组汇总。代码如下：

```
Sselect course_id 课程号, avg(pscore) 平均分, max(pscore) 最高分, min(pscore) 最低分
From score
Where pscore > =60
Group by course_id
```

查询结果如图 4-6b 所示。

【例 4-24】 统计成绩表 score 中，各门课程中及格学生的百分制成绩的平均分、最高分和最低分，要求显示平均分 > 75 分的统计记录，并将查询结果按平均分从高到低排序。

分析： 本例与例 4-23 的区别在于分组后要进行组的筛选，将平均分 > 75 的组筛选出来，代码如下。

```
Select course_id 课程号, avg(pscore) 平均分, max(pscore) 最高分, min(pscore) 最低分
From score
Where pscore > =60
Group By course_id
Having avg(pscore) >75
Order by avg(pscore)
```

查询结果如图 4-6c 所示。

	课程号	平均分	最高分	最低分
1	C1001	75	94	56
2	C1002	72	91	54
3	C2001	69	81	59
4	C2002	76	92	55
5	C3001	67	91	53
6	C3002	82	92	73
7	C3003	64	87	32
8	C3004	74	95	53
9	C3005	84	94	67
10	C3006	79	88	65
11	C3007	75	89	61
12	C3008	94	94	94

a）

	课程号	平均分	最高分	最低分
1	C1001	78	94	60
2	C1002	77	91	61
3	C2001	73	81	66
4	C2002	86	92	81
5	C3001	70	91	63
6	C3002	82	92	73
7	C3003	75	87	62
8	C3004	82	95	70
9	C3005	84	94	67
10	C3006	79	88	65
11	C3007	75	89	61
12	C3008	94	94	94

b）

图 4-6　3 组分组统计语句的查询结果对比

a）例 4-22 查询结果　　b）例 4-23 查询结果

	课程号	平均分	最高分	最低分
1	C1001	78	94	60
2	C1002	77	91	61
3	C2002	86	92	81
4	C3002	82	92	73
5	C3004	82	95	70
6	C3005	84	94	67
7	C3006	79	88	65
8	C3008	94	94	94

c)

图 4-6　3 组分组统计语句的查询结果对比（续）

c）例 4-24 查询结果

4.2.5　联合查询

如果有多个不同的查询结果集，又希望将它们按照一定的关系连接在一起进行联合查询，组成一组新数据，则这时可以使用集合运算来实现。在 SQL Server 2012 中，提供的集合运算有 Union（并）、Intersect（交）、Except（差）。参加联合查询操作的各查询结果的列数必须相同，对应项的数据类型也必须相同。

1. 集合并运算

集合并运算是将来自不同查询的结果集组合起来，形成一个具有综合信息的查询结果集（并集）。

【例 4-25】 查询系部表 department 中的系部名称和专业表中的专业名称。代码如下：

```
Select name
From department
Union
Select name
From major
```

说明： Union 操作会自动将重复的元组去除。

2. 集合交运算

集合交运算是将来自不同查询结果集的共有元组组合起来，形成一个具有综合信息的查询结果集（交集）。

【例 4-26】 查询既选修了“C3001”课程又选修了“C3002”课程的学生学号。代码如下：

```
Select student_id
From score
Where course_id = 'C3001'
Intersect
Select student_id
From score
Where course_id = 'C3002'
```

3. 集合差运算

集合差运算是将属于左查询结果集但不属于右查询结果集的元组组合起来，形成一个具有综合信息的查询结果集（差集）。

【例 4-27】查询选修了“C3001”课程但是没有选修“C3002”课程的学生学号。代码如下：

```
Select student_id
From score
Where course_id = 'C3001'
Except
Select student_id
From score
Where course_id = 'C3002'
```

4.3 连接查询

从两个或两个以上表中对符合某些条件的元组进行查询操作称为连接查询。连接查询分为交叉连接、内连接、外连接、自连接等多种形式，是查询语句中应用最广泛的一种操作。

4.3.1 交叉连接

交叉连接将两张表不加限制地连接在一起，没有约束条件，也称为非限制性连接。在数学上，就是两个表的笛卡尔积，结果集是两张表的所有可能的组合。因此，交叉连接的结果集可能非常庞大。如果两张表各有 1 万行记录，则它们交叉连接的结果是 1 亿行记录。交叉连接的语法格式如下：

```
Select 列名列表
From 表 1
    Cross Join 表 2
```

也可以简写成：

```
Select 列名列表
From 表 1，表 2
```

【例 4-28】将学生表 student 与课程表 course 进行交叉连接。代码如下：

```
Select student. name 学生姓名，course. name 课程名
From student
    Cross Join course
```

这个例子将所有可能的学生与课程的组合都列举了出来，意味着每位学生都选修了学校的所有课程。

4.3.2　内连接与等值连接

内连接和等值连接完成相似的功能，都可以将两个表中满足连接或等值条件的行组合起来，但它们具有不同的语法形式。

1. 内连接

内连接的语法格式如下：

```
Select 列名列表
From 表1
    [Inner] Join 表2 On 表1.列1 = 表2.列2
```

说明：

1）通常情况下进行内连接查询的表1和表2会存在主外键的父子关系。假设表1为子表，列名1为表1的外键，则表2为主表，列名2为表2的主键。

2）当列名1与列名2的名称不相同时，On 子句中的列名前缀“表1.”与“表2.”可以省略，但通常不建议省略。

3）在内连接查询语句内出现任何有二义性的列名，都必须加上表名作为列的前缀。

4）可以使用内连接对多个表进行连接查询。

5）内连接的连接关系不仅可以用等值关系“=”，也可以用其他关系，如“>、<、>=、<=、<>”等。由于非等值关系极其少见，因此本书不再介绍。

【例 4-29】通过查询得到如图 4-7 所示的学生成绩信息，包括学生的姓名、课程编号和百分制成绩。

分析：由于学生姓名数据存放在学生表 student 中，而课程编号、成绩数据存放在成绩表 score 中，所以需要将这两个表中的数据组合显示在一起，即使用内连接查询。在数据结构设计时，已经为内连接查询做好了准备，student 表中的主键 student_id 唯一地标识了每一个学生记录，而 score 表的外键 student_id 是引用 student 表的主键值。因此，通过 score. student_id = student. student_id 这一关系就可将两者连接起来。实现本例的内连接查询语句如下：

```
Select name 学生姓名, course_id 课程编号, pscore 成绩
From score
    Join student on score. student_id = student. student_id
Where pscore is not null
```

	学生姓名	课程编号	成绩
1	季建龙	C2002	92
2	程恒坤	C3005	86
3	刘凯健	C1002	89
4	侯学亮	C1001	65
5	刘文雪	C1001	92
6	顾建芳	C3005	67
7	鞠迪	C2001	70
8	陈琳	C3005	94
9	马吉太	C3003	87
10	夏习瑞	C3008	94
11	任阳	C3001	91
12	吴青	C1002	80
13	马吉太	C3001	67

图 4-7　使用两张表内连接查询学生成绩

【例 4-30】通过查询得到如图 4-8 所示的学生成绩信

息，包括学生姓名、课程名和百分制成绩。

分析：由于课程名数据存放在课程表 course 中，所以需要在例 4-29 的 score 表和 student 表的基础上，再加上 course 表进行内连接。实现本例的内连接查询语句如下：

```
Select student. name 姓名, course. name 课程名, pscore 成绩          -- 列名 name 有二义性
From score                                                          -- 查询 score 表
    Join student on score. student_id = student. student_id        -- 连接到 student 表
    Join course on score. course_id = course. course_id            -- 连接到 course 表
Where pscore is not null
```

	姓名	课程名	成绩
1	季建龙	科普英语	92
2	程恒坤	C++程序设计	86
3	刘凯健	科学技术基础	89
4	侯学亮	大学英语	65
5	刘文雪	大学英语	92
6	顾建芳	C++程序设计	67
7	鞠迪	打字训练	70
8	陈琳	C++程序设计	94
9	马吉太	交换与路由	87
10	夏习瑞	微电子制造工艺	94
11	任阳	计算机网络技术	91
12	吴青	科学技术基础	80
13	马吉太	计算机网络技术	67

图 4-8　使用 3 张表内连接查询学生成绩

【例 4-31】显示如图 4-9 所示的学生成绩详细信息，包括学生姓名、所属班级名、专业名、系部名、课程名、百分制成绩、授课教师名等。

分析：此例需要对 7 张数据表，即成绩表 score、学生表 student、班级表 school_class、专业表 major、系部表 department、课程表 course、教师表 faculty 进行内连接查询，具体查询语句如下：

```
Select student. name 姓名, school_class. name 班级, major. name 专业,
department. name 系部, course. name 课程名, pscore 成绩, faculty. name 教师
From score                                                                          -- 查询成绩表
    Join student on score. student_id = student. student_id                        -- 连接到学生表
    Join school_class on student. school_class_id = school_class. school_class_id  -- 连接到班级表
    Join major on school_class. major_id = major. major_id                         -- 连接到专业表
    Join department on major. department_id = department. department_id            -- 连接到系部表
    Join course on score. course_id = course. course_id                            -- 连接到课程表
    Join faculty on score. faculty_id = faculty. faculty_id                        -- 连接到教师表
Where pscore is not null
```

	姓名	班级	专业	系部	课程名	成绩	教师
1	季建龙	软件1032	软件专业	计算机系	科普英语	92	许荧中
2	程恒坤	软件1031	软件专业	计算机系	C++程序设计	86	王培林
3	刘凯健	软件1032	软件专业	计算机系	科学技术基础	89	汪德强
4	侯学亮	软件1032	软件专业	计算机系	大学英语	65	许荧中
5	刘文雪	软件1032	软件专业	计算机系	大学英语	92	许荧中
6	顾建芳	软件1031	软件专业	计算机系	C++程序设计	67	王培林
7	鞠迪	软件1032	软件专业	计算机系	打字训练	70	黄敏
8	陈琳	软件1031	软件专业	计算机系	C++程序设计	94	王培林
9	马吉太	网络1031	网络专业	计算机系	交换与路由	87	吴琪琪
10	夏习瑞	微电子1021	微电子专业	电子系	微电子制造工艺	94	刘伟
11	任阳	网络1031	网络专业	计算机系	计算机网络技术	91	高颖
12	吴青	微电子1021	微电子专业	电子系	科学技术基础	80	汪德强
13	马吉太	网络1031	网络专业	计算机系	计算机网络技术	67	高颖

图4-9　使用7张表内连接查询学生成绩

在进行多表连接时，需要注意连接的先后次序。本例中使用下述连接次序将会出现错误：

```
From score
    Join student on score. student_id = student. student_id
    Join major on school_class. major_id = major. major_id
    Join school_class on student. school_class_id = school_class. school_class_id
```

决定连接次序的因素是表与表之间的关系，这种关系可以从数据结构设计时的关系图中直观地反映出来。连接时按表之间的关系，从子表向父表、再向祖父表，一级一级地向上连接即可。

2. 等值连接

等值连接的语法格式如下：

```
Select 列名列表
From 表1, 表2
Where 表1. 列1 = 表2. 列2
```

说明：

1）等值连接与内连接等效，通常情况下进行等值连接查询的表1和表2会存在主外键的父子关系。假设表1为子表，列名1为表1的外键，则表2为主表，列名2为表2的主键。

2）当列名1与列名2的名称不相同时，列名前缀“表1.”与“表2.”可以省略，但通常不建议省略。

3）在等值连接查询语句内出现任何有二义性的列名，都必须加上表名作为列的前缀。

4）可以使用等值连接对多个表进行连接查询。

5）等值连接的连接关系不仅可以用等值关系“=”，也可以用其他关系，如“>、<、>=、<=、<>”等。由于非等值关系极其少见，因此本书不再介绍。

【例 4-32】 将例 4-31 改写成等价的等值连接形式。代码如下：

```
Select student. name 姓名, school_class. name 班级, major. name 专业,
department. name 系部, course. name 课程名, pscore 成绩, faculty. name 教师
From score, student, school_class, major, department, course, faculty
Where score. student_id = student. student_id
and student. school_class_id = school_class. school_class_id
and school_class. major_id = major. major_id
and major. department_id = department. department_id
and score. course_id = course. course_id
and score. faculty_id = faculty. faculty_id
and pscore is not null
```

内连接的优点是严格按照数据结构的关系图，按照表之间的关系一级一级地进行连接。虽然代码相对复杂，但是思路清晰，所以建议尽量使用内连接。等值连接是SQL-92之前的标准，将表之间的连接条件和对记录的筛选条件全部写在 Where 子句中，在书写上容易漏写连接条件或筛选条件。此外，随着数据库语言的规范与发展，等值连接的写法已经逐步被淘汰，所以不建议使用。

4.3.3 外连接

前述的内连接是将两个表进行连接，只列出满足连接条件的行。如果一个表中的某一元组，在另一个表缺少对应的元组，则在内连接查询中将被认为是不满足连接条件的元组，从而不出现在查询结果中。外连接打破了这个限制，其作用于两个表，只限制其中一个表的元组，而不限制另外一个表的元组，可以将不满足连接条件的元组也显示在结果中。外连接有左外连接、右外连接和全外连接 3 种。它们的区别是：左外连接对左边的表不加限制，列出左边表中的所有元组；右外连接则是对右边的表不加限制；全外连接是对两边的表都不加限制。

1. 左外连接

左外连接的语法格式如下：

```
Select 列名列表
From 表1
    Left [Outer] Join 表2 On 表1.列1 = 表2.列2
```

【例 4-33】 查询每个专业拥有的班级情况，要求必须列出所有专业。

分析： 一方面，题目中要求列出所有专业，也就是说，即使某些专业还没有设立班级，也需要列出专业名称，所以对于专业表将不作限制地列出所有的专业名称；另一方面，对于班级表，则需要将其与专业表进行连接限制，仅列出符合连接条件的班级名称。

基于上述分析，需要使用外连接，并将专业表放在左边，进行左外连接。实现本例的外连接查询语句如下，查询结果如图4-10所示。

```
Select major.name 专业, school_class.name 班级
From major
    Left Join school_class on major.major_id = school_class.major_id
```

	专业	班级
1	物联网专业	物联网1021
2	多媒体专业	NULL
3	微电子专业	微电子1021
4	网络专业	网络1031
5	软件专业	软件1031
6	软件专业	软件1032

图4-10　左外连接查询所有专业信息

从查询结果可以看到，多媒体专业对应的班级是NULL。major表在Join的左边，school_class表在Join的右边，因此major表的所有行都出现在结果中，出现班级名空缺时用NULL表示。该结果表示“多媒体专业”是存在的，由于某种原因，该专业目前没有班级。注意，如果不使用外连接，而是使用之前的内连接查询，则会遗漏“多媒体专业”。

2. 右外连接

右外连接的语法格式如下：

```
Select 列名列表
From 表1
    Right [Outer] Join 表2 On 表1.列1 = 表2.列2
```

右外连接是指对Join右边的表不作限制。如果同时将表1和表2对调，Right改为Left，则左外连接与右外连接查询的最终结果完全相同。

将例4-33改写为右外连接形式如下：

```
Select major.name 专业, school_class.name 班级
From school_class
    Right Join major on major.major_id = school_class.major_id
```

【例4-34】 查询班级编号为“NW1031”的班级的所有学生的选课情况。

分析： 要列出所有学生的选课信息，表示对学生表不做限制，对成绩表做限制。这里将学生表放在Join的右边，作右外连接，代码如下，查询结果如图4-11所示。

```
Select name 姓名, course_id 课程号
From score
    Right Join student On score.student_id = student.student_id
Where school_class_id = 'NW1031'
Order By course_id
```

	姓名	课程号
1	司林	NULL
2	史坚	C1001
3	宋明	C1001
4	任阳	C1001
5	马吉太	C1001
6	欧艳辉	C1001

图4-11　右外连接查询所有学生选课情况

从结果中可以看出，Join右边的表是student表，因此结果中显示了student表中“NW1031”班级的所有学生，包括没有选修任何课程的学生记录，成绩表中对应的课程号字段则显示为NULL。

上述语句也可改写为如下的左外连接形式，执行效果与右外连接完全相同。

```
Select name 姓名, course_id 课程
From student
    Left Join score On score. student_id = student. student_id
Where school_class_id = 'NW1031'
Order By course_id
```

3. 全外连接

全外连接的语法格式如下：

```
Select 列名列表
From 表 1
    Full [Outer] Join 表 2 On 表 1. 列 1 = 表 2. 列 2
```

说明：

1）全外连接对左右两边的表都不加限制，即列出两边表的所有列。

2）全外连接在实际中比较少用。

【例 4-35】 现有两张数据表 man 和 woman，数据分别见表 4-4 和表 4-5。

表 4-4　男人表 man

字段名	数据类型	为空性	含义	注释
id	char(6)	not null	男人编号	主键
name	varchar(8)	not null	男人姓名	
wife	char(6)	null	妻子编号	外键

表 4-5　女人表 woman

字段名	数据类型	为空性	含义	注释
id	char(6)	not null	女人编号	主键
name	varchar(8)	not null	女人姓名	

分别对两张表进行内连接、左外连接、右外连接和全外连接查询，分析、对比它们之间的区别。

1）建立表结构，代码如下：

```
Create Table man
(   id char(6) not null primary key,
    name varchar(8) not null,
    wife char(6) null
)
Create Table woman
(   id char(6) not null primary key,
    name varchar(8) not null
)
```

```
Alter Table man
    Add Constraint fk_man Foreign Key(wife) References woman(id)
```

2）初始化数据，代码如下：

```
Insert Into woman Values('W01', '黄晓燕')
Insert Into woman Values('W02', '周丽娟')
Insert Into woman Values('W03', '张明明')
Insert Into man Values('M01', '赵小伟', NULL)
Insert Into man Values('M02', '钱为民', NULL)
Insert Into man Values('M03', '孙方', 'W01')
Insert Into man Values('M04', '李林', 'W02')
```

数据初始化完成后，两张数据表的数据如图 4-12 所示。

	id	name	wife
1	M01	赵小伟	NULL
2	M02	钱为民	NULL
3	M03	孙方	W01
4	M04	李林	W02

a）

	id	name
1	W01	黄晓燕
2	W02	周丽娟
3	W03	张明明

b）

图 4-12　数据初始化完成后的男人表和女人表

a）男人表　b）女人表

3）将表 man 和 woman 分别进行内连接、左外连接、右外连接以及全外连接，4 种连接的效果如图 4-13 所示。

① 内连接查询代码如下：

```
Select man.name 男人, woman.name 女人
From man
    Join Woman On man.wife = woman.id
```

② 左、右、全外连接查询代码如下：

```
Select man.name 男人, woman.name 女人
From man
    Left|Right|Full Join Woman On man.wife = woman.id
```

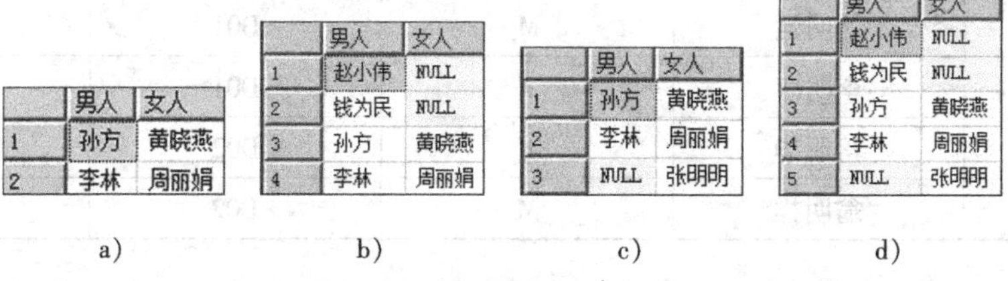

	男人	女人
1	孙方	黄晓燕
2	李林	周丽娟

a）

	男人	女人
1	赵小伟	NULL
2	钱为民	NULL
3	孙方	黄晓燕
4	李林	周丽娟

b）

	男人	女人
1	孙方	黄晓燕
2	李林	周丽娟
3	NULL	张明明

c）

	男人	女人
1	赵小伟	NULL
2	钱为民	NULL
3	孙方	黄晓燕
4	李林	周丽娟
5	NULL	张明明

d）

图 4-13　内连接、左外连接、右外连接以及全外连接的比较

a）内连接　b）左外连接　c）右外连接　d）全外连接

从上述例子可以看出：

1）内连接查询中列出的是已婚的男人及其妻子的姓名。

2）左外连接查询列出的是所有男人。如果该男人已经结婚，则列出其妻子的姓名；如果该男人没有结婚，则妻子姓名用 NULL 表示。

3）右外连接查询列出的是所有女人。如果该女人已经结婚，则列出其丈夫的姓名；如果该女人没有结婚，则丈夫姓名用 NULL 表示。

4）全外连接查询列出的是所有男人和女人，不仅会列出已婚男人和已婚女人的信息，还会列出未婚男人和未婚女人的信息，其配偶姓名均用 NULL 表示。

4.3.4 自连接

连接操作不仅可以在不同的基表上进行，而且在同一张表内也可以进行自身连接。自连接可以看成一张表的两个副本之间进行的连接。在自连接中，必须为表指定两个别名，使之在逻辑上成为两张表。自连接的语法格式如下：

```
Select 别名1.列名1，…，别名1.列名n，别名2.列名1，…，别名2.列名m
From 表1  As  别名1
    Join 表2  As  别名2  On  连接表达式
```

如果别名中没有特殊字符，则 As 关键字可以省略。

【例 4-36】职工档案表 employee 的表结构见表 4-6，表内容见表 4-7。

表 4-6　职工档案表 employee

字段名	数据类型	为空性	含义	注释
id	varchar(36)	not null	职工工号	主键
name	varchar(8)	not null	职工姓名	
sex	char(1)	not null	职工性别	
department_id	varchar(36)	null	所属部门编号	外键
leader_id	varchar(36)	null	负责人编号	外键

表 4-7　职工档案表 employee 的内容

id（职工工号）	name（职工姓名）	sex（职工性别）	department_id（部门编号）	leader_id（负责人编号）
3001	刘明强	M	D01	3001
3002	李明萍	F	D01	3001
4001	蒋明华	F	D02	4001
4002	翁明祥	M	D02	4001

说明：职工档案表 employee 中的所属部门编号 department_id 是外键，引用了 department 表中的主键 department_id；职工档案表 employee 中的负责人编号 leader_id 也是外键，引用了职工档案表 employee 中的主键 id。

有关职工档案表 employee 的创建语句和初始化语句请读者自行完成，这里不再赘述。

1）使用自连接方式显示职工工号、姓名、性别、部门编号和部门负责人姓名，代码如下，显示结果如图4-14所示。

```
Select A.id As 工号, A.name As 姓名, A.sex As 性别,
A.depart_id As 部门编号, B.name As 部门负责人
From employee A
    Join employee B On A.leader_id = B.id
```

	工号	姓名	性别	部门编号	部门负责人
1	3001	刘明强	M	D01	刘明强
2	3002	李明萍	M	D01	刘明强
3	4001	蒋明华	M	D02	蒋明华
4	4002	翁明祥	M	D02	蒋明华

图4-14　职工工号与负责人编码进行自连接

2）使用自连接与内连接方式显示职工工号、姓名、性别、部门名称和部门负责人姓名，代码如下，显示结果如图4-15所示。

```
Select A.id As 工号, A.name As 姓名, A.sex As 性别,
C.name As 部门名, B.name As 部门负责人
From employee A
    Join employee B On A.leader_id = B.id
    Join department C On A.depart_id = C.department_id
```

	工号	姓名	性别	部门名	部门负责人
1	3001	刘明强	M	计算机系	刘明强
2	3002	李明萍	M	计算机系	刘明强
3	4001	蒋明华	M	电子系	蒋明华
4	4002	翁明祥	M	电子系	蒋明华

图4-15　自连接与内连接联合使用

4.4　子查询

与程序设计中的循环嵌套和函数嵌套类似，Select 语句也能进行嵌套查询，即在 Select 语句中嵌套 Select 语句。其中，外层的 Select 语句称为父查询或外查询，嵌入内层的 Select 语句称为子查询或内查询。子查询为父查询提供查询用的数据，父查询利用这些数据做进一步的查询。子查询也可以嵌套在 Insert、Update 或 Delete 语句中使用。

子查询按其与父查询是否具备依赖关系，分为嵌套子查询和相关子查询两种。

4.4.1　嵌套子查询

嵌套子查询的执行不依赖于父查询，具有一定的独立性。嵌套子查询的执行过程是：

首先执行子查询语句，将得到的子查询结果集传递给父查询语句使用，子查询对父查询没有任何引用。

嵌套子查询的常用语法格式如下：

```
Select 列名列表
From 表名
Where 表达式 运算符 (Select 子查询)
```

说明：

1）允许多重嵌套子查询，即在 Select 子查询中允许嵌套子查询。嵌套查询由里向外，即先进行最内层子查询，并将查询结果作为其上一级子查询的查询条件，依次类推，最终显示最外层的查询结果。

2）Select 子查询不能使用 Order By 子句，Order By 子句只能对最终查询结果排序。

3）运算符有 5 类，即关系运算符（>、<、=、>=、<=、!=或<>）、In、Exists、Any 和 All。

根据子查询返回值的类型，可以将嵌套子查询分为返回标量值的子查询、返回集合的子查询和返回表的子查询。

1. 返回标量值的子查询

这类子查询返回的值是一个标量，即子查询结果为单列单行的数值。这个标量可以使用在多数场合，一般用于关系运算符（=、>、<、>=、<=、<>、!=、!<、!>等）的运算中。

【例 4-37】 查询百分制成绩高于全部学生平均成绩的学生成绩信息。

分析： 该查询可分两步进行。

1）用 Select 子查询查找出全部学生平均成绩，代码如下：

```
Select avg(pscore) 全部学生平均成绩
From score
```

语句执行后返回单列单行的标量值（见图 4-16a），全部学生平均成绩为 73 分。

2）在父查询 Select 语句的 Where 子句中，用 pscore 与子查询得到的平均分（73 分）进行比较，代码如下：

```
Select student_id 学号, course_id 课程号, pscore 成绩
From score
Where pscore >73
```

执行该语句后，可得到满足要求的学生成绩信息（见图 4-16b）。将上述两步合并成一条嵌套子查询语句：

```
Select student_id 学号, course_id 课程号, pscore 成绩
From score
Where pscore > (Select avg(pscore) 全部学生平均成绩
                From score)
```

a)

	全部学生平均成绩
1	73

b)

	学号	课程号	成绩
1	SW103203	C2002	92
2	SW103103	C3005	86
3	SW103206	C1002	89
4	SW103207	C1001	92
5	SW103102	C3005	94
6	NW103101	C3003	87
7	ME102103	C3008	94
8	NW103104	C3001	91
9	ME102102	C1002	80
10	NW103101	C3002	92

图 4-16　嵌套子查询查找高于平均分的成绩信息

a）全部学生平均成绩　　b）满足要求的学生成绩信息

【例 4-38】 查询与学号为"SW103203"的同学同班的学生学号与姓名。

分析： 该查询可分两步进行。

1）用 Select 子查询查找出学号为"SW103203"的同学的班级编码，代码如下：

```
Select school_class_id
From student
Where student_id = 'SW103203'
```

语句执行返回单列单行的标量值，班级编码 school_class_id 为"SW1032"。

2）在父查询 Select 语句的 Where 子句中，用 school_class_id 与子查询得到的班级编码（"SW1032"）进行等值比较，代码如下：

```
Select student_id, name
From student
Where school_class_id = 'SW1032'
```

执行该语句后，可得到满足要求的学生信息。将上述两步合并成一条嵌套子查询语句：

```
Select student_id, name
From student
Where school_class_id = (Select school_class_id
                         From student
                         Where student_id = 'SW103203')
```

【例 4-39】 查询与学号为"SW103203"的同学同班的学生学号、姓名、班级编码与班级名称。

分析： 一方面，由于学生学号、姓名属于学生表 student，班级编码与班级名称属于班级表 school_class，所以要显示学号、姓名、班级编码与班级名称，必须使用内连接查询；另一方面，确定学号为"SW103203"的班级编号，可以通过嵌套子查询实现。因此本例可综合使用内连接与嵌套子查询实现，查询语句如下，查询结果如图 4-17 所示。

```
Select school_class. school_class_id 班级编码, school_class. name 班级名称,
    student_id 学号, student. name 姓名
From student
    Join school_class On student. school_class_id = school_class. school_class_id
Where school_class. school_class_id = ( Select school_class_id
                                        From student
                                        Where student_id = ' SW103203')
```

	班级编码	班级名称	学号	姓名
1	SW1032	软件1032	SW103201	侯学亮
2	SW1032	软件1032	SW103202	霍勇
3	SW1032	软件1032	SW103203	季建龙
4	SW1032	软件1032	SW103204	鞠迪
5	SW1032	软件1032	SW103205	练德生
6	SW1032	软件1032	SW103206	刘凯健
7	SW1032	软件1032	SW103207	刘文雪

图 4-17　用内连接与嵌套子查询查找同班同学的信息

2. 返回集合的子查询

当子查询返回的值仍然是单列，但可能有多行时，多行的值就形成了一个集合，因此可以使用与集合有关的运算操作，如 In、Any 和 All 等。

(1) In 子查询

【例 4-40】 查询与学生“刘文雪”同班的学生学号、姓名与班级编码。

分析： 由于姓名为“刘文雪”的同学可能不唯一，即子查询“刘文雪”学生的班级编号可能有多个，因此该查询要用 In 子查询来实现，代码如下，查询结果如图 4-18 所示。

```
Select student_id 学号, name 姓名, school_class_id 班级编码
From student
Where school_class_id In( Select school_class_id
                          From student
                          Where name = '刘文雪')
```

	学号	姓名	班级编码
1	ME102101	王希	ME1021
2	ME102102	刘文雪	ME1021
3	ME102103	夏习瑞	ME1021
4	ME102104	徐祥	ME1021
5	ME102105	徐亚祥	ME1021
6	SW103201	侯学亮	SW1032
7	SW103202	刘文雪	SW1032
8	SW103203	季建龙	SW1032
9	SW103204	鞠迪	SW1032
10	SW103205	练德生	SW1032
11	SW103206	刘凯健	SW1032
12	SW103207	刘文雪	SW1032

图 4-18　用 In 子查询查找学生“刘文雪”的成绩

在图 4-18 中可以看到，学生中有两个叫“刘文雪”的学生，学号分别为“ME102102”与“SW103207”。如果将“In”运算符改为“=”运算符，则查询会出现如图 4-19 所示的错误信息。

结果　消息

消息 512，级别 16，状态 1，第 1 行
子查询返回的值不止一个。当子查询跟随在 =、!=、<、<=、>、>= 之后，或子查询用作表达式时，这种情况是不允许的。

图 4-19　“子查询返回值不止一个”的错误信息

在本例中，不论子查询“刘文雪”学生的班级编号返回多少行（0 行、1 行或多行），都可以使用集合运算符进行处理。

【例 4-41】 查询学生“刘文雪”的成绩信息。代码如下：

```
Select student_id 学号, course_id 课程号, pscore 成绩
From score
Where student_id In( Select student_id
                     From student
                     Where name = '刘文雪')
And pscore is not null
Order By student_id, course_id
```

该例也可直接使用内连接进行查询，读者可自行编写内连接查询代码。

（2） Any 和 All 子查询

当子查询中返回单值时可以使用比较运算符，而当子查询中返回多值时就不能单独使用比较运算符，此时可使用“关系运算符 Any”或“关系运算符 All”组合运算符。表 4-8 列出了关系运算符与 Any 或 All 的各种组合使用方式。

表 4-8　关系运算符与 Any 或 All 的组合使用

运算符	说明	举例（子查询返回的集合是 3，5，7，列名是 col）
> Any	大小集合中的任意一个值，即人于最小值	col > Any （3，5，7），相当于 col >3
= Any	等于集合中的任意一个值，即等于任意一个值	col = Any(3，5，7)，相当于 col =3 or col =5 or col =7
< Any	小于集合中的任意一个值，即小于最大值	col < Any （3，5，7），相当于 col <7
> All	大于集合中的所有值，即大于最大值	col > All （3，5，7），相当于 col >7
< All	小于集合中的所有值，即小于最小值	col < All （3，5，7），相当于 col <3

说明：其中“ = Any”的效果与 In 子查询相同，不存在“ = All”子查询。

【例 4-42】 查询比任何一门课程平均成绩高的学生成绩信息。代码如下：

```
Select student_id, course_id, pscore
From score
Where pscore > Any( Select avg( pscore)
                    From score
                    Group by course_id)
```

【例 4-43】 查询比所有课程平均成绩高的学生成绩信息。代码如下：

```
Select student_id, course_id, pscore
From score
Where pscore > All( Select avg( pscore)
                    From score
                    Group by course_id)
```

【例 4-44】 查询恰好等于某门课程平均成绩的学生成绩信息。代码如下：

```
Select student_id, course_id, pscore
From score
Where pscore = any(Select avg(pscore)
                   From score
                   Group by course_id)
```

上述 3 个例子中子查询返回的是一个集合，即 12 门课程各自的平均成绩。使用关系运算符以及 Any 或 All 关键字对其进行比较，可以达到不同的目的。

3. 返回表的子查询

子查询不仅可以放在 Where 子句中，还可以放在 From 子句之后。这时子查询可以返回多行多列，子查询的地位相当于一张表。

【例 4-45】 查询各门课程的平均成绩。代码如下：

```
Select course.name, avgpscore.scorea 平均成绩
From course
     Join(Select course_id, avg(pscore) scorea
          From score
          Group by course_id) avgpscore On course.course_id = avgpscore.course_id
```

本例的子查询返回两列多行的结果，这样的结果就是一张数据表，为这张表起了一个别名为 avgpscore，然后我们就能像使用普通的表一样使用 avgpscore 表了。

4.4.2 相关子查询

相关子查询与前面介绍的嵌套子查询有一个本质的区别，其查询条件依赖于外部父查询中的某个字段值。因此，相关子查询中的子查询不能单独运行。

相关子查询的执行过程与嵌套子查询不同，嵌套子查询中的子查询只执行一次，而相关子查询中的子查询需要重复地执行，具体过程如下：

1）父查询每执行一次，子查询都会被执行一次，并且每一次父查询都将查询引用字段的值传递给子查询。

2）如果子查询中的任何元组与其匹配，父查询就返回结果元组。

3）再回到第 1 步，直至处理完父查询的每一个元组。

1. 引用子查询的值

这种类型的父查询引用子查询的结果值，即将父查询中的列的值使用关系运算符与子查询中的值进行比较。

【例 4-46】 查询成绩高于本人平均成绩的学号、课程号和成绩。代码如下：

```
Select student_id 学号, course_id 课程号, pscore 成绩
From score A
Where pscore > (Select avg(pscore)
                From score B
                Where B.student_id = A.student_id)
```

说明：相关子查询常常是同一张表的重复使用，这时需要为其指定不同的别名。在本例中，A、B 分别是外部父查询和内部子查询中 score 表的别名。内部子查询是求一个学生的所有课程的平均分，至于求哪个学生的平均分要看参数 A. student_id 的值，该值是与父查询相关的。该查询的执行过程如下。

1）从父查询中取出 score 的一个元组 W，将元组 W 的 student_id 的值（如"ME102102"）传递给子查询。代码如下：

```
Select avg(pscore)
From score B
Where B. student_id = ' ME102102'
```

2）执行子查询，得到该同学平均分为76，用该值替代子查询，得到父查询。代码如下：

```
Select student_id 学号, course_id 课程号,pscore 成绩
From score A
Where pscore > 76
And A. student_id = ' ME102102'
```

3）执行这个查询，得到的查询结果如图 4-20b 的第 1 条记录所示。

4）父查询取出下一个元组，重复上述步骤，直到外层的 score 元组全部处理完毕。

	学号	课程号	成绩
1	ME102102	C1002	80
2	ME102103	C3008	94
3	ME102104	C1002	83
4	ME102105	C1002	87
5	NW103101	C1002	91
6	NW103101	C2002	81
7	NW103101	C3003	87
8	NW103101	C3002	92
9	NW103102	C1001	93
10	NW103103	C1002	69

a)

	学号	平均分
1	ME102102	76
2	ME102103	91
3	ME102104	72
4	ME102105	79
5	NW103101	80
6	NW103102	69
7	NW103103	51
8	NW103104	73
9	NW103105	66
10	NW103107	72

b)

图 4-20　相关子查询查找高于本人平均分的成绩信息

a）每个学生的平均分　b）高于本人平均分的成绩

对比图 4-16 和图 4-20 可以发现，对于嵌套子查询（查找高于平均分的成绩信息）共需执行两次查询，一次是子查询，另一次是外部查询。而对于相关子查询（查询高于本人平均分的成绩信息）共需执行 N+1 次查询，一次是外查询，又由于外部查询涉及的行有 N 行，所以子查询还要执行 N 次。

2. 不引用子查询的值

这种类型的父查询不引用子查询的结果值，而只是检查子查询是否返回了记录，这时要使用 Exists 关键字。使用 Exists 的子查询不返回任何数据，只产生逻辑值 True 或 False，

即子查询的结果集中至少包含一个元组，则 Exists 子查询返回 True；子查询结果集为空，则 Exists 子查询返回 False。

【例 4-47】用 Exists 子查询，查询与“刘文雪”同班同学的信息（包括学号、姓名与班级编号）。代码如下：

```
Select student_id, name, school_class_id
From student As A
Where Exists(Select *
            From student As B
            Where A. school_class_id = B. school_class_id
            and B. name = '刘文雪')
```

执行语句的结果与例 4-40 中用 In 运算符查询的结果是相同的。

说明：

1）因为 Exists 子查询只返回真值或假值，给出列名也无实际意义，所以 Exists 子查询的列名常用“*”表示。

2）查询过程可简要描述如下：在子查询中通过连接表达式 A. school_class_id = B. school_class_id，将别名为 A 与 B 的两个学生表 student 做自连接。先从父查询中 student A 表的第 1 条记录开始，取出班级编码 A. school_class_id，通过子查询中的自连接表达式 A. school_class_id = B. school class_id 找到子查询中 student B 表同班学生的记录，并通过条件表达式 B. name ='刘文雪' 判断该班同学中是否存在“刘文雪”，若存在则子查询结果非空，Exists 判断为真，此时应将父查询中 student A 表的当前记录添加到与“刘文雪”同班的同学的集合中。然后再对 student A 表中第 2 条记录做上述处理，直到最后一条记录为止。

3）Not Exists 的返回结果与 Exists 相反。

【例 4-48】用 Not Exists 子查询，查询没有选修课程号为“C3001”的学生学号与姓名。

分析：在学生表 student 中取出第一条记录的学生学号 student_id，用相关子查询，在成绩表 score 中查询选修课程号为“C3001”的学生，并用 Not Exists 运算符判断查询结果是否为空，若为空则将该学生记录添加到父查询的结果集合中，否则放弃该学生记录。然后在学生表 student 中取出第二条记录的学生学号 student_id，继续上述过程，直到学生表 student 中的最后一条记录为止。代码如下：

```
Select student_id, name
From student
Where Not Exists(Select *
                From score
                Where score. student_id = student. student_id
                and course_id = ' C3001')
```

4.5　基于数据查询的数据操纵

在第 3 章中讨论了数据操纵语句的数据插入、更新和删除语句的基本格式，本节将重点讨论在数据查询的基础上进行数据的插入、更新和删除，即联合使用 Select 和 Insert、Update、Delete 语句。

4.5.1　联合使用 Select 和 Insert 语句

Select 语句可以联合使用 Insert 语句，即把 Select 语句的查询结果插入到数据表中，格式如下：

```
Insert [Into] <数据表名> [(字段列表 1)]
Select 字段列表 2
From 表名
```

说明：

1）字段列表 1 和字段列表 2 的列数、顺序、数据类型和含义必须严格一一对应。

2）Select 语句的查询结果将被插入到 Insert 语句对应的表中，插入的行数与查询结果返回的行数相同。

3）Select 语句中可以有条件筛选、连接、分组统计等，但不能有 Order By 子句。

【例 4-49】 将成绩表中所有成绩不及格（百分制成绩小于 60 或等级制成绩为不及格）的学生的信息插入到 student_nopass 表中（student_nopass 表中包含以下字段：学号 student_id、姓名 name、性别 sex 和所属班级编号 school_class_id，这些字段的数据类型等与 student 表中的相应字段相同）。代码如下：

```
Insert Into student_nopass(student_id, name, sex, school_class_id)
Select student.student_id, name, sex, school_class_id
From student
    Join score On score.student_id = student.student_id
Where pscore < 60 or grade = '不及格'
```

【例 4-50】 根据班级教学任务信息表（见表 4-9）对成绩表 score 进行初始化工作，即将学生表 student 中指定的班级学生学号和相应的课程代码等信息添加到成绩表 score 中。

表 4-9　班级教学任务信息表

课程编码	课程名称	教师工号	学期	开设班级
C1001	大学英语	T007	13 - 14（I）	全体班级
C1002	科学技术基础	T010	13 - 14（I））	非物联网班级（班级编码不以 IT 开头）
C3001	计算机网络技术	T001	13 - 14（I）	网络班（班级编码以 NW 开头）

（续）

课程编码	课程名称	教师工号	学期	开设班级
C3002	网络安全技术	T002	13 - 14（I）	网络 1 班（班级编码 = NW1031）
C3003	交换与路由	T002	13 - 14（I）	网络班（班级编码以 NW 开头）
C3004	数据库原理与应用	T009	13 - 14（I）	软件班（班级编码以 SW 开头）
C3005	C ++ 程序设计	T004	13 - 14（I）	软件 1 班（班级编码 = SW1031）
C3006	Java 程序设计	T005	13 - 14（I）	软件 2 班（班级编码 = SW1032）

分析：根据表 4-9，在初始化成绩时要向成绩表中插入学年和学期、课程编码、学号、教师工号等非空字段的值，成绩表中的主键 score_id 是 UUID 主键，其值通过使用函数 newid() 自动获取。此外，插入成绩表中的学生必须为在校生（即学籍标志为“R01”）。下面是表 4-9 中前 4 条信息对应的插入语句。

第 1 条信息对应的 Insert 语句如下：

```
Insert into score(score_id,term, course_id, student_id, faculty_id)
Select newid(), '13 - 14(I)', 'C1001', student_id, 'T007'
From student
Where roll_id = 'R01'
```

第 2 条信息对应的 Insert 语句如下：

```
Insert into score(score_id, term, course_id, student_id, faculty_id)
Select newid(), '13 - 14(I)', 'C1002', student_id, 'T010'
From student
Where roll_id = 'R01' and school_class_id not like 'IT%'
```

第 3 条信息对应的 Insert 语句如下：

```
Insert into score(score_id, term, course_id, student_id, faculty_id)
Select newid(), '13 - 14(I)', 'C3001', student_id, 'T001'
From student
Where roll_id = 'R01' and school_class_id like 'NW%'
```

第 4 条信息对应的 Insert 语句如下：

```
Insert into score(score_id, term, course_id, student_id, faculty_id)
Select newid(), '13 - 14(I)', 'C3002', student_id, 'T002'
From student
Where roll_id = 'R01' and school_class_id = 'NW1031'
```

4.5.2 联合使用 Select 和 Update 语句

Update 语句中可以联合使用 Select 语句，即在 Update 语句中可以将 Select 语句的查询结果作为数据更新的条件，也可以作为更新的数值。

【例 4-51】 为“计算机网络技术”课程所有成绩小于 60 分的记录增加 5 分。代码如下：

```
Update score
Set pscore = pscore + 5
Where pscore < 60 and course_id = (Select course_id
                                   From course
                                   Where course_name = '计算机网络技术')
```

【例 4-52】为班级表 school_class 增加一个字段“班级人数” student_number，从学生表中统计各班的班级人数，并更新班级表中新增的班级人数字段的数据。代码如下：

```
-- 为班级表增加“班级人数”字段
Alter Table school_class
Add student_number int Null
-- 更新到班级表中的“班级人数”
Update school_class
Set student_number = (Select COUNT( * )
                      From student
                      Where student. school_class_id = school_class. school_class_id)
```

4.5.3　联合使用 Select 和 Delete 语句

Delete 语句中可以联合使用 Select 语句，将 Select 语句的查询结果作为数据删除的条件。

【例 4-53】在成绩表 score 中，删除“刘文雪”同学的所有成绩。代码如下：

```
Delete From score
Where student_id In(Select student_id
                    From student
                    Where name = '刘文雪')
```

本章小结

1. Select 查询语句

Select 查询语句可完成对数据表的选择、连接、排序、分组、子查询等运算，一般格式如下：

```
Select  [All|Distinct]  <目标表达式 1>[,…,<目标表达式 n>]
From  <表|视图名>[,<表|视图名>]…
[Where  <条件表达式>]                                  -- 条件
[Order  By  <表达式>  [Asc|Desc]]                      -- 排序
[Group  By  <表达式列表>  [Having  <条件表达式>]]       -- 分组
```

2. 简单查询

简单查询只涉及一张表中数据的查询。简单查询由 Select…From、Where、Order By 和 Group By 几个基本的子句构成，子句可全部出现，也可部分出现。

3. 连接查询

连接查询有内连接、外连接、交叉连接、自连接等多种，是查询语句中应用最广泛的一种操作。

4. 子查询

子查询是嵌入在外部查询中的 Select 语句。子查询为外部查询提供查询用的数据，外部查询利用这些数据做进一步的查询。子查询有嵌套子查询和相关子查询两种。

5. 基于数据查询的数据操纵

查询语句 Select 能和数据操纵语句 Insert、Update 和 Delete 相结合，完成复杂的插入、更新和删除操作。

习题 4

下列习题中涉及的数据查询，请参考附录 A 学生成绩管理系统数据表结构。

1）Select 数据查询语句由哪些子句组成？分别起什么作用？

2）Select 语句中连接查询可分为哪几类查询？分别叙述其特点。

3）Group By 子句的作用是什么？Having 子句与 Where 子句中的条件有什么不同？

4）在进行连接查询时，有几种连接表的方法？它们之间有什么区别？

5）子查询又可分为哪几类查询？分别叙述其特点。

6）编写 Select 语句，查询学生表 student 中的学号、姓名和性别列。

7）编写 Select 语句，在成绩表 score 中查询学号、课程代码、学年和学期、成绩（百分制），列名用汉字显示。

8）编写 Select 语句，在成绩表 score 中查询百分制补考成绩前 5 名的学生学号和百分制补考成绩。

9）编写 Select 语句，查询所属系部编码为“30”的专业信息，包括专业编号和专业名称。

10）编写 Select 语句，从成绩表 score 中查询出等级制成绩为“优秀”“良好”或“中等”的学生学号、课程编码和等级成绩。

11）编写 Select 语句，显示课程表 course 中的课程编号、课程名称、学时及学分（该列为计算列，学分 = 学时/16），使用别名“course_num”标识被计算列。查询结果按学时由高到低排列。

12）编写 Select 语句，查询所有尚未定学时（即学时为空）的课程信息，包括课程编号和课程名称。

13）编写 Select 语句，查询课程表 course 中，所有编号（course_id）中前两个字符为“C1”的课程信息，显示课程编号、课程名称和学时。

14）编写 Select 语句，查询 1988 年上半年前（1 月 1 日 ~6 月 30 日）出生的学生信息（包括学号、姓名、班级）。

15）编写 Select 语句，在学生表 student 中统计各班级的男、女生人数。

16）编写 Select 语句，统计成绩表 score 中各个学生的百分制成绩的平均分，要求显示学号和平均分。

17）编写 Select 语句，查询成绩表 score 中百分制成绩平均分低于 70 分的学生学号。

18）编写 Select 语句，使用内连接方式和等值连接两种方式显示学生的学号、姓名、班级名和专业名，并按学号升序排列。

19）编写 Select 语句，使用外连接查询出班级编码为“SW1031”的每个学生的选课及成绩信息（包含学生学号、姓名、课程编码、百分制成绩）。如果学生没有选课，则课程编号和成绩列用空值填充。

20）编写 Select 语句，在学生表 student、班级表 school_class 和成绩表 score 中查询百分制成绩高于平均成绩的学生学号、姓名、班级名称。

21）编写 Select 语句，分别使用嵌套子查询和内连接两种方式查询选修“科学技术基础”课程的学生学号和百分制成绩。

22）请根据例 4-50 的要求，写出表 4-9 中后 4 条信息对应的成绩初始化语句。

23）为班级表 school_class 插入一个字段“平均成绩 avg_score”，然后从成绩表中统计每个班级的平均百分制成绩，并更新到班级表的 avg_score 字段中。

24）在学生表中删除已经毕业（学籍类型名称 = “毕业”）的学生记录。

实训 4　在线电子商店数据库的查询

在第 3 章的实训 3 中已经将基础数据和订单数据插入到数据库中。本次实训是在教师完成的数据库、数据表、基础数据以及订单数据的基础上进行查询。

数据查询是数据库操作中重要的一环，也是比较复杂的一环，数据结构设计的目的就是要实现一个完善的数据存储方案，以方便查询操作。本次实训的主要内容是通过查询得到编号为“OH101”的订单的所有信息。

1. 实训内容

根据第 3 章实训 3 的结果（即初始化后的数据库），为了保证数据结构的正确性，采用教师提供的实训 3 的参考答案，读者在这个基础上进行本次实训。

2. 实训步骤

本实训根据上述数据，按照要求逐步进行，每完成一步，进行检查，通过后再进行下一步。

1）生成数据库、数据表结构以及初始化数据。

这一步由本软件自动完成（采用实训 2 的数据库和实训 3 的初始数据。完成后刷新一下，即可看到新的数据库以及 7 张表及其数据）。

注意：如果之前已经存在 eshop 数据库，则不能在 SQL Server 中打开它，因为这一步需要删除这个数据库，然后重建数据库。

2）查询所有客户的所有信息，按账号排序，结果如图 4-21 所示。

	shop_customer_id	account	password	name	sex	age	tel	email	shipping_address	rank	status
1	C002	yuanxw	123	袁晓伟	M	48	12912341235	yuanxw@qq.com	江苏南京六合县高桥镇田夏家	4	1
2	C001	zhouym	123	周永明	M	46	13912341234	zhouym@qq.com	江苏省东台市经济园货场东巷23号	3	1

图 4-21　步骤 2 查询结果

3）查询员工的账号、姓名和电话，并按员工工号排序，结果如图 4-22 所示。

4）查询两种 MP3 的总库存量和总价值（价格 × 数量），结果如图 4-23 所示。

	account	name	tel
1	wuqq	吴琪琪	13912341234
2	zhoukw	周可望	12912341235
3	wangpl	王培林	11912341236

图 4-22　步骤 3 查询结果

	数量	金额
1	450.00	185250.0000

图 4-23　步骤 4 查询结果

5）查询订单 OH101 的购货人信息，结果如图 4-24 所示。

	购货人	编号	购货人电话	购货人邮件	订货日期	送货地址
1	周永明	OH101	13912341234	zhouym@qq.com	2011/03/12	江苏省东台市经济园货场东巷23号

图 4-24　步骤 5 查询结果

提示：日期的显示格式可以通过 Convert(varchar(12), order_date, 111) 函数来实现。关于函数将在第 5 章学习。

6）查询订单 OH101 的购买产品详细信息，结果如图 4-25 所示。

	货物名称	品牌	规格	单价	数量	金额
1	MP3	清华紫光	T39 2G	68.00	1.00	68.0000
2	MP4	台电	C520VE 8G 5寸高清	295.00	1.00	295.0000
3	电子书	汉王	N510精华版	990.00	1.00	990.0000

图 4-25　步骤 6 查询结果

7）查询订单 OH101 的订货总金额信息，结果如图 4-26 所示。

	总计(人民币)
1	1353.0000

图 4-26　步骤 7 查询结果

8）查询订单 OH101 的订货要求及发货信息，结果如图 4-27 所示。

	订货要求	审核人	审核日期	发货人	发货日期
1	礼盒包装	吴琪琪	2011/03/15	周可望	2011/03/15

图 4-27　步骤 8 查询结果

注意：上述步骤 5～8 的 4 个查询结果就是编号为“OH101”的订单的完整信息，即下表所包含的信息。

网络在线公司发货单

购　货　人：周永明　　　　编　　号：　OH101

购货人电话：　13912341234　　　　购货人邮件：　zhouym@ qq. com

送 货 地址：　江苏省东台市经济园货场东巷 23 号　　　　订货日期：　2011-03-12

货物名称	品牌	规格	单价	数量	金额
MP3	清华紫光	T39 2G	68.00	1.00	68.00
MP4	台电	C520VE 8G 5 寸高清	295.00	1.00	295.00
电子书	汉王	N510 精华版	990.00	1.00	990.00
总计（人民币）	1353.00				
订货要求：礼盒包装					

审 核 人：吴琪琪　　　　审核日期：2011-03-15

发 货 人：周可望　　　　发货日期：2011-03-15

第5章　数据库编程

通过第2章学习可知，SQL Server数据库由表、视图、存储过程、函数、触发器、规则、用户、角色等数据库对象组成。在前面的章节中已经介绍了用SQL语句定义表和视图以及检索与更新数据表的方法。本章将利用SQL语句与流程控制语句进行数据库编程，讨论存储过程、函数、触发器等数据库对象的创建与使用方法。

与其他程序设计语言类似，数据库编程中的SQL程序设计主要讨论的内容为数据类型、表达式、变量、流程控制语句、函数与存储过程等。SQL的数据类型与表达式已在第2、4章介绍过，因此本章主要讨论变量、批处理、流程控制语句、函数、存储过程、事务处理、触发器等内容。

5.1　变量与流程控制语句

5.1.1　变量

在SQL程序的执行过程中，其值可以改变的量称为变量。变量必须用标识符来命名，变量根据其取值的不同，可定义成不同的数据类型，通常变量必须先定义后使用。在SQL中变量可分为局部变量与全局变量，局部变量是由用户自定义并赋值的变量，而全局变量是由SQL Server系统提供并赋值的变量，用于记录SQL Server服务器的状态。

1. 局部变量

局部变量是由用户自定义并赋值的变量，通常变量必须先定义后使用。变量名必须以@起始，以示与列名的区别。

1）变量定义语句，格式如下：

```
Declare @ <变量1> <数据类型>, …, @ <变量n> <数据类型>
```

【例5-1】变量定义示例。

定义整型局部变量count的语句如下：

```
Declare @count int
```

定义字符型局部变量id和name，以及微整型变量score的语句如下：

```
Declare @id varchar(36), @name varchar(8), score tinyint
```

2）变量赋值语句，格式如下：

```
Set|[Select] @ <变量> = <表达式值>          --变量赋值格式1
Select @ <变量> = <表达式值>                --变量赋值格式2
From <数据表>
Where <条件>
```

说明：

1）表达式值的数据类型必须与变量的数据类型一致。

2）变量赋值格式 1 中 Set 与 Select 均可使用，但是通常建议使用 Set。

3）变量赋值格式 2 中是将 Select 查询的结果赋给变量。

【例 5-2】 编写 SQL 程序，要求程序实现如下功能：定义@ name 与@ sex 变量，并赋值“王%”与“男”；在学生成绩管理数据库 Scoresys 中，用 Select 语句查询由@ name 与@ sex变量指定的“王”姓“男”生的学号、姓名、性别和所属班级编码。代码如下：

```
Use Scoresys
Go
Declare @ name varchar(8), @ sex char(1)
Set @ name = '王%'
Select @ sex = '男'
Select student_id 学号, name 姓名, sex 性别, school_class_id 班级
From student
Where name like @ name
and sex = @ sex
```

说明： 本例中变量定义、赋值与使用的多条语句必须在同一个批处理中执行，否则可能出现变量未声明的错误。有关批处理的概念将在 6.2 节中详细介绍。

【例 5-3】 将课程号为“C3009”的课程的平均成绩赋给变量@ score，将最高成绩赋给变量@ max。代码如下：

```
Use Scoresys
Go
Declare @ score int
Declare @ max int
Select @ score = avg(pscore), @ max = max(pscore)
From score
Where course_id = 'C3009'
Print @ score
Print @ max
```

说明：

1）在一条 Select 语句中可以为多个变量赋值，但是一条 Select 语句不能同时既赋值，又显示结果，如 Select @ score = avg(pscore), max(pscore)from score 这条语句是错误的。

2）由于变量是一个标量，只能保存一个值，因此要求查询的结果只能有一行记录。如果有多行记录，则将最后一行的值赋予变量。

3）变量的使用。变量的输出可以使用 Print 命令。变量可以使用在绝大多数常量可以使用的场合，只有在少数情况下不能使用变量。例如，top 关键字（显示前面的几条记录）之后只能使用常量，而不能使用变量。

【例 5-4】利用变量@ score 传递平均成绩，实现与嵌套查询相同的效果。代码如下：

```
Declare @score int
Select @score = avg(pscore)
From score
Select student_id, course_id, pscore
From score
Where pscore > @score
```

2. 全局变量

全局变量是由 SQL Server 系统提供并赋值的变量，用于记录 SQL Server 服务器的状态，只读不能写，共 30 多个。表 5-1 给出部分全局变量的名称及其功能，由表 5-1 可知全局变量的命名格式为“@@ <全局变量> ”。

表 5-1　常用全局变量及其功能

全局变量	功能
@@Connections	记录最近一次服务器启动以来，针对服务器进行的连接数目
@@TranCount	返回当前连接中，处于活动状态的事务数目
@@Cursor_Rows	返回在本次服务器连接中，打开游标取出数据行的数目
@@Fetch_Status	返回上一次游标 Fetch 操作所返回的状态值（若成功，则该变量值为 0）
@@Identity	返回最近一次插入的 Identity 列的数值
@@Rowcount	返回上一次 SQL 语句所影响的数据行数
@@Error	返回执行上一次 SQL 语句所返回的错误号（若成功，则该变量值为 0）
@@Version	返回当前 SQL Server 服务器的安装日期、版本及处理器的类型
@@ServerName	返回当前使用的 SQL Server 服务器名

【例 5-5】用全局变量查看 SQL Server 的版本，以及当前使用的 SQL Server 服务器的名称信息。代码如下：

```
Use Scoresys
Print '当前使用 SQL Server 版本:'
Print @@Version
Print 'SQL Server 服务器名称:' + @@ServerName
```

执行上述语句后，输出显示结果如图 5-1 所示。

```
消息
当前使用SQL Server版本:
Microsoft SQL Server 2012 (SP1) - 11.0.3128.0 (Intel X86)
    Dec 28 2012 19:06:41
    Copyright (c) Microsoft Corporation
    Enterprise Evaluation Edition on Windows NT 6.1 <X86> (Build 7601: Service Pack 1)

SQL Server服务器名称:LIPING
```

图 5-1　用全局变量显示系统信息

5.1.2　流程控制语句

流程控制语句是用来控制程序执行和流程分支的命令，主要有分支语句与循环语句两大类。由于在分支与循环语句中都要使用语句块，因此本节先介绍语句块，然后再介绍分支语句与循环语句。

1. 语句块

语句块是由若干语句组成的语句组，用关键字 Begin 与 End 作为语句块的开始与结尾。语句块的定义格式如下：

```
Begin
    语句组
End
```

说明：语句块中的语句可以是单个的 SQL 语句，也可以是用 Begin 与 End 定义的语句块，即语句块是可以嵌套的。

【例 5-6】 用语句块显示版本号和服务器名称。代码如下：

```
Begin
    Print @@Version;
    Print @@ServerName
End
```

2. 条件分支语句

SQL 程序条件分支可分为二路分支与多路分支两种情况，因此实现条件分支的分支语句也有二路分支语句（If 语句）与多路分支语句（Case 语句）两种。

（1）二路分支语句

与其他程序设计语句类似，二路分支语句也是通过 If 语句实现的，语法格式如下：

```
If <条件表达式>
   <语句块1>
Else
   <语句块2>
```

【例 5-7】 在学生成绩管理数据库 Scoresys 中，查询系部表 department 中是否存在名称为“计算机系”的系部，若存在则显示该系部的信息，若不存在则插入“计算机系”的系部信息。代码如下：

```
Use Scoresys
If Exists(Select * From department Where name = '计算机系')
    Begin
      Print  '已经存在计算机系！不能插入计算机系记录!'
      Select * From department Where name = '计算机系'
    End
```

```
Else
    Insert Into department
    Values(newid(), '计算机系', null)
```

说明：当系部表 department 中已有名称为“计算机系”的系部记录时，上述 SQL 程序在 SSMS 中执行后会在消息对话框中显示输出结果（见图 5-2a），在结果对话框中显示查询结果（见图 5-2b）。若 If 或 Else 后的执行语句多于一条，则建议使用 Begin…End 组成语句块。

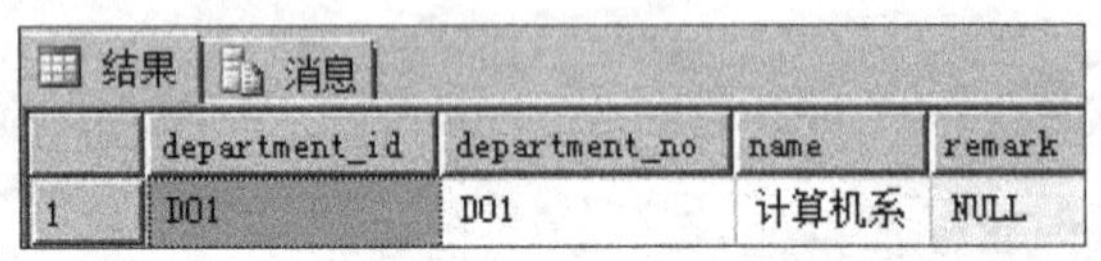

	department_id	department_no	name	remark
1	D01	D01	计算机系	NULL

a)

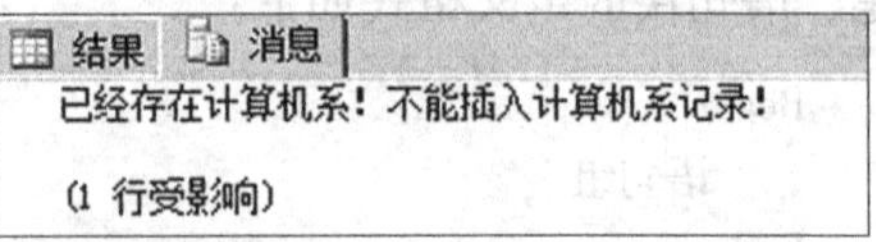

b)

图 5-2　执行含 If 语句的 SQL 程序

a）消息对话框　b）结果对话框

（2）多路分支语句

SQL 程序中的多路分支是用 Case 语句实现的，有“简单表达式”与“选择表达式”两种语句格式。

1）简单表达式语句格式如下：

```
Case <条件表达式>
  When <常量1> Then <表达式1>
  …
  When <常量n> Then <表达式n>
  Else <常量表达n+1>
End
```

说明：Then 后的表达式是能计算出值的表达式，表达式的值将作为 Case 语句的运算结果赋给变量。

【例 5-8】在学生表 student 中，用 Select 查询语句查询学生的学号、姓名与性别，要求根据性别码（sex）输出每个学生对应的性别。代码如下：

```
Use Scoresys
Go
Select student_id 学号, name 姓名, sex 性别码, 性别 =          --“性别”值由 Case 语句提供
    Case sex
        When 'M' Then '男'
        When 'F' Then '女'
        Else '未知性别'
    End
From student
```

执行结果如图 5-3 所示。

	学号	姓名	性别码	性别
1	IT102101	孙成浩	M	男
2	IT102102	王俊峰	M	男
3	IT102103	王明星	F	女
4	IT102104	王秋静	M	男
5	IT102105	王一军	F	女
6	IT102106	王志超	M	男
7	ME102101	王希	M	男
8	ME102102	吴青	M	男
9	ME102103	夏习瑞	M	男
10	ME102104	徐祥	M	男

图 5-3 执行带 Case 语句的 SQL 程序查询学生信息

2）选择表达式语句格式如下：

```
Case
  When < 条件表达式 1 > Then < 表达式 1 >
  …
  When < 条件表达式 n > Then < 表达式 n >
  Else < 表达式 n + 1 >
End
```

【例 5-9】 用选择表达式语句编写查询例 5-8 中学生学号、姓名与性别的 SQL 程序。代码如下：

```
Use Scoresys
Go
Select student_id 学号, name 姓名, sex 性别码, 性别 =
    Case
        When sex = 'M' Then '男'
        When sex = 'F' Then '女'
        Else '未知性别'
    End
From student
```

本例执行结果与例 5-8 结果相同。

由上例可见，If 语句与 Case 语句可以在 Select 等 SQL 语句中使用，使 SQL 程序的编写更加灵活自如。

3. 循环语句

按循环条件重复执行一种操作的程序称为循环程序，循环程序一般应用循环语句编写。在 SQL 程序中循环语句只有 While 语句一种，其语句格式如下：

```
While <条件表达式>
Begin
    <语句块 1>
   [Break]
    <语句块 2>
   [Continue]
    <语句块 3>
End
```

循环语句的执行过程是：先判断 While 命令行的条件表达式是否为真，若为真，则执行 Begin 与 End 之间的循环体（在循环体中应有对条件表达式进行修改的语句），然后跳转到 While 命令行重新执行循环，直到条件表达式的值为假才结束循环。

循环语句中的 Break 语句用于强制终止循环，结束循环语句的执行。若在循环体中安排 Continue 语句，则当程序执行 Continue 语句时将忽略 Continue 后的语句，使程序直接跳转到 While 命令行，重新执行循环。

【例 5-10】 使用 While 语句求 1 到 100 的累加和并输出。代码如下：

```
Declare @Sum Int, @I Int
Set @I = 1
Set @Sum = 0
While @I <= 100
Begin
    Set @Sum = @Sum + @I
    Set @I = @I + 1
End
Print '总和为 = ' + Convert(Char(6), @Sum)
```

其中，Convert( )为数值转换为字符的类型转换函数。

与大多数编程语言一样，While 语句还能配合 Break 和 Continue 关键字，实现循环的跳出和强制再循环。

【例 5-11】 Break 语句示例。代码如下：

```
Declare @X int
Set @X = 0
While @X < 10
Begin
    Set @X = @X + 1
    If(@X = 2)  Break
    Print 'X = ' + Convert(char(1), @X)
End
```

得到的结果为：X = 1。

说明： 在上面的例子中，当执行第 2 次循环时，由于@X = 2 而执行 Break 语句，中断了 While 语句的执行，这样 Print 语句只执行了一次，因此输出结果为 X = 1。

【例 5-12】Continue 语句示例。代码如下：

```
Declare @X int
Set @X = 0
While @X <3
Begin
    Set @X = @X + 1
    If(@X = 2) Continue
    Print 'X = ' + Convert(char(1), @X)
End
```

得到的结果为：

X = 1

X = 3

说明：本例中，在循环体内判断变量 X 是否为 2，如果是 2，则不执行下面的 Print 语句，而是跳转到循环开始的地方，重新开始下一次循环的执行。

4. 异常处理

SQL 程序设计中还能实现多数编程语言中的异常处理。

【例 5-13】除数为 0 的异常处理示例。代码如下：

```
declare @a
Begin Try
Set @a = 1/0
End Try
Begin Catch
    Print '出现错误'
End Catch
```

5.2 脚本文件

5.2.1 SQL 脚本文件的概念

由第 1 章学习可知，数据库设计过程分为需求分析、概念设计、逻辑设计、物理设计、数据库实施与数据库维护管理 6 个阶段。数据库实施阶段要建立数据库、数据表、视图、存储过程、函数、触发器等数据库对象。用 SQL 语句创建数据库与数据库对象的文件称为脚本文件。脚本文件的扩展名是 . sql。脚本文件可以用来执行以下操作：

1）保存用于创建和初始化数据库的步骤的永久副本，作为一种备份机制。

2）方便地在多台计算机上创建具有相同数据结构和数据的数据库。

脚本文件不像C ++ 或 Java 程序那样进行编译，不能生成 . exe 等类型的可执行文件。数据库管理员等需要在 SQL Server Management Studio 的查询编辑器中输入脚本内容来打开脚本文件和执行脚本文件。

5.2.2　批处理

脚本文件包含一个或多个批处理。Go 命令表示批处理的结束。如果脚本文件中没有 Go 命令，那么它将被作为单个批处理来执行。批处理是作为一个单元从应用程序发送到服务器的一组 SQL 语句（包括一个或多个 SQL 语句）。SQL Server 将每个批处理作为一个可执行单元来执行，也就是说，SQL Server 将一个批处理作为一个整体来进行分析、编译和执行，处理完一个批处理后再处理另外一个批处理。

如果一个批处理中的某条 SQL 语句存在语法错误，则整个批处理都将无法通过编译。如果一个批处理中的某条 SQL 语句在运行时发生错误，则在默认情况下，已经运行的 SQL 语句已经生效，而其后的语句通常不会被执行。

有些 SQL 语句不能与其他语句共存于同一个批处理中，必须单独存在于一个批处理中，具体包括以下几种情况：

1）Create Default（创建默认值）、Create Function（创建函数）、Create Procedure（创建存储过程）、Create Rule（创建规则）、Create Schema（创建架构）、Create Trigger（创建触发器）和 Create View（创建视图）语句必须在单独的批处理中。

2）不能在同一个批处理中更改表结构（如添加新列），然后引用新的表结构（如查询新列）。

【例 5-14】 编写批处理文件 student. sql，建立查询学生档案的视图 v_student，然后用该视图查询所有“王”姓学生的学号、姓名、性别和班级。代码如下：

```
Use Scoresys
Go
Create View v_student
As
    Select student. *,   school_class. name As class_name
    From student
      Join school_class On student. school_class_id = school_class. school_class_id
Go
Select student_id 学号, name 姓名, sex 性别, class_name 班级
From v_student
Where name like '王%'
```

说明： 将该批处理文件保存在 E:\SQL 目录中，文件名为 student. sql。由于批处理文件中有 3 个批处理，因此要用两个 Go 命令分开，删除任意一个 Go 命令，语句执行都会出现错误。该例中有关视图的创建与使用将在 5.4 节中详细讲解。

注意： Go 命令不是 SQL 语句，它是 SQL Server 查询窗口中使用的一个指令，它只是告诉 SQL Server 服务器该如何处理多条 SQL 语句之间的关系。

5.2.3　注释

注释中包含对 SQL 代码的解释说明性文字，这些文字可以插入单独行中、嵌套在 SQL 命令行的结尾或嵌套在 SQL 语句中。服务器不会执行注释。对 SQL 代码添加注释可以增强代码的可

读性和清晰度。而对于团队开发，使用注释更能加强同伴之间的沟通，提高工作效率。

SQL 中的注释分为单行注释和多行注释两种。

1. 单行注释

单行注释以两个减号字符“--”开始，作用范围是从注释符号开始到一行的结束。

【例 5-15】单行注释示例。代码如下：

```
--查找系部表中的所有记录
Select * From department
```

该段代码中的第 2 行将被 SQL 解释器执行，而第 1 行作为第 2 行语句的解释说明性文字，不会被执行。

2. 多行注释

多行注释作用于某一代码块，该种注释使用斜杠和星号（/*…*/）。使用这种注释时，编译器将忽略从“/*”开始后面的所有内容，直到遇到“*/”为止。

【例 5-16】多行注释示例。代码如下：

```
/*
Create Table department
(   department_id   varchar(36)   not null primary key,
    name            varchar(50)   not null,
    remark          varchar(500)
)
*/
```

该段创建数据表 department 的代码全部被当作注释内容，不会被解释器执行。

5.3 游标

5.3.1 游标的概念

使用 Select 语句返回的结果集包括所有满足条件的数据行，但是在实际开发数据库应用程序时，往往每次只需要处理一行数据，因此必须借助于游标这一机制来进行单条记录的数据处理。就本质而言，游标是一种能从包括多条数据记录的结果集中每次提取一条记录的机制。类似于 C 语言编写的文件处理程序，游标就像打开文件时所得到的文件句柄，只要文件打开成功，文件句柄就可代表该文件。可见游标能够实现按与传统程序读取平面文件类似的方式处理来自基础表的结果集，从而把表中数据以平面文件的形式呈现给程序。

游标总是与一条 Select 语句相关联，游标由结果集和结果集中指向特定记录的游标位置组成。游标允许应用程序对查询语句 Select 返回的行结果集中每一行进行相同或不同的操作，而不是一次性地对整个结果集进行同一种操作，它同时还具备对基于游标位置的表中数据进行删除或更新的能力。游标把作为面向集合的数据库管理系统和面向行的程序设计两者联系起来，使两种数据处理方式能够进行沟通。

SQL Server 支持 3 种类型的游标，具体如下：

（1）Transact_SQL 服务器游标

Transact_SQL 服务器游标由 Declare…Cursor 语法定义，一般用在 Transact_SQL 脚本、存储过程和触发器中。Transact_SQL 服务器游标主要用在服务器上，由从客户端发送给服务器的 Transact_SQL 语句或是批处理、存储过程、触发器中的 Transact_SQL 进行管理。Transact_SQL 服务器游标不支持提取数据块或多行数据。

（2）API 服务器游标

API 服务器游标支持在 OLE DB、ODBC 以及 DB_library 中使用游标函数，主要用在服务器上。每一次客户端应用程序调用 API 游标函数，SQL Server 的 OLE DB 提供者、ODBC 驱动器或 DB_library 的动态链接库（DLL）都会将这些客户请求传送给服务器，以对 API 游标进行处理。

（3）客户端游标

客户端游标主要当在客户机上缓存结果集时才使用。在客户端游标中，有一个默认的结果集被用来在客户机上缓存整个结果集。客户端游标仅支持静态游标而非动态游标。由于服务器游标并不支持所有的 Transact_SQL 语句或批处理，因此客户端游标常常仅被用作服务器游标的辅助。

本书只介绍 Transact_SQL 服务器游标。

5.3.2　游标的基本操作

使用游标的典型过程如下：声明游标、打开游标、读取游标数据（从游标中检索记录）、关闭游标和释放游标。

1. 声明游标

声明游标的语句格式如下：

```
Declare 游标名称 [Insensitive] [Scroll] Cursor
For Select 语句
[For {Read Only|Update [Of 列名 [, …n]]}]
```

说明：

1）Insensitive 用于定义一个静态游标，在系统临时数据库 tempdb 中创建该游标使用的数据临时副本。对游标的所有请求都从 tempdb 中的临时表中得到应答。因此在对该游标进行提取操作时所返回的数据，并不会随着基表内容的改变而改变，而且也无法通过游标修改基表数据。如果省略 Insensitive，则任何用户对基表提交的删除和更新都将反映在后面的游标提取中。

2）Scroll 用于定义一个滚动游标，指定所有对游标的数据记录提取选项（First、Last、Prior、Next、Relative、Absolute）均有用。如果未指定 Scroll，则 Next 是唯一支持的提取选项。

3）Select 语句用于定义游标结果集的标准 Select 语句。

4）Read Only 用于定义一个只读游标，表示不允许游标内的数据被更新。

5）Update [Of 列名 [, …n]] 用于定义游标内可更新的列。如果在 Update 中指定“Of 列名 [, …n]”参数，则只允许修改所列出的列；如果在 Update 中未指定列的列表，则可以更新所有列。

【例 5-17】 声明一个名为 cur_department01 的滚动只读游标。代码如下：

```
Use Scoresys
Go
Declare cur_department01 Scroll Cursor
For Select * From department
For Read Only
```

【例 5-18】 声明一个名为 cur_department02 的可更新游标，指定系部名称为可更新列。代码如下：

```
Use Scoresys
Go
Declare cur_department02 Cursor
For Select * From department
For Update Of name
```

2. 打开游标

打开游标的语句格式如下：

```
Open 游标名称
```

要判断打开游标是否成功，可通过全局变量@@Error 的返回值确定。如果@@Error 等于0，表示打开游标成功，否则表示打开失败。当声明的游标是静态游标时，可通过全局变量@@Cursor_Rows 的返回值获取游标中的记录数。

【例 5-19】 声明一个静态游标 cur_department03，显示当前系部表 department 中的记录数。代码如下：

```
Use Scoresys
Go
--声明一个静态游标
Declare cur_department03 Insensitive Cursor
For Select * From department
--打开游标
Open cur_department03
--判断游标打开是否成功,若打开成功,则显示当前游标的记录数
If @@Error = 0
Begin
Print '系部信息表当前记录数为' + Cast(@@Cursor_Rows As Varchar(5))
End
--关闭游标
Close cur_department03
--释放游标
Deallocate cur_department03
```

3. 读取游标数据

当一个游标成功打开后，就可以使用Fetch语句读取游标中的数据，语法格式如下：

```
Fetch [ Next|Prior|First|Last|Absolute n|Relative n ]
From 游标名称
[Into 变量名 [ , …n]]
```

说明：

1）Next用于返回当前记录的下一条记录，并移动记录指针到当前位置。如果Fetch Next为对游标的第一次提取操作，则返回结果集中的第一条记录。Next为默认的游标提取选项。

2）Prior用于返回当前记录的上一条记录，并移动记录指针到当前位置。如果Fetch Prior为对游标的第一次提取操作，则没有记录返回，并且记录指针置于第一条记录之前。

3）First用于返回游标中的第一条记录并将其作为当前记录。

4）Last用于返回游标中的最后一条记录并将其作为当前记录。

5）Absolute n表示如果n为正整数，则返回从游标头开始的第n条记录，并将返回的记录变成新的当前记录；如果n为负整数，则返回从游标尾之前的第n条记录，并将返回的记录变成新的当前记录；如果n为0，则没有记录返回。

6）Relative n表示如果n为正整数，则返回当前记录之后的第n条记录，并将返回的记录变成新的当前记录；如果n为负整数，则返回当前记录之前的第n条记录，并将返回的记录变成新的当前记录；如果n为0，则返回当前记录。

7）Into 变量名［，…n］用于将提取操作的列数据放进局部变量中。列表中的各个变量从左到右与游标结果结中的相应列相关联。各变量的数据类型必须与相应的结果列的数据类型匹配，变量的数目必须与游标选择列表中的列的数目一致。

注意：在定义游标时，如果没有选择Scroll选项，则只能使用Fetch Next命令从游标中读取数据，即只能从结果集第一行按顺序地每次读取一行。如果选择了Scroll选项，则可以使用所有的Fetch操作。

要判断游标数据提取是否成功，可通过全局变量@@Fetch_Status的返回值来确定。在每次用完Fetch语句从游标中提取数据时，都应检查该变量，确定上次Fetch操作是否成功，以决定如何进行下一步处理：@@Fetch_Status等于0，表示Fetch语句成功；@@Fetch_Status等于-1，表示Fetch语句失败；@@Fetch_Status等于-2，表示被提取的行不存在。

【例5-20】利用@@FETCH_STATUS控制循环读取游标数据。代码如下：

```
Use Scoresys
--声明一个游标
Declare cur_student Cursor
For Select * From Student
--打开游标
Open cur_student
--执行提取操作
```

```
Fetch Next From cur_student
--检查@@FETCH_STATUS,以确定是否可以继续提取
While @@Fetch_Status =0
Begin
Fetch Next From cur_student
End
--关闭游标
Close cur_student
--释放游标
Deallocate cur_student
```

4. 关闭游标

当游标使用完毕后，使用 Close 语句可以关闭游标，但不释放游标占用的系统资源。因此，游标关闭后还可以使用 Open 语句重新打开。关闭游标的语法格式如下：

```
Close 游标名称
```

5. 释放游标

当游标关闭后，并没有在内存中释放其所占用的系统资源，所以可以使用 Deallocate 命令删除游标引用。当释放最后的游标引用时，组成该游标的数据结构由 SQL Server 释放。游标释放后就不能再用 Open 语句重新打开，必须使用 Declare 语句重新声明游标。释放游标的语法格式如下：

```
Deallocate 游标名称
```

5.3.3 使用游标更新数据

通常情况下，使用游标从数据表中提取数据，以实现对数据的一条条的检索。但在某些情况下，也可以通过游标定位记录，修改或删除当前行。

修改游标当前数据行的语法结构如下：

```
Update 表名
Set 列名1 =值1，列名2 =值2
Where Current Of 游标名
```

删除游标当前数据行的语法结构如下：

```
Delete From 表名
Where Current Of 游标名
```

其中，Current Of 游标名表示游标指针所指的当前行数据。

【例5-21】 声明一个游标 Cur_Student，用于读取学生表 student 中“SW1031”班的学生信息，并将第3个学生的学籍状态更改为 R05。代码如下：

```
Use Scoresys
--声明一个游标
Declare cur_student Scroll Cursor
For Select * From Student Where school_class_id = 'SW1031'
--打开游标
Open cur_student
--定位至第3条记录,执行提取操作
Fetch Absolute 3 From Cur_Student
--更新当前行数据
Update student
Set roll_id = 'R05'
Where Current Of cur_student
--关闭游标
Close cur_student
--释放游标
Deallocate cur_student
```

5.4 视图

在第1章中曾介绍过数据库系统的三级模式与两级映射的体系结构，三级模式是外模式、模式与内模式。其中，外模式是用户与数据库系统的接口，以用户视图方式表示。不同的用户可以通过不同的外模式（视图）访问数据库。事实上，所谓视图就是用户使用Select语句对数据表进行投影、选择与连接运算后得到的局部数据表。在SQL语言中，视图可用CreateView语句创建，并在Select语句中使用。下面分别介绍视图的概念、创建语句与使用方法。

5.4.1 视图的概念

1. 定义

视图是由一个或多个数据基表导出的二维虚表，虚表的列与行来自于基表并由定义视图的查询语句产生。和表一样，视图也有定义的行和列，但是这些列和数据行并不实际地以视图形式存在于数据库中，而是存储于它所引用的基表中。视图之所以称为虚表，是因为它并没有作为数据集存储在数据库中。

视图定义存储在数据库中，而用户所看到的数据并没有像表那样又在数据库中重新存储一份，通过视图所看到的数据只是存放在基表中的数据。当修改在视图中看到的数据时，实际上修改的是基表的数据。基表的数据变化自动反映在视图中。对视图的操作和对表的操作一样，可以对其进行查询、修改和删除操作。

2. 视图的优点

(1) 视点集中

视点集中是使用户只关心其感兴趣的某些特定数据和其所负责的特定任务。这样通过只允许用户看到视图中所定义的数据而不是视图引用表中的数据而提高了数据的安全性。

(2) 简化操作

视图大大简化了用户对数据的操作。因为在定义视图时，若视图本身就是一个复杂查询的结果集，那么在每次执行相同的查询时，不必重写这些复杂的查询语句，只要一条简单的查询视图语句即可。可见视图向用户隐藏了表与表之间的复杂的连接操作。

(3) 定制数据

视图能够实现让不同的用户以不同的方式看到不同或相同的数据集。因此，当有许多不同水平的用户共用同一数据库时，这显得极为重要。

(4) 合并分割数据

在有些情况下，由于表中数据量太大，因此在设计表时常将表进行水平分割或垂直分割，但表结构的变化会对应用程序产生不良影响。如果使用视图就可以重新保持原有的结构关系，从而使外模式保持不变，这样原有的应用程序仍可以通过视图来重载数据。

(5) 安全性

视图可以作为一种安全机制。通过视图，用户只能查看和修改其所能看到的数据，其他数据库或表既不可见也不可以访问。如果某一用户想要访问视图的结果集，则必须授予其访问权限。视图所引用表的访问权限与视图权限的设置互不影响。

5.4.2 创建视图

1. 使用 Create View 语句创建视图

定义视图可以使用 Create View 语句，语法格式如下：

```
Create View [数据库.][拥有者.] <视图名> [(列名1,…,列名n)]
[With Encryption]
As
Select 语句
[With Check Option]
```

说明：

1) 视图名通常以 v_开头。

2) With Encryption 可选项用于对视图结构进行加密。

3) With Check Option 保证修改数据在被提交前仍可通过视图查看。

4) 定义视图的核心 Select 语句不允许使用 Group By 分组查询和 Order By 排序，以及 Distinct、Into 等关键字。

5) 一个视图最多能定义 1024 列。

6) 视图中每列的列名必须唯一，不允许有二义性的列名（不同表的同名列），也不允许有未定义的列名（如未定义别名的计算列）。函数、表达式、常量等必须定义列名才能访问。

7) 如果基表的结构改变，或改变的部分涉及视图的 Select 语句，则必须重建视图。

【例 5-22】 创建成绩视图 V_stuScore，通过该视图能显示学年学期、学号、姓名、课程号、课程名、课程类别名和成绩。代码如下：

```
Create View v_stuScore
With Encryption
As
Select term, student. student_id 学号, student. name 姓名,
    course. course_id 课程号, course. name 课程名,
    course_type. name 课程类别名, pscore 成绩
From student
    Join score On student. student_id = score. student_id
    Join course On course. course_id = score. course_id
    Join course_type On course_type. course_type_id = course. course_type_id
```

2. 使用 SSMS 图形化界面建立视图

按例 5-22 的要求，用 SSMS 建立视图 v_stuScore，创建的步骤如下：

1）选择要创建视图的数据库 Scoresys，右击“视图”，选择“新建视图”命令，出现如图 5-4 所示的视图窗体。该对话框共分为表区、列区、SQL Script 区和数据结果区 4 个区，此时 4 个区都是空白。

2）右击表区，选择“添加表”命令，则出现对话框要求选择创建视图的基表或视图，在对话框中选择创建视图的基表 student、score、course 和 course_type，单击“添加”按钮将 4 张表添加到表区。

3）在表区的 student、score、course 和 course_type 4 个表中勾选字段左侧的复选框，将需要显示字段添加到列区中。

4）在列区中的准则框中输入查询条件，并可进行排序类型和排序顺序的设置。

5）上述工作完成后，相应的 SQL 脚本将出现在 SQL Script 区中，如图 5-4 所示。

6）单击对话框右上角的“关闭”按钮，出现保存视图的对话框，输入视图名 v_stuScore，则视图建立完毕。

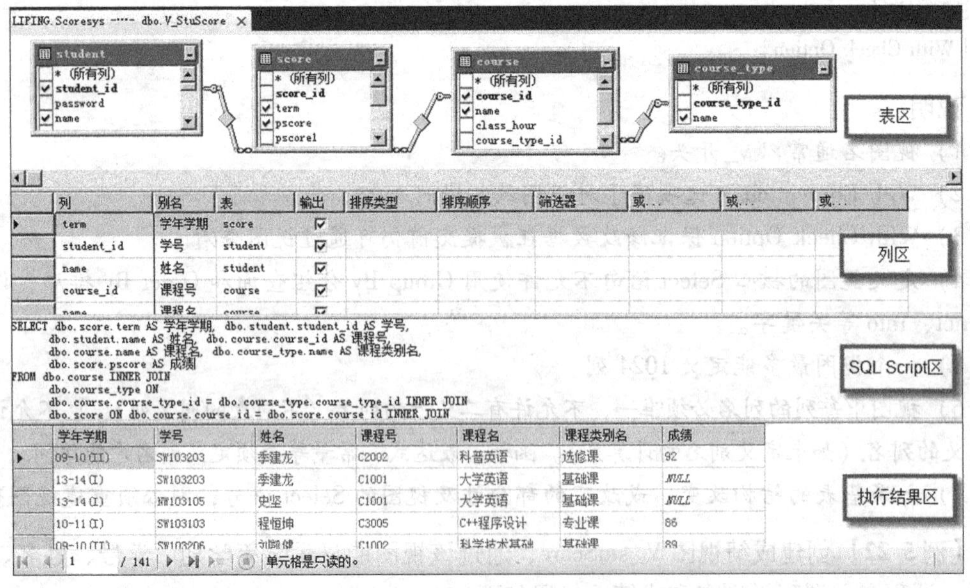

图 5-4 使用 SSMS 建立视图

5.4.3 使用视图查询数据

视图主要用于数据查询，可以用 Select 语句查询视图中的数据，语句格式与数据表的 Select 语句完全相同，只需将 From 子句中的数据表名换成视图名即可。

【例 5-23】 用视图 v_stuScore 查询课程类型为“专业课”的成绩信息。代码如下：

```
Select *
From v_stuScore
Where 课程类别名 = '专业课'
```

注意： 使用视图查询数据时，用到的字段名是在定义视图时指定的字段名。如例 5-23 中使用的是视图中定义的字段别名“课程类别名”，而不是原基表 coursetype 中的字段名 name。

【例 5-24】 基于学生表 student、系部表 department、班级表 school_class 创建视图 v_student，显示学生表中的所有字段，以及班级名称、专业名称和系部名称信息。使用视图 v_student 查询“王”姓男生的信息（系部、专业、班级、学号、姓名和性别），使用视图 v_student 分组统计各系、各班男生和女生的人数。代码如下：

```
Use Scoresys
Go
-- 创建视图 v_student
Create View v_student
As
Select student. * ,
    department. name 系部名称, major. name 专业名称, school_class. name 班级名称
From student
    Join school_class On school_class. school_class_id = student. school_class_id
    Join major On major. major_id = school_class. major_id
    Join department On department. department_id = major. department_id
Go
-- 使用视图 v_student 查询“王”姓男生的信息
Select 系部名称, 专业名称, 班级名称,
    Student_id 学号, name 姓名, sex 性别
From v_student
Where sex = 'M'
and name like '王%'
-- 使用视图 v_student 分组统计各系、各班男生和女生的人数
Select 系部名称, 班级名称, sex 性别, Count( * )学生人数
From v_student
Group By 系部名称, 班级名称, sex
```

显然，原先要用连接查询和子查询实现的复杂查询语句，现在使用事先定义好的视图，则 Select 语句变得简单多了。

5.4.4 修改视图

Alter View 语句用于修改先前创建的视图，语法格式如下：

```
Alter View [数据库.][拥有者.] <视图名> [(列名 1, …, 列名 n)]
[With Encryption]
As
Select 语句
[With Check Option]
```

【例 5-25】修改视图 v_stuscore，通过该视图能显示学年学期、学号、姓名、课程号、课程名、教师名和成绩。代码如下：

```
Alter View v_score
As
Select term, student. student_id 学号, student. name 姓名,
    course. course_id 课程号, course. name 课程名,
    faculty. name 教师名, pscore 成绩
From student
    Join score On student. student_id = score. student_id
    Join course On course. course_id = score. course_id
    Join faculty On faculty.  faculty_id = score. faculty_id
```

5.4.5 删除视图

视图被创建后将永久存在，除非将其删除。删除视图使用 Drop 语句，语法格式如下：

```
Drop View 视图名
```

【例 5-26】删除已有的 v_stuscore 视图。代码如下：

```
Drop View v_stuscore
```

5.4.6 视图的应用

1. 为一个表创建视图

【例 5-27】基于成绩表 score 创建两个视图，分别是学生的百分制成绩视图和等级制成绩视图。代码如下：

```
Use Scoresys
Go
Create View v_score                    --百分制成绩视图
As
Select score_id, term, pscore, pscore1, course_id, student_id, faculty_id, remark
From score
Where pscore is not null
```

```
Go
Create View v_grade                                 --等级制成绩视图
As
Select score_id, term, grade, grade1, course_id, student_id, faculty_id, remark
From score
Where grade is not null
```

2. 为表的连接创建视图

视图较为常用的场合是，将一些查询时经常用到的表与表之间的内连接或外连接定义成视图，然后在使用时便可直接使用视图进行查询，而不必再次编写内连接或外连接的Select语句。

【例5-28】创建学生成绩详情视图v_scoreDetail，能显示学生成绩表score的所有字段，以及学生姓名、课程名称、班级名称和系部名称等信息。用视图v_scoreDetail查询选修"C++程序设计"课程的所有学生成绩信息（包括系部名称、班级名称、学号、学生姓名、课程名称和百分制成绩），查询"计算机系"各班、各门课程的学生人数、平均分、最高分和最低分，并按班级与课程排序。

1）创建学生成绩详情视图v_ scoreDetail。代码如下：

```
Use Scoresys
Go
Create View v_scoreDetail
As
Select score.*, student.name 学生姓名, course.name 课程名称,
    school_class.name 班级名称, department.name 系部名称
From score
    Join course On course.course_id = score.course_id
    Join student On student.student_id = score.student_id
    Join school_class On school_class.school_class_id = student.school_class_id
    Join major On major.major_id = school_class.major_id
    Join department On department.department_id = major.department_id
```

2）使用视图v_scoreDetail查询选修"C++程序设计"课程的所有学生成绩信息。代码如下：

```
Use Scoresys
Select 系部名称, 班级名称, student_id 学号, 学生姓名, 课程名称, pscore 成绩
From v_scoreDetail
Where 课程名称 = 'C++程序设计'
```

执行结果如图5-5所示。

	系部名称	班级名称	学号	学生姓名	课程名称	成绩
1	计算机系	软件1031	SW103103	程恒坤	C++程序设计	86
2	计算机系	软件1031	SW103105	顾建芳	C++程序设计	67
3	计算机系	软件1031	SW103102	霍勇	C++程序设计	94
4	计算机系	软件1031	SW103104	范烨	C++程序设计	90
5	计算机系	软件1031	SW103101	禁日	C++程序设计	NULL

图 5-5 使用视图查询选修“C ++ 程序设计”课程的所有学生成绩信息

3）使用视图 v_scoreDetail 查询计算机系各班、各门课程的学生人数、平均成绩、最高分和最低分，并按班级与课程排序。代码如下：

```
Select 班级名称，课程名称，
    Count(student_id) 学生人数，Avg(pscore) 平均成绩，
    Max(pscore) 最高分，Min(pscore) 最低分
From v_scoreDetail
Where 系部名称 ='计算机系'  and pscore is not null
Group By 班级名称，课程名称
Order By 班级名称，课程名称
```

执行结果如图 5-6 所示。

	班级名称	课程名称	学生人数	平均成绩	最高分	最低分
1	软件1031	C++程序设计	4	84	94	67
2	软件1031	打字训练	3	63	72	59
3	软件1031	大学英语	4	75	94	56
4	软件1031	科学技术基础	5	63	68	54
5	软件1031	数据库程序设计	3	81	94	70

图 5-6 使用视图查询计算机系各班、各门课程的学生人数、平均成绩、最高分和最低分并排序

3. 竖表转换为横表

竖表转换为横表，一般来说较为复杂。下面的视图将列出软件班（1 班和 2 班）的各门课程的成绩，这是一个典型的竖表转换为横表的例子。

【例 5-29】成绩数据可以方便地以图 5-7a 的形式显示或打印，但现在要求以图 5-7b 的格式列出软件 1 班和软件 2 班的各门课程的成绩表。

	班级名称	学生姓名	课程名称	成绩	等级
1	软件1031	禁日	打字训练	72	NULL
2	软件1031	禁日	大学英语	78	NULL
3	软件1031	禁日	科学技术基础	67	NULL
4	软件1031	禁日	大学英语	94	NULL
5	软件1031	禁日	数据库程序设计	NULL	及格
6	软件1031	禁日	C++程序设计	NULL	良
7	软件1031	程恒坤	打字训练	NULL	及格
8	软件1031	程恒坤	大学英语	78	NULL
9	软件1031	程恒坤	大学英语	60	NULL
10	软件1031	程恒坤	科学技术基础	54	NULL

a)

图 5-7 竖表转换为横表

a）成绩横表

	班级	姓名	英语	科学技术	打字	数据库	C++软件1班	Java软件2班
1	软件1031	禁日	94	67	72	及格	良	NULL
2	软件1031	程恒坤	60	54	NULL	NULL	NULL	NULL
3	软件1031	范烨	93	61	59	良	NULL	NULL
4	软件1031	顾建芳	56	67	NULL	NULL	NULL	NULL
5	软件1032	侯学亮	65	79	NULL	NULL	NULL	65
6	软件1031	霍勇	78	68	59	NULL	NULL	NULL
7	软件1032	季建龙	76	NULL	66	NULL	NULL	NULL
8	软件1032	鞠迪	78	62	70	NULL	NULL	84
9	软件1032	练德生	56	NULL	81	良	NULL	NULL
10	软件1032	刘凯健	80	89	NULL	不及格	NULL	NULL

b）

图 5-7　竖表转换为横表（续）

b）成绩竖表

分析：从成绩表的数据中可以看到，成绩是每位学生每门课程为一行，而竖表的要求是将同一位学生的各门成绩排列在同一行上，因此，可以为每一门课程创建一个视图，然后再将各个视图横向连接在一起。为软件班（1 班和 2 班）的所有 6 门课程 C1001、C1002、C2001、C3004、C3005、C3006 分别创建一个视图，其中为课程 C1001 创建的视图如下：

```
Create View v_score_c1001
As
Select *
From score
Where course_id = 'C1001' and student_id like 'SW%'
```

然后，使用外连接将这 7 个视图与学生表和班级表连接起来。代码如下：

```
Select school_class.name 班级, student.name 姓名,
    v_score_C1001.grade 英语,
    v_score_C1002.grade 科学技术,
    v_score_C2001.grade 打字,
    v_score_C3004.pscore 数据库,
    v_score_C3005.pscore [C ++ 软件 1 班],
    v_score_C3006.pscore Java 软件 2 班
From student
    Join school_class On student.school_class_id = school_class.school_class_id
    Left Join v_score_C1001 On student.student_id = v_score_C1001.student_id
    Left Join v_score_C1002 On student.student_id = v_score_C1002.student_id
    Left Join v_score_C2001 On student.student_id = v_score_C2001.student_id
    Left Join v_score_C3004 On student.student_id = v_score_C3004.student_id
    Left Join v_score_C3005 On student.student_id = v_score_C3005.student_id
    Left Join v_score_C3006 On student.student_id = v_score_C3006.student_id
Where student.student_id like 'SW%'
```

5.5 函数

与其他程序设计语言类似，SQL 中的函数分为系统提供的标准函数与用户自定义函数两类。在 SQL 中标准函数又称为内置函数。

5.5.1 标准函数（内置函数）

SQL Server 2012 提供了许多内置的标准函数，分类列表见表 5-2。

表 5-2　标准函数列表

函数类型	说明
聚合函数	对一组值进行运算，但返回一个汇总值
配置函数	返回当前配置信息
游标函数	返回游标信息
日期和时间函数	对日期和时间输入值执行运算，然后返回字符串、数字或日期和时间值
数学函数	对数值型数据进行数学运算，然后返回数值型结果
元数据函数	返回有关数据库和数据库对象的信息
行集函数	返回可在 SQL 语句中像引用表一样使用的对象
安全函数	返回有关用户和角色的信息
字符串函数	对字符串（char 或 varchar）输入值执行运算，然后返回一个字符串或数字值
系统统计函数	返回系统的统计信息
文本和图像函数	对文本或图像类型的数据进行操作，然后返回有关值的信息
数据类型转换函数	将指定的数据类型转换为另一种数据类型，还可获得特殊的格式

常用的标准函数有聚合函数、数学函数、字符串函数、日期和时间函数、数据类型转换函数和元数据函数 6 种。

1. 聚合函数

聚合函数用于对一组值进行计算并返回单一的值，通常聚合函数会与 Select 语句的 Group By子句一同使用。在与 Group By 子句一同使用时，聚合函数会为每一个组产生一个单一值，而不会为整个表产生一个单一值。聚合函数又常称为统计函数，附录 C 中的表 C-1 列出了常用的 SQL Server 聚合函数。

2. 数学函数

SQL Server 提供的数学函数能在数字型表达式上进行数学运算，然后将结果返回给用户。能在 SQL Server 的数学函数中使用的数据类型有 Int、SmallInt、TinyInt、Money、SmallMoney、Float、Real、Decimal 和 Numeric。附录 C 中的表 C-2 列出了常用的 SQL Server

数学函数。

3. 字符串函数

SQL Server 为方便用户进行字符型数据的操作提供了功能全面的字符串函数。大多数字符串函数只能用于 char、nchar、varchar 和 nvarchar 数据类型，或隐式转换为上述数据类型。某些字符串函数还可用于 binary 和 varbinary 数据类型。通常，字符串函数可以用在 SQL 语句的表达式中。附录 C 中的表 C-3 列出了常用的 SQL Server 字符串函数。

4. 日期和时间函数

日期和时间函数主要用来显示有关日期和时间的信息，通常用来操作 datetime 和 smalldatetime 类型的数据。在日期和时间函数中，Day 函数、Month 函数和 Year 函数用来获取时间和日期部分的函数。Datediff 函数用来获取日期和时间差的函数，Dateadd 函数用来修改日期和时间值的函数。日期和时间函数执行算术运行与其他函数一样，也可以在 SQL 语句的 Select 和 Where 子句以及表达式中使用。附录 C 中的表 C-4 列出了常用的 SQL Server 日期和时间函数。

【例 5-30】 显示输出当前日期中的年、月、日。代码如下：

```
Print Str(Year(GetDate())) + '年' + Str(Month(GetDate())) + '月' + Str(Day(GetDate())) + '日'
```

语句中的 GetDate 函数用于获取当前系统日期，然后用 Year、Month、Day 函数返回年、月、日，并用 Str 函数将数值型转换成字符型，最后用 Print 函数输出。

5. 数据类型转换函数

在 SQL Server 中数据类型转换分为隐性转换和显式转换两种。隐性转换是指 SQL Server 自动处理某些数据类型的转换；显式转换是指 Cast 和 Convert 函数将数值从一种数据类型（局部变量、列或其他表达式）转换为另一种数据类型。

如果 SQL Server 没有自动执行数据类型的转换，则可以使用 Cast 和 Convert 转换函数。这两种转换函数不但可以将指定的数据类型转换为另一种数据类型，而且可以用来获得各种特殊的数据格式。

【例 5-31】 分别使用 Cast 和 Convert 函数将字符串 ABCDEFGHIG 转换为 nvarchar(6) 类型。代码如下：

```
Select Cast('ABCDEFGHIG' As nvarchar(6)) As 结果 1
Select Convert(nvarchar(6), 'ABCDEFGHIG') As 结果 2
```

6. 元数据函数

SQL Server 为数据库管理员和数据库高级用户提供了关于系统安全、数据库、数据库对象等系统函数。通过调用这些元数据函数可以获得有关服务器、用户、数据库状态等的系统信息。例如，HOST_NAME 函数用于返回服务器名；CURRENT_USER 函数用于返回当前数据库用户；DB_ID 函数用于返回当前数据库 ID；DB_NAME 函数用于返回由数据库 ID 指定的数据库名。附录 C 中的表 C-5 列出了常用的 SQL Server 元数据函数。

【例 5-32】 编写程序获得服务器名、当前数据库用户名、数据库 ID 号和当前数据库名。代码如下：

```
Print HOST_NAME()
Print CURRENT_USER
Print DB_ID()
Print DB_NAME(DB_ID())
```

5.5.2　自定义函数

SQL Server 2012 支持 3 种用户自定义函数，分别是标量型函数、内联（单语句）表值型函数和多语句表值型函数。

1. 标量型函数

对于C ++ 语言中的函数，主要讨论函数定义、函数调用与函数参数传递 3 个问题。C ++ 的自定义函数是通过 Return 语句返回函数值。同样，SQL 标量型函数也是通过 Return 语句返回函数值。下面将讨论标量型函数的定义、调用与参数传递。

（1）函数定义格式

标量型函数的定义格式如下：

```
Create Function [用户名]. <函数名>（形参列表）
Returns <函数返回类型>
[As]
Begin
    <语句组 1>
   Return 函数值
    <语句组 2>
End
```

其中，形参列表为：@ <形参 1> <类型> [=默认值]，…，@ <形参 n> <类型> [=默认值]。

（2）函数调用格式

标量型函数的调用格式如下：

```
<函数名>（ <实参 1>，<实参 2>，…，<实参 n> ）
```

（3）函数参数传递

SQL 程序调用函数时，先将实参传递给形参，然后执行函数体中的语句组，最后通过 Return 语句返回函数值。

【例 5-33】在 Scoresys 数据库中创建一个自定义函数，按出生日期计算年龄，然后从学生表 student 中检索含有年龄的学生信息（包括学号、姓名、性别和年龄）。

1）创建计算年龄的函数 Age()。代码如下：

```
Use Scoresys
Go
Create Function dbo. Age(@ Birth DateTime, @ CurDate DateTime)
```

```
Returns TinyInt
As
  Begin
    Return Year(@CurDate) - Year(@Birth)
  End
```

上述 SQL 程序用 Create Function 语句创建自定义函数 dbo. Age( )，其中 dbo 为用户名、Age 为函数名，函数形参@ Birth 和@ CurDate 定义为日期类 DateTime，函数返回类型为微整型 TinyInt，函数体用 Return 语句返回由当前日期@ CurDate 减去出生日期@ Birth 所得到的年龄。执行创建计算年龄函数的 SQL 程序，在 Scoresys 数据库中产生函数 dbo. Age( )，如图 5-8a 所示。

2）在 Select 语句中调用 Age 函数查询含有年龄的学生信息，代码如下：

```
Use Scoresys
Select student_id 学号, name 姓名, sex 性别, dbo.Age(birthday, Getdate())年龄
From student
Where dbo.Age(birthday, Getdate())is not null
```

在 Select 子句中，通过调用函数 dbo. Age( )得到年龄值。Select 语句执行后的结果如图 5-8b 所示。

a)

	学号	姓名	性别	年龄
1	IT102101	孙成浩	M	25
2	IT102102	王俊峰	M	25
3	IT102103	王明星	F	25
4	IT102104	王秋静	M	24
5	IT102105	王一军	F	25
6	IT102106	王志超	M	25
7	ME102101	王希	M	24
8	ME102102	刘文雪	M	25
9	ME102103	夏习瑞	M	25
10	ME102104	徐祥	M	25

b)

图 5-8　创建并调用标量型函数 Age 检索出含有年龄的学生信息

a）定义函数 Age　b）调用函数 Age

函数调用过程为：从学生表 student 的首记录开始，通过字段 birthday 取出学生出生日期，通过内置函数 GetDate( )取得当前日期，将实参 birthday、Getdate( )的值传送给函数 Age，作为形参@ Birth 与 @ CurDate 的值，系统执行函数体中的语句 "Return Year(@ CurDate) - Year(@ Birth)" 返回学生年龄，使用户能查看到学生的年龄信息。然后再对第 2 条记录到最后一条记录执行上述函数调用过程，完成学生信息的查询任务。

注意：调用标量型函数时必须指明函数的拥有者用户名，否则系统无法识别。

2. 内联（单语句）表值型函数

由上面的学习可知，标量型函数返回一个数值，与标量型函数不同的是，内联表值型函数返回一张数据表。内联表值型函数也称为单语句表值型函数，下面介绍单语句表值型函数的定义、调用与参数传递过程。

（1）函数定义格式

内联表值型函数的定义格式如下：

```
Create Function [用户名]. <函数名> (形参列表)
Returns Table
[With Encryption]
[As]
   <语句组 1>
  Return(Select 语句)
   <语句组 2>
```

说明：

1）形参列表为：@ <形参 1> <类型> [=默认值]，…，@ <形参 n> <类型> [=默认值]。

2）Returns Table 子句表示函数返回数据类型是数据表。

3）Return 子句中的 Select 语句用于确定返回数据表中的数据。

（2）函数调用格式

内联表值型函数的调用格式如下：

```
<函数名> ( <实参 1>, <实参 2>, …, <实参 n> )
```

（3）函数参数传递

SQL 程序调用函数时，先将实参传递给形参，然后执行函数体中的语句组，最后通过 Return 子句中的 Select 语句返回数据表。

【例 5-34】 在 Scoresys 数据库中创建一个自定义函数，根据输入的系部名称查询该系部所有班级的基本信息（包括班级编码、班级名、专业名称）。

1）定义班级查询函数 Dpt_Class( )。代码如下：

```
Use Scoresys
Go
Create Function Dpt_Class(@name  Varchar(10))
Returns Table
As
Return(Select school_class_id 班级编码, school_class.name 班级名, major.name 专业名
      From school_class
           Join major On major.major_id = school_class.major_id
           Join department On department.department_id = major.department_id
      Where department.name = @name)
```

执行上述 SQL 程序将产生班级查询单语句表值型函数 Dpt_Class()。

2）在 Select 语句中，用函数 Dpt_Class()查询计算机系的所有班级信息。代码如下：

```
Use scoresys
Select * From DptClass('计算机系')
```

函数调用过程为：执行 Select 语句时，系统将调用班级查询函数 Dpt_Class()，先将实参“计算机系”传递给形参@ name，然后执行函数体中的 Return 子句，通过 Return 子句中的 Select 语句返回由形参@ name 指定的计算机系所有班级的数据表，执行结果如图5-9所示。由于单语句表值型函数返回的是一张数据表，因此该函数被用于 From 子句中作为数据表使用。

	班级编码	班级名	专业名
1	NW1031	网络1031	网络专业
2	SW1031	软件1031	软件专业
3	SW1032	软件1032	软件专业

图 5-9　创建并调用单语句表值型函数 Dpt_Class()查询计算机系的班级信息

3. 多语句表值型函数

多语句表值型函数是标量型函数和内联表值型函数的结合体，它的返回值是一个表，可以进行多次查询，也可以对数据进行多次筛选与合并，弥补了内联表值型函数的不足。

(1) 函数定义格式

多语句表值型函数的定义格式如下：

```
Create Function [用户名]. <函数名> (形参列表)
Return @局部变量 Table( <返回表定义> )
[With Encryption]
[As]
Begin
   <语句组>
   Return
End
```

说明：

1）形参列表为：@ <形参1> <类型> [=默认值]，…，@ <形参 n> <类型> [=默认值]。

2）在 Return Table 子句中，“@局部变量”用于在函数体表示数据表，“返回表定义”用于定义数据表结构。

3）语句组通常要包含给数据表字段赋值的语句或插入数据表的 Insert 语句。

4）Return 子句用于返回数据表。

(2) 函数调用格式

多语句表值型函数的调用格式如下：

<函数名>（<实参1>，<实参2>，…，<实参n>）

(3) 函数参数传递

SQL 程序调用函数时，先将实参传递给形参，然后执行函数体中的语句组，最后通过 Return 子句中的 Select 语句返回数据表。

【例 5-35】 在 Scoresys 数据库中创建一个自定义函数，根据输入的班级名称查询该班级所有学生的相关信息（包括学号、姓名、性别、班级名、专业名和系名）。

1）定义学生查询的多语句表值型函数 Class_Student()。

分析：学生信息中的学号、姓名、性别在 student 表中，班级名在 school_class 表中，专业名在 major 表中，系名在 department 表中，这些信息涉及了 4 张不同的表。可定义多语句表值型函数 Class_Student()返回包括上述信息的学生数据表。代码如下：

```
Use scoresys
Go
Create Function Class_Student(@ name varchar(50))
Returns @ Student_Tab Table
(   student_id varchar(36),
    student_name varchar(8),
    sex char(1),
    class_name varchar(50),
    major_name varchar(50),
    depart_name varchar(50)
)
As
Begin
     Insert @ Student_Tab
     Select student_id, student. name, sex,
            school_class. name, major. name, department. name
     From student
            Join school_class On school_class. school_class_id = student. school_class_id
            Join major On major. major_id = school_class. major_id
            Join department On department. department_id = major. department_id
     Where school_class. name = @ name
     Return
End
```

在上述多语句表值型函数中，函数名为 Class_Student，形参为班级名称@ name，用变量@ Student_Tab 表示数据表，并定义了@ Student_ Tab 的表结构（字段名为 student_id、student_name、sex、class_name、major_name、depart_name）；在函数体中用 Insert 语句从学生表 student、班级表 school_class、专业表 major、系部表 department 中将所需字段信息插入到@ Student_Tab 表中；最后通过 Return 子句返回数据表内容。

注意：函数返回表结构定义的字段数据类型要与原表中对应字段的数据类型一致，否则在插入过程中可能会发生错误。

2）用函数 Class_Student( )查询指定班级名称的学生信息。

分析：由于多语句表值型函数返回一张数据表，因此可以将该函数用于 Select 语句中的 From 子句，以表示数据表。因此，查询班级名称为“软件 1031”的班级所有学生信息的 Select 语句如下：

```
Select * from Class_Student('软件 1031')
```

函数调用过程为：执行上述 Select 语句时，系统先调用函数 Class_Student( )，将实参“软件 1031”传送给形参@ name，然后定义变量@ Student_Tab 的表结构，在函数体内用 Insert 语句将班级名称为“软件 1031”的学生信息插入到@ Student_Tab 表中，最后通过 Return 子句将数据表返回给 Select 语句，显示学生信息内容。Select 语句执行后的结果如图 5-10 所示。

	student_id	student_name	sex	class_name	major_name	depart_name
1	SW103101	禁日	F	软件1031	软件专业	计算机系
2	SW103102	霍勇	M	软件1031	软件专业	计算机系
3	SW103103	程恒坤	F	软件1031	软件专业	计算机系
4	SW103104	范烨	F	软件1031	软件专业	计算机系
5	SW103105	顾建芳	M	软件1031	软件专业	计算机系

图 5-10　用多语句表值型函数查询指定班级的学生信息

5.5.3　自定义函数的维护

用户既可以在 SSMS 图形化界面中对用户自定义函数进行维护，也可以通过 SQL 命令对用户自定义函数进行维护。修改自定义函数的 SQL 命令是 Alter Function，删除自定义函数的 SQL 命令是 Drop Function。

5.6　事务和锁

5.6.1　事务

1. 事务的概念

事务是一个操作序列，序列中的每个操作单元要么都执行，要么都不执行。

【例 5-36】 举例说明事务处理的重要性。

1）先创建一个极其简单的银行表（bank），其中有两个账户（A 和 B），分别存入了 2000 元和 3000 元。代码如下：

```
Create Table bank
(
    account varchar(20) not null primary key,          --账户,主键
```

```
    ammount money                                   -- 存款数目
)
Insert Into bank Values('A', 2000)                  -- 账户 A 有存款 2000 元
Insert Into bank Values('B', 3000)                  -- 账户 B 有存款 3000 元
```

2）现在账户 A 想转 500 元钱给账户 B，实现该操作的代码应为：

```
Update bank Set ammount = ammount - 500
Where account = 'A'
-- 时间点
Update bank Set ammount = ammount + 500
Where account = 'B'
```

如果在第 1 条语句执行后，第 2 条语句还没有执行时，由于某种原因（如停电）导致一个致命的错误，而使第 2 条语句无法执行，则这时账户 A 的转账没有完成，但是钱却被扣除了。这种情况出现的机率非常小，但并不是不可能出现，一旦出现，将给银行的信誉带来巨大打击。

还可能有一种情况，即另一个用户，如银行经理想要查询银行的存款总额，如果他是在第 1 条语句执行完后的时间点进行的，那么查询到的结果是存款总额为 4500 元，而不是 5000 元。引起这个错误的原因是因为两个用户的操作是在时间上有重叠的情况下执行的，而系统又没有任何的防范措施。

因此，一个完善的数据库管理系统必须提供一个妥善的解决方法来避免这类事件的发生，这就是事务。事务能够保证上述两条语句要么都执行，要么都不执行，并且一个事务的内部处理不会对其他操作产生影响。

2. 事务的特性

在讨论事务的特性之前，先介绍一下并发和并发控制的概念。

两个或多个事务在同一时刻（时间上重叠）访问同一个数据库对象（例如同一行）的现象称为并发（Concurrency）。并发控制的任务是确保在多个事务同时存取数据库中同一数据时不破坏事务的隔离性、一致性以及数据库的一致性。

事务的并发执行通常是由多个用户引发的，因此在多用户环境下的并发控制是衡量数据库管理系统好坏的一个极其重要的指标。

事务具有原子性（Atomicity）、一致性（Consistency）、隔离性（Isolation）和持续性（Durability）4 个特性，这 4 个特性也简称为 ACID 特性。

1）原子性：事务的最基本的特性，它是指一个事务中的操作要么全完成（提交），要么全撤销（回滚）。

2）一致性：若数据库中只包含成功事务提交的结果，则称数据库处于一致性状态。在事务的执行过程中，数据库会从一个一致性状态（执行前）变到另一个一致性状态（执行后），而不会处于中间状态（不一致的状态）。如果数据库系统因故障而中断事务，则系统必须撤销该事务的所有操作，回滚到事务开始时的一致性状态。

3）隔离性：并发执行的事务之间不能相互干扰，将并发事务间保持互斥称为隔离性。

4）持久性：事务一旦提交，对数据库中数据的改变是永久的，接下来的其他操作或故障不应该对其执行结果有任何影响，这种特性称为持续性。

事务是并发控制的基本单位，保证事务 ACID 特性是事务处理的重要任务。事务 ACID 特性可能遭到破坏的因素如下：

1）多个事务并发运行时，不同事务的操作交叉执行。这时，数据库管理系统必须保证多个事务的交叉运行，且相互不影响。

2）事务在运行过程中被强行停止（如停电和系统崩溃）。这时，数据库管理系统必须保证被强行终止的事务对数据库和其他事务没有任何影响。

3. 事务管理

在 SQL Server 中，对事务的管理包括以下 3 方面。

1）锁机制保证事务的排他性：可以锁定一个正在被事务修改的数据，防止其他用户访问到“不一致”的数据。

2）日志机制使事务具有可恢复性：即便服务器硬件、操作系统或 SQL Server 本身崩溃，在重新启动后，SQL Server 仍可以利用事务日志做所有未完成的事务，使系统恢复到崩溃前的状态。

3）事务日志管理特性保证事务的原子性和一致性：当一个事务开始后，必须被成功地完成，否则，SQL Server 撤销自从事务开始后所做的一切修改。

4. 事务控制语句

一个事务的开始、提交与回滚可以用 SQL 语句来实现，控制事务的语句有以下 4 条。

1）Begin Transaction：表示一个事务的开始。事务通常是以 Begin Transaction 开始，以 Commit 或 Rollback 结束。

2）Commit：表示提交，即提交事务的所有操作，具体说就是将事务中所有对数据库的更新写回到磁盘上的物理数据库中，事务正常结束。

3）Rollback：表示回滚，即在事务运行的过程中发生了错误或故障，事务无法继续执行，数据库管理系统将事务中对数据库的所有已完成的操作全部撤销，回滚到事务开始时的状态。

4）Save Transaction：表示设置保存点。保存点允许在一个事务内部做一些工作，在特定的条件下回滚这些操作。当回滚到保存点后，只有在保存点到回滚语句之间的操作被取消，其他操作依然有效，而且，程序会接着从回滚的断点执行下去。

事务的开始与结束可以由用户使用上述控制事务语句显式控制。如果用户没有显式地定义事务，则由 DBMS 按默认规定自动划分事务。

SQL Server 的默认事务处理机制是：通常将每一条 SQL 语句作为一个独立的事务，一旦执行完成，立即提交。而使用 Begin Transaction 语句则可以定义一个事务，将多条 SQL 作为一个整体提交，或在出现故障时回滚。

【例 5-37】 将例 5-36 的银行转账的问题改用事务进行处理。代码如下：

```
Begin Transaction
Update bank
Set ammount = ammount - 500
Where account = 'A'
If @@error!  =0                                  -- 如果出现错误,将回滚
    Rollback
Update bank
Set ammount = ammount + 500
Where account = 'B'
If @@error!  =1                                  -- 如果出现错误,将回滚
    Rollback
Commit                                           -- 没有错误,提交事务,提交后数据将永久保存
```

【例 5-38】 验证事务回滚和事务提交的作用。代码如下:

```
Select '原记录'As '原记录', *
From score
Where student_id = 'SW103203' and term = '09 - 10(I)'      -- 有两条记录
Begin Transaction                                          -- 开始一个事务
Delete From score
Where student_id = 'SW103203' and term = '09 - 10(I)'      -- 删除
Select '删除后'As '删除后', *
From score
Where student_id = 'SW103203' and term = '09 - 10(I)'      -- 没有记录
Rollback                                                   -- 回滚
Select '回滚后'As '回滚后', *
From score
Where student_id = 'SW103203' and term = '09 - 10(I)'      -- 有两条记录,恢复到事务前的状态
```

执行上述语句后的执行结果如图 5-11 所示。

	原记录	score_id	term	pscore	pscore1	grade	grade1	course_id	student_id	faculty_id	remark
1	原记录	20820701-FCB1-4C8F-A730-B0A0BD909690	09-10(I)	66	NULL	NULL	NULL	C2001	SW103203	T008	NULL
2	原记录	97235681-4A0A-4194-9704-92B43E364CE8	09-10(I)	76	NULL	NULL	NULL	C1001	SW103203	T007	NULL

	删除后	score_id	term	pscore	pscore1	grade	grade1	course_id	student_id	faculty_id	remark

	回滚后	score_id	term	pscore	pscore1	grade	grade1	course_id	student_id	faculty_id	remark
1	回滚后	20820701-FCB1-4C8F-A730-B0A0BD909690	09-10(I)	66	NULL	NULL	NULL	C2001	SW103203	T008	NULL
2	回滚后	97235681-4A0A-4194-9704-92B43E364CE8	09-10(I)	76	NULL	NULL	NULL	C1001	SW103203	T007	NULL

图 5-11　事务回滚前后的效果对比 1

如果将上述代码的 Rollback 改为 Commit，则执行结果如图 5-12 所示，请读者自行分析两者的区别。

	原记录	score_id	term	pscore	pscore1	grade	grade1	course_id	student_id	faculty_id	remark
1	原记录	20820701-FCB1-4C8F-A730-B0A0BD909690	09-10(I)	66	NULL	NULL	NULL	C2001	SW103203	T008	NULL
2	原记录	97235681-4A0A-4194-9704-92B43E364CE8	09-10(I)	76	NULL	NULL	NULL	C1001	SW103203	T007	NULL

	删除后	score_id	term	pscore	pscore1	grade	grade1	course_id	student_id	faculty_id	remark

	提交后	score_id	term	pscore	pscore1	grade	grade1	course_id	student_id	faculty_id	remark

图 5-12　事务提交前后的效果对比 2

5. 分布式事务

分布式事务是指涉及两个或多个数据库的事务，这些数据库可以在同一台服务器上，也可以在不同的服务器上，甚至可以在不同城市的服务器上。例如，在不同银行的账户之间的转账就是一个典型的分布式事务。

分布式事务管理要求能像操作本地事务一样操作分布式事务。对于应用程序来说，分布式事务与普通本地事务没有区别，应用程序可以控制事务被提交还是回滚。但是提交分布式事务与本地事务是不同的，它需要考虑网络故障及其他服务器状态等因素，为了尽量减少风险，分布式事务使用一种称为“两阶段提交”的方法，具体介绍如下。

1）准备阶段：提交的第一个阶段，所有参与的服务器接收到一个提交请求，然后它们尝试提交事务。如果这种尝试是行得通的，则服务器返回成功，否则返回失败。

2）提交阶段：如果所有的服务器都返回成功，则最后的提交命令再次发往所有的服务器，然后参与的服务器才真正地提交事务。如果任意一个服务器不能完成第一个阶段的提交，则给所有的服务器发出回滚命令。

5.6.2　锁机制

1. 事务缺陷和隔离级别

(1) 事务缺陷

在多用户的环境下，当多个用户同时对数据库进行并发操作时，会出现数据不一致的问题，即事务缺陷。事务缺陷有以下 3 种。

1）脏读：A 用户修改了数据，随后 B 用户又读出该数据，但 A 用户因为某些原因取消了对数据的修改，数据恢复原值，此时 B 得到的数据就与数据库内的数据不一致。

2）不可重复读：A 用户读取数据，随后 B 用户读出该数据并修改，此时 A 用户再读取数据时发现前后两次的值不一致。

3）幻影行：A 用户读取数据，随后 B 用户插入或删除了几条数据，此时 A 用户再读取数据时发现数据条数不一致。

(2) 隔离级别

设置事务的隔离级别，语法格式如下：

```
Set Transaction Isolation Level
{ read uncommitted|read committed|repeatable read|snapshot|serializable }
```

事务的隔离级别共分为5种，具体见表5-3。

表5-3　隔离级别

隔离级别	脏读	不可重复读	幻影行
read uncommitted（未提交读）	可能	可能	可能
read committed（已提交读）	避免	可能	可能
repeatable read（可重复读）	避免	避免	可能
snapshot（快照）	避免	避免	避免
serializable（可序列化）	避免	避免	避免

2. 锁

并发控制的主要方法是锁机制，锁是在一段时间内禁止用户做某些操作，以避免产生数据不一致的现象。

(1) 锁的粒度

锁的第一个特征是锁粒度，它是指被锁定的目标的大小。封锁粒度小则并发性高，但开销大；封锁粒度大则并发性低，但开销小。锁的粒度描述具体见表5-4。

表5-4　锁的粒度

锁的大小	描述
行锁	只锁定表中的一行，这是最小的锁，SQL Server没有提供对列的锁定
页锁	锁定一个页面，即8KB数据页或索引页，一个页面上可以有一行或多行
扩展盘区锁	锁定相邻8个页，即64KB数据
表锁	锁定整个表，包括所有数据和索引
DB	锁定整个数据库，通常在修改数据库结构模式时使用
键锁	锁定索引中的节点

(2) 锁模式

锁的第二个特征是锁模式，它是指锁的用途，具体描述见表5-5。

表5-5　锁模式

锁模式	描述
共享（S）	用于不更改或不更新数据的操作（只读操作），如Select语句
排它（X）	用于数据修改操作，如Insert、Update或Delete
更新（U）	用于可更新的资源中，防止当多个会话在读取、锁定以及随后可能进行的资源更新时，发生常见形式的死锁
意向锁	用于建立锁的层次结构，有意向共享（IS）、意向排它（IX）和共享意向排它（SIX）3种
架构锁	在执行依赖于表架构的操作时使用，有架构修改锁（Sch-M）和架构稳定锁（Sch-S）两种

1）共享锁（S）：这是最简单的一种锁，即读锁，它宣称“我正在读数据，你不要来修改数据”。更新锁可以有多个共享锁，一个资源上存在共享锁时，任何其他事务都不能修改数据。其他事务也能读数据，一旦已经读取数据，便立即释放资源上的共享锁。

2）排它锁（X）：即写锁，它宣称“我正在写数据，数据由我独占，你不要来修改数据，也不能读取数据”。一个资源上只能有一个排它锁，一个资源上存在排它锁时，任何其他事务都不能修改数据，其他事务也不能读数据。

3）更新锁（U）：它的名字有可能造成误解，它不是更新（写数据）时的锁，更新时要用排它锁。更新锁是指事务将要进行更新，也就是说将要使用排它锁。更新锁的目的是防止死锁，如当多个事务争用同一个资源时。

4）意向锁：是一种用于警示作用的锁，它是对共享锁或排它锁的一个预先请求，目的是提高性能。

5）架构锁：用于保护数据库的模式。例如，在任何查询执行前，都要使用架构稳定锁，防止在查询执行的过程中，数据库被 DDL 修改结构。而架构修改锁则相反，它用于在 DDL 修改结构时，防止其他事务查询或修改数据。

【例 5-39】 下述两段代码演示了一个排它锁。打开两个并排的窗口，在其中一个查询窗口（窗口 1）输入下述代码并执行。

```
Begin Transaction
Update score
set pscore = pscore + 5
Where pscore  <60
```

这时显示“（13 行受影响）”，如图 5-13a 所示，并且对成绩表 score 加上了排它锁，禁止任何人访问这个表。由于这个事务已经开始，但没有结束（提交或回滚），因此这个排它锁没有被释放。

在另一个查询窗口（窗口 2）输入下述代码，并执行。

```
Select student_id, course_id, pscore
From score
```

它将无法得到查询的结果，该语句一直在等待窗口 1 的事务的结束，只要窗口 1 的事务不结束，这条 Select 语句就得不到查询结果，如图 5-13b 所示。

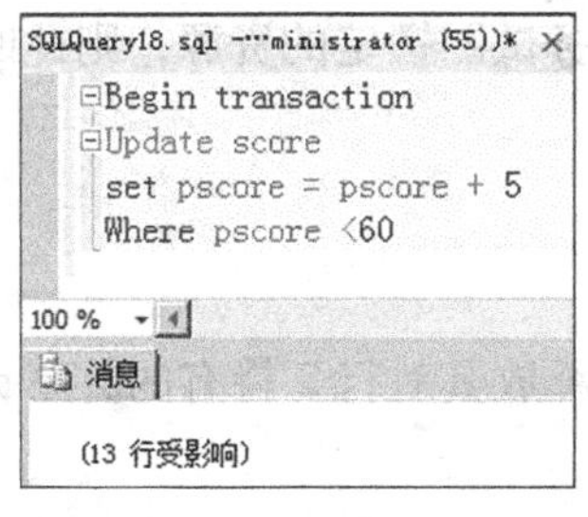

a)

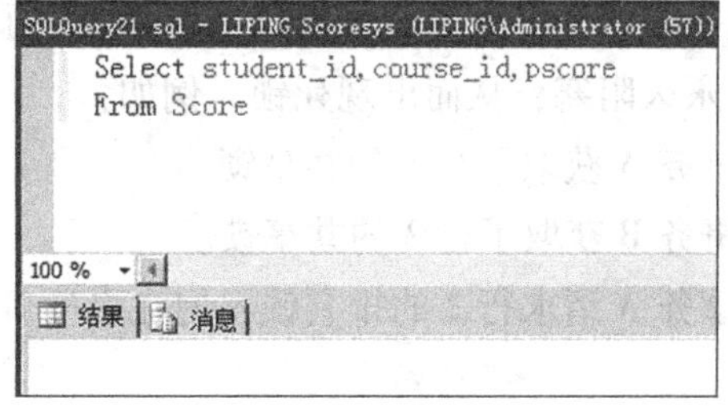

b)

图 5-13　排他锁应用示例

a）加上排它锁　b）成绩表 score 无法显示

切换到窗口1，输入 Rollback 或 Commit 语句并执行。这时可以发现，窗口2立即显示出了查询结果，如图5-14所示。

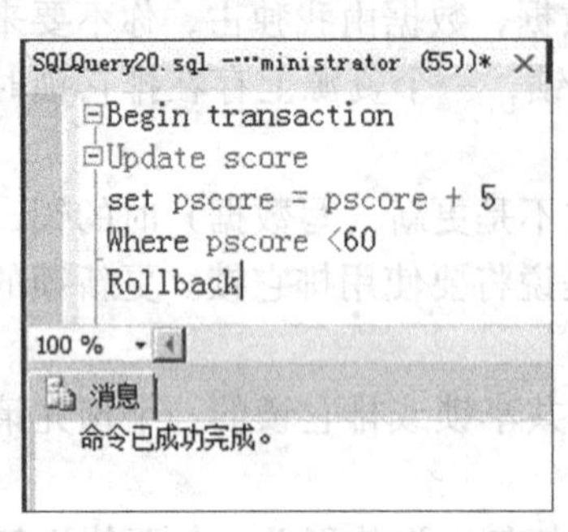

a)

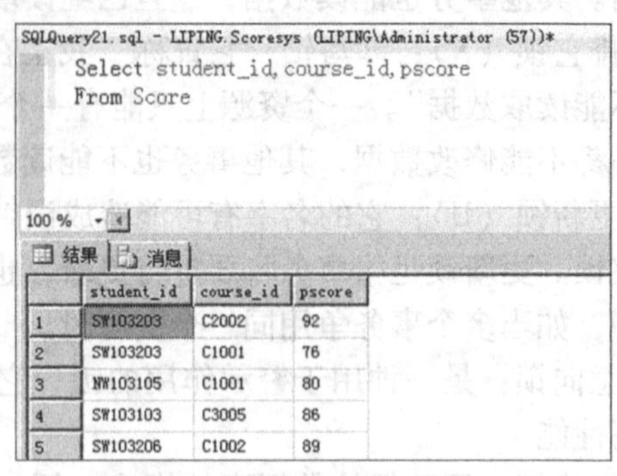

b)

图 5-14　事务回滚或提交后排它锁失效

a）事务回滚　b）成绩表 score 显示数据

(3) 锁的持续期

锁的第三个特征是锁的持续期，它由事务的隔离级别决定，隔离级别越严格，锁的持续期越长，具体见表5-6。

表 5-6　锁的持续期

隔离级别	共享锁持续期	排它锁持续期
read uncommitted	无	保证不出现物理崩溃
read committed	事务读取数据期间	直到事务提交
repeatable read	直到事务提交	直到事务提交
serializable	直到事务提交	直到事务提交，并且使用键锁防止插入

SQL Server 提供了完善的锁机制，在绝大多数情况下，使用 SQL Server 默认的配置即可，不需要进行手工调整。

3. 死锁

在两个或多个事务中，如果每个事务锁定了其他事务试图锁定的资源，则此时会造成这些事务永久阻塞，从而出现死锁。例如：

1）事务 A 获取了行 1 的共享锁。

2）事务 B 获取了行 2 的共享锁。

3）事务 A 请求行 2 的排它锁，但在事务 B 完成并释放其对行 2 持有的共享锁之前被阻塞。

4）事务 B 请求行 1 的排它锁，但在事务 A 完成并释放其对行 1 持有的共享锁之前被阻塞。

由此导致了下述局面的形成：事务 B 完成后事务 A 才能完成，但是事务 B 由事务 A

阻塞。该条件也称为循环依赖关系：事务 A 依赖于事务 B，事务 B 通过对事务 A 的依赖关系封闭循环。

除非某个外部进程断开死锁，否则死锁中的两个事务都将无限期地等待下去。SQL Server 的死锁监视器会定期检查陷入死锁的任务。如果监视器检测到循环依赖关系，则将选择其中一个任务作为牺牲品，然后终止其事务并提示错误。这样，其他任务就可以完成其事务。对于事务以错误终止的应用程序，它还可以重试该事务，但通常要等到与它一起陷入死锁的其他事务完成后执行。

为避免死锁，建议采用以下措施：

1）最大限度地减少保持事务打开的时间长度。

2）按同一顺序访问数据库对象。

3）避免事务中的用户交互。

4）保持事务简短并使其在一个批处理中。

【例 5-40】 人为制造死锁示例。

1）在查询窗口（窗口 1）中输入并执行如下 SQL 语句，这里称为事务 1：

```
Use scoresys
Set Deadlock_priority Low
Begin Transaction
-- 事务 1 中,系统自动为 student 表中 student_id = 'IT102101'数据行加锁
Update student
Set password = '888888'
Where student_id = 'IT102101'
```

2）单击工具栏上的“新建查询”按钮，新建一个查询窗口（窗口 2），输入并执行如下 SQL 语句，这里称为事务 2：

```
Begin Transaction
-- 事务 2 中,系统自动为 course 表中 course_id = 'C1001'数据行加锁
Update course
Set class_hour = '80'
Where course_id = 'C1001'
```

3）切换到窗口 1，输入并执行如下 SQL 语句：

```
-- 事务 1 中,系统自动为 course 表中 course_id = 'C1001'数据行加锁
Update course
Set class_hour = '50'
Where course_id = 'C1001'
```

此时，由于事务 1 和事务 2 都锁住了 course 表中 course_id = 'C1001'的数据行，因此事务 1 被事务 2 阻止，但还没有发生死锁。

4）切换到窗口 2，输入并执行如下 SQL 语句：

```
-- 事务 2 中,系统自动为 student 表中 student_id = 'IT102101'数据行加锁
Update student
Set password = '999999'
Where student_id = 'IT102101'
```

此时，由于事务 1 等待事务 2 释放 course 表中 course_id = 'C1001'数据行的锁，而事务 2 又等待事务 1 释放 student 表中 student_id = 'IT102101'数据行的锁，这样相互等待便产生了死锁。

5）切换到窗口 1，这时可以看到如图 5-15 所示的消息。这是因为事务 1 的 Deadlock_priority 的选项被设置为 low，而 SQL Server 能自动检测死锁并将其解除。因此当发现死锁时，事务 1 立即被终止了。

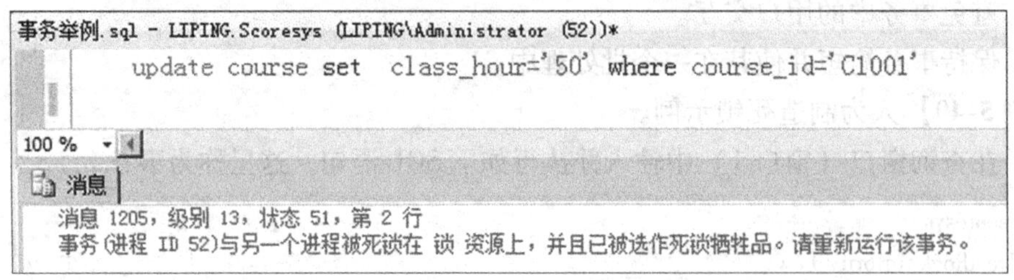

图 5-15　死锁消息

5.6.3 丢失更新

1. 丢失更新的概念

丢失更新是指两个或多个事务读取同一数据并进行修改，其中一个事务的修改结果破坏了另一个事务修改的结果。

【例 5-41】 丢失更新示例：在一个购物网站上，客户 A 在 9:20 通过网页下了一个订单，购买《Java 程序设计》这本书，12:00 时后台管理员 B 检查订单时发现这个订单，在网页上显示这个订单是有效的。12:01 时客户 A 发现订单下错了，很快地取消了这个订单。12:03 时后台管理员 B 根据 12:00 分时的状态将订单的状态改为发货。这样客户 A 明明取消了订单，却收到了书。订单时间表见表 5-7。

表 5-7　订单时间表

时间	客户 A	后台管理员 B	相关的操作	订单状态
9:20	下订单		Insert 操作	有效
12:00		读取订单状态	Select 操作	有效
12:01	取消订单		Update 操作	取消
12:03		为订单发货	Update 操作	发货

后来，后台管理员 B 因为为一个取消了的订单发了货而受到了处分。这一失误实际上是发生了丢失更新，也就是说，“取消订单”这个更新丢失了。以下代码模拟上述操作过程：

```
Create Table my_order                          -- 创建一个简单的订单表
( id int not null primary key,                 -- 主键
    name varchar(50) not null,                 -- 所购的货物
    status varchar(10)                         -- 订单状态
)
 -- 9:20 客户 A 下订单
Insert Into my_order
Values(1, '《Java 程序设计》', '有效');
 -- 12:00 后台管理员 B 读取订单状态,此时显示订单状态为"有效"
Select *
From my_order
Where id = 1
 -- 12:01 客户 A 取消订单,状态被修改为"取消"
Update my_order
Set status = '取消'
Where id = 1
 -- 12:03 后台管理员 B 根据显示的状态为该订单发货
Update my_order
Set status = '发货'
Where id = 1
 -- 最后显示的订单状态为"发货"
Select *
From my_order
Where id = 1
```

注意：上述 SQL 语句是分别由两个事务（两个用户）提交的 SQL 语句，但是要求按执行的顺序排列。

只有当两个或多个用户同时（时间上重叠）编辑同一行数据时才会发生丢失更新，这种情况特别是在基于 Web 的应用程序中常常出现。在实际运行过程中，可能在几天甚至几个月中才会出现一次，这种情况有时对应用程序是致命的。

2. 丢失更新的防止

有两种防止丢失更新的策略，分别为悲观并发控制和乐观并发控制。

1）悲观（Pessimistic）并发控制：使用一个锁定系统，可以阻止用户以影响其他用户的方式修改数据。如果用户执行的操作导致应用了某个锁，则只有这个锁的所有者释放该锁，其他用户才能执行与该锁冲突的操作。它假定“我读取并修改数据时，别人很可能会修改数据，我得避免这种情况”。通常会导致系统性能的降低。

2）乐观（Optimistic）并发控制：在乐观并发控制中，用户读取数据时不锁定数据。当一个用户更新数据时，系统将进行检查，查看该用户读取数据后其他用户是否又更改了该数据。如果其他用户更新了数据，则将产生一个错误。一般情况下，收到错误信息的用户将回滚事务并重新开始。它假定“我读取并修改数据时，别人不太可能会修改数据”，因此程序员得自己想办法来解决这个问题。

（1） 悲观并发控制的解决方案

使用这种策略时，必须在修改数据之前锁定该记录，锁定记录后，其他用户不能修改这条记录，直到修改完毕才解除锁定。

使用这种方法非常简单，不需要额外的编程，只需要加上锁即可。同样以上述购书的例子加以说明。

【例 5-42】在例 5-41 中，后台管理员 B 在 12:00 读取数据是为了修改，因此同时在这条记录上加一个锁，有了这个锁以后客户 A 在 12:01 分就无法取消订单，从而避免了丢失更新的发生。修改后的订单时间表见表 5-8。

表 5-8　修改后的订单时间表

时间	客户 A	后台管理员 B	相关的操作	订单状态
9:20	下订单		Insert 操作	有效
12:00		读取订单状态	Select 操作，并锁定该记录	有效
12:01	取消订单		Update 操作，无法取消订单	取消
12:03		为订单发货	Update 操作	发货

需要修改的代码是为 Select 语句加上 For Update 选项锁定查询到的记录。

```
Select *
From my_order
Where id = 1                    -- 查询条件确定订单号
For Update                      -- 为 Update 锁定(该选项只能在游标中使用)
```

这种对记录锁定的方法将大大降低系统的性能，尤其是对于 Web 应用程序。例如，后台管理员 B 在 12:02 分出去吃午餐，那么记录就一直被锁定，因此 For Update 选项在一般情况下不能使用。

（2） 乐观并发控制的解决方案

基于乐观并发控制策略的解决方案是不锁定记录，从而提高系统的性能，但需要使用其他手段来避免丢失更新，最通常的方法是使用 timestamp 字段。

timestamp 字段将自动保存插入或更新一条记录（行）的日期时间等信息，并保证不会出现相同的值，因此它反映的是一条记录（行）的版本信息。因为它含有日期时间信息，所以称为时间戳（类似于邮局的邮戳）。

【例 5-43】使用 timestamp 字段防止丢失更新。代码如下：

```
Drop Table my_order;                          -- 删除表,重新设计
Create Table my_order
(   id int not null primary key,
    name varchar(50) not null,
    status varchar(10),
    timestamp timestamp                       -- 增加一个 timestamp 字段
)
```

```
--9:20 客户 A 下订单
Insert Into my_order(id, name, status)
Values(1, '《Java 程序设计》', '有效')
--12:00 后台管理员 B 读取订单状态,此时显示订单状态为“有效”
Declare @version timestamp
Select @version = timestamp                    --记录 timestamp 的值
From my_order
Where id = 1
Select *
From my_order
Where id = 1
--12:01 客户 A 取消订单,状态被修改为“取消”
Update my_order                                --任何 Update 操作都会修改 timestamp 的值
Set status = '取消'
Where id = 1
--12:03 后台管理员 B 根据显示的状态决定是否为该订单发货
Update my_order
Set status = '发货'
Where id = 1 and timestamp = @version          --这时的 timestamp 值已经与原来的不同,更新失败
If @@rowcount = 0           --检查系统函数@@rowcount 的返回值就能知道是否更新失败
Print '发货失败'            --将显示在“消息”窗口
--最后显示的订单状态为“取消”
Select *
From my_order
Where id = 1
```

上述代码是将两个用户的 SQL 语句按执行次序排列，如果将两个用户的代码分开排列，则客户 A 的代码为：

```
--9:20 客户 A 下订单
Insert Into my_order(id, name, status)
Values(1, '《Java 程序设计》', '有效')
--12:01 客户 A 取消订单
Update my_order
Set status = '取消'
Where id = 1
```

后台管理员 B 的代码为：

```
--12:00 后台管理员 B 读取订单状态
Declare @version timestamp
Select @version = timestamp
From my_order
Where id = 1
```

```
Select *
From my_order
Where id = 1
--12:03 后台管理员 B 为订单发货
Update my_order
Set status = '发货'
Where id = 1 and timestamp = @ version
If @ @ rowcount = 0
    Print '发货失败'
Select *
From my_order
Where id = 1
```

可以看到上述代码只考虑了避免客户 A 的“取消”被丢失，而没有考虑反方向的情况，即后台管理员 B 的“发货”被丢失。

读者可以试着修改上述代码，增加代码避免后台管理员 B 的“发货”被丢失。需要注意的是，客户 A 取消订单的操作实际上必须分为两步：第 1 步是从数据库读取数据，显示在客户 A 的浏览器上；第 2 步客户 A 选择“取消订单”（状态为“有效”的订单是允许取消的，如果订单状态为“发货”，则没有“取消订单”的选项），将取消订单的 Update 语句发送到数据库上执行。

5.7 存储过程

5.7.1 存储过程的概念

在 SQL 程序中定义的过程称为存储过程，存储过程是一种数据库对象，由一组被分析和编译后的 SQL 语句以过程形式存放在数据库服务器上，供用户调用，允许数据以参数的形式在过程与应用程序之间进行来回传递。

1. 存储过程的特点

存储过程类似于高级语言中的过程，具有以下几个特点：

1）存储过程能通过形参与实参输入、输出数据。

2）存储过程可包含对数据库进行查询、修改的 SQL 语句。

3）存储过程可包含对其他存储过程的调用语句。

4）存储过程的返回值只是指明执行是否成功。

2. 存储过程的优点

（1）减少网络传输量

在客户机/服务器环境里使用网络时经常要考虑潜在的瓶颈问题，因为所有的客户机与服务器之间的通信都要通过网络进行。利用存储过程可以减少网络传输量。存储过程能包含大量复杂的查询或 SQL 操作，它们已被编译完毕并存储在 SQL 数据库内。当客户发出执行存储过程的请求时，它们就在 SQL Server 服务器上运行，然后只把最终的结果返回给客户应用程序，这样，在网络中只需要传递少量的参数，而不是大量数据记录的传送，从而降低网络的负荷。

(2) 加快执行速度

存储过程是预编译的，它在第一次执行时，查询优化器对其进行分析和优化，建立了优化的查询方案，被存储在高速缓存之中。当再次运行存储过程时，则可从高速缓存中执行，省去了优化和编译阶段，大大节省了执行时间。而对于批处理的 SQL 语句，在每次运行时都要进行编译和优化，因此速度相对较慢，如果是复杂的查询，则速度将会慢很多。

(3) 加强可移植性

存储过程在被创建后，可以在程序中被多次调用，而不必重新编写该存储过程的 SQL 语句。而且数据库管理员可以随时对存储过程进行修改，且对应用程序源代码毫无影响，因为应用程序源代码只包含存储过程的调用语句，从而极大地提高程序的可移植性。

(4) 增强安全机制

通过对用户执行某一存储过程的权限限制，可使他们能够通过存储过程间接地对数据库进行操作，从而实现对相应的数据访问权限的限制，避免了非授权用户对数据的访问，保证了数据的安全。

5.7.2 系统存储过程

在 SQL Server 中的许多管理工作均是通过执行系统存储过程来完成的，如查看数据库对象信息的 sp_help、为数据库更名的 sp_renamedb 等。常用的系统存储过程见表 5-9。

表 5-9 常用的系统存储过程

系统存储过程	说明	示例
sp_databases	列出服务上的所有数据库	exec sp_databases
sp_helpdb	报告有关指定数据库或所有数据库的信息	exec sp_helpdb Scoresys
sp_renamedb	更改数据库的名称	exec sp_renamedb 'Scoresys ', 'student'
sp_help	返回某个表的所有信息	exec sp_help student
sp_tables	返回当前环境下可查询的对象的列表	exec sp_tables
sp_columns	返回某个表列的信息	exec sp_columns student
sp_helpconstraint	查看某个表的约束	exec sp_helpconstraint student
sp_helpindex	查看某个表的索引	exec sp_helpindex student
sp_stored_procedures	列出当前环境中的所有存储过程	exec sp_stored_procedures
sp_helptext	显示存储过程、触发器或视图等的实际文本	exec sp_helptext 'v_score'
sp_executesql	执行动态生成的 SQL 语句或批处理	execute sp_executesql 'select * from score'

系统存储过程主要存储在 master 数据库中并以 sp 为前缀，它主要是从系统表中获取信息，从而为系统管理员提供支持。在任何数据库中都可以调用系统存储过程，而且调用时不必在存储过程名前加上数据库名。当创建一个新的数据库时，一些系统存储过程会在新数据库中被自动创建。

对于用户创建的存储过程，最好不要使用 sp 作为其名称的前缀。如果用户定义的存储过程与系统存储过程同名，那么这个用户定义的存储过程将永远不会被执行。

5.7.3 用户自定义存储过程

1. 定义格式

用户自定义存储过程的定义格式如下：

```
Create Procedure <存储过程名>
[形参列表]
As
<SQL 语句>
```

其中，形参列表为可选项，如果提供了形参列表，则格式为：

```
@ <形参 1> <类型> [=默认值] [Output],…,@ <形参 n> <类型> [=默认值] [Output]
```

说明：

1）参数默认值必须是常量或 null。若使用 like 则默认值中可含通配符。

2）Output 表示形参能返回运算结果，相当于高级语言函数调用中的传地址，但 Text、Ntext 和 Image 类型不能用作 Output 参数。

3）参数的个数可以达 2100 个。

【例 5-44】 在 Scoresys 数据库中创建存储过程 p_score，该存储过程能根据学号查询该学生的成绩信息（包括学号、姓名、性别、课程号、课程名和成绩）。代码如下：

```
Use Scoresys
Go
Create Procedure p_score
@id varchar(36)
As
Begin
    Select student.student_id, student.name, course.name, pscore
    From score
        Join student On score.student_id = student.student_id
        Join course On score.course_id = course.course_id
    Where student.student_id = @id
End
```

注意： 该例中 varchar 类型的长度应该足够大，否则可能使输入的参数值截短为形参的长度，使传入的值发生变化，这时没有任何出错提示，但是结果不是预期的结果。

执行上述 SQL 程序后会创建存储过程 p_score，创建后的 p_score 将作为数据库对象存放于数据库中，如图 5-16 左侧所示。要调用此存储过程，只要执行调用语句即可。

2. 存储过程的调用

执行带输入参数的存储过程时，SQL Server 提供了两种传递参数的方法。

1）调用格式 1（按位置传递），方法如下：

```
Execute <存储过程名> <实参1>, <实参2>, …, <实参n>
```

注意：当多于一个参数时，实参与形参顺序要一致。

在执行存储过程调用过程中，先将 <实参 1>，…，<实参 n> 依次传送给 <形参 1>，…，<形参 n>，然后再执行过程体中的语句组，完成存储过程规定的任务。

例如，调用 p_score 存储过程查询学号为“SW103203”的学生成绩信息的语句为：

```
Execute p_score 'SW103203'
```

调用存储过程 p_score 时，先将实参“SW103203”传送给形参@ id，然后再执行过程体中的 Select 语句，查询指定学号的学生成绩，执行结果如图 5-16 右侧所示。

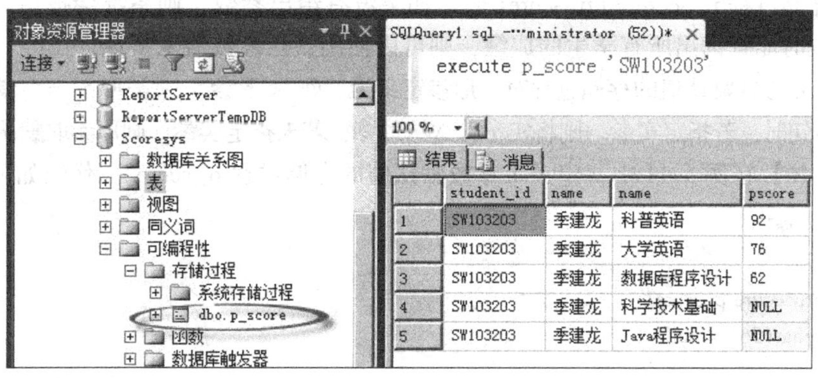

图 5-16　执行存储过程 p_score 查询学生成绩

2）调用格式 2（通过参数名传递），方法如下：

```
Execute <存储过程名> @ <形参1> = <实参1>,…,@ <形参n> = <实参n>,
```

调用 p_score 存储过程查询学号为“SW103203”的学生成绩的语句也可写为：

```
Execute p_score @ id = 'SW103203'
```

存储过程的调用过程及执行结果与调用格式 1 完全相同。

通过参数名传递来调用存储过程的好处是当存在多个参数时，不必按形参的顺序提供实参的值。

【例 5-45】在 Scoresys 数据库中创建存储过程 p_score1，该存储过程能根据提供的学号和课程号查询成绩。代码如下：

```
Create Procedure p_score1
@ sid varchar(36),
```

```
@ cid varchar(36)
As
Begin
    Select student. student_id, student. name, course. course_id, course. name, pscore
    From score
        Join student On score. student_id = student. student_id
        Join course On score. course_id = course. course_id
    Where student. student_id = @ sid and course. course_id = @ cid
End
```

调用时下述 3 条语句的效果相同：

```
Execute p_score1 'SW103203', 'C3004'                  -- 必须按定义存储过程时的顺序提供参数值
Execute p_score1 @ sid = 'SW103203', @ cid = 'C3004' -- 可以按顺序提供,也可以不按顺序提供
Execute p_score1 @ cid = 'C3004', @ sid = 'SW103203' -- 可以按顺序提供,也可以不按顺序提供
```

3. 带参数默认值的存储过程

执行存储过程 p_score 和 p_score1 时，如果没有给出参数，则系统会报错。如果希望不给出参数时能查询出所有学生的成绩，则可以使用默认参数值来实现。

当定义带参数默认值的存储过程时，形参定义为“@ <形参> <类型> = <默认值>”。调用过程语句时，若指定实参，则将实参传送给形参；若未指定实参，则形参取默认值。

【例 5-46】在例 5-44 中，定义带参数默认值的存储过程 p_score2。代码如下：

```
Use scoresys
Go
Create Procedure p_score2
@ id varchar(36) = null
As
    If @ id Is Null
        Select student. student_id, student. name, course. name, pscore
        From score
            Join student On score. student_id = student. student_id
            Join course On score. course_id = course. course_id
    Else
        Select student. student_id, student. name, course. name, pscore
        From score
            Join student On score. student_id = student. student_id
            Join course On score. course_id = course. course_id
        Where student. student_id = @ id
```

当调用未指定实参的存储过程 p_score2 时，即执行语句 Execute p_score2，可查询所有学生的成绩信息。

当调用带实参的存储过程 p_score2 时，即执行语句“Execute p_score2 'SW103203'”，可以查看指定学号的学生成绩信息，其查询结果如图 5-16 所示。

4. 返回参数值存储过程

(1) 定义返回参数值的存储过程

若要通过存储过程返回一个或多个值，则存储过程的形参应定义为：

@ <形参1> <类型> [=默认值] Output, …, @ <形参n> <类型> [=默认值] Output

其中，关键字Output说明形参能返回运算结果。

【例5-47】 在Scoresys数据库中创建一个存储过程，存储过程名为p_stunum，要求根据班级号输出该班级的学生人数。代码如下：

```
Use scoresys
Go
Create Procedure p_stunum
@classid varchar(36),
@count int Output
As
Begin
    Select @count = Count( * )
    From student
    Where school_class_id = @classid
End
```

以上的代码创建了p_stunum存储过程，它使用了两个参数，其中@classid为输入参数，用于指定要查询的班级号；@count是输出参数，用来返回该班级的学生人数。

(2) 调用返回参数值的存储过程

为了接收某一个存储过程的返回值，需要声明一个变量来存放参数的值。在该存储过程的调用语句中，还必须为这个变量加上Output声明。调用存储过程的语句格式为：

Execute <存储过程名> [<实参表>], <变量> Output

在例5-47中，调用存储过程p_stunum返回学生选修人数，SQL语句如下：

```
Use scoresys
Go
Declare @count int
Execute p_stunum 'SW1032', @count Output
Print '该班级的学生人数为:' + Convert(char(5), @count)
```

执行上述SQL程序时，先定义整型变量@count，再调用存储过程p_stunum，将实参班级号“SW1032”传递给输入形参@classid。执行过程体中的Select语句，将选修人数赋给输出形参变量@count，并通过输出形参变量@count将学生人数返回主程序。程序执行结果如图5-17所示。

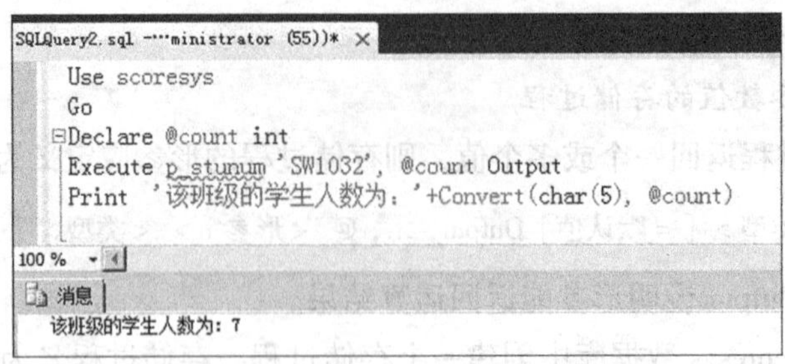

图 5-17　调用存储过程 p_stunum 返回班级学生人数

5. 存储过程中的常用全局变量

(1) @@rowCount

在存储过程中可以通过系统全局变量@@rowCount 得到前一条 SQL 语句所影响的行数，即 Select 结果集的行数、Insert 插入的行数、Update 更新涉及的行数或 Delete 删除的行数。

由于多数 SQL 语句都会影响@@rowCount 的值，因此应该在 SQL 语句后立即检查该值，或将其保存到一个局部变量中以备日后查看。

(2) @@error

在存储过程中可以通过系统全局变量@@error 得到前一条 SQL 语句执行时出现的错误。如果没有错误，则返回 0；如果有错误，则返回错误号，错误号保存在 master 数据库中。

由于@@ERROR 在每一条语句执行后都被重置，因此应在 SQL 语句执行后就立即查看它，或将其保存到一个局部变量中以备日后查看。

6. 存储过程的返回值

存储过程不像函数，不能使用 Return 语句返回一个值，但是应用程序调用存储过程时可以通过 3 种方式与存储过程进行通信。

(1) Select 语句

存储过程中 Select 语句的结果集将返回给调用者，如在查询窗口中执行一个含有 Select 语句的存储过程，则将直接显示该语句的执行结果。如果在一个应用程序（如 C#）中调用这个存储过程，则在应用程序中同样能够获得执行的结果。这种方式返回的数据类型是表。

(2) 输出参数

存储过程可以通过输出型参数返回值给调用者，在存储过程中可以定义多个输出型参数返回多个值给调用者，数目和类型仅受存储过程形参的限制。

(3) Raiserror 语句

存储过程还可以通过 Raiserror 语句将存储过程中有关的错误信息返回给调用者。Raiserror 语句的格式如下：

```
Raiserror({错误号|错误信息}
          {,严重级别,状态号}
          [,参数值列表])
```

说明：

1）错误号：可以使用系统定义的错误号，即前述的@@error所使用的错误号，它保存在sys. messages表中，并可通过系统存储过程sp_addmessage添加用户定义的错误号。用户定义的错误号应大于50000。如果未指定错误号，则Raiserror引发一个错误号为50000的错误消息。

2）错误信息：可以直接指定错误信息，其格式与C标准库中的printf函数类似。当指定错误信息时，Raiserror将引发一个错误号为50000的错误消息。

3）严重级别：与该消息关联的严重级别（0～25之间的一个数）。任何用户可以使用的严重级别是0～18之间的一个数（用户定义的严重级别通常比较低，一般用10），而19～25之间的严重级别被认为是致命的，只能由系统管理员使用。

4）状态号：0～255的整数。负值或大于255的值会导致错误。

5）参数值列表：用于替换错误信息中嵌入的参数。

【例5-48】生成一个简单的错误消息。代码如下：

```
Raiserror('这里发生了一个错误。',          --错误信息
          10,                           --严重级别
          1)                            --状态号
```

【例5-49】生成一个错误消息，并指定消息中的参数。代码如下：

```
Raiserror('这里发生了一个错误。表名是%s,错误发生在第%d行。',      --错误信息
          10,              --严重级别
          1,               --状态号
          'student',       --第一个参数,替换表名,是字符型数据(%s)
          11);             --第二个参数,替换第几行,是数字型数据(%d)
```

调用者（如C#程序）可以使用Try…Catch结构捕获Rasierror语句中的错误，并进行适当的处理。

5.7.4　管理存储过程

1．查看存储过程

（1）使用sys. sql_modules查看存储过程定义

sys. sql_modules为系统视图，通过调用该视图的语句“Select * From sys. sql_modules”可以查看数据库中的存储过程、视图、函数等数据库的定义。

注意：如果数据库对象的定义已经加密，则查询时只显示null。

（2）使用object_definition查看存储过程定义

object_definition返回指定对象定义的SQL源文本，可以查看数据库中具体的某个存储

过程。例如语句“select object_definition(594101157)”用于查看 ID 为 594101157 的存储过程的定义。

(3) 使用 sp_helptext 查看存储过程定义

使用 sp_helptext 可以显示用户定义规则的定义、默认值、未加密的存储过程、函数、触发器、约束和视图等。例如，通过 sp_helptext p_score 可以查看 p_score 存储过程的代码。

2. 修改存储过程

修改存储过程可以改变参数或语句，可以通过 Alter Pprocedure 语句实现。当然也可以删除原来的存储过程并重新创建该存储过程，但是这样将丢失与该存储过程相关联的所有权限。

【例 5-50】通过 Alter Procedure 语句修改名为 p_stunum 的存储过程，使其更改为根据班级名称统计学生人数。代码如下：

```
Alter Procedure p_stunum
@classname varchar(50),
@count int Output
As
Begin
    Select @count = Count(*)
    From student
    Where school_class_id = (Select school_class_id
                             From school_class
                             Where name = @classname)
End
```

3. 重命名存储过程

重命名存储过程可以通过执行系统存储过程 sp_rename 来实现。

【例 5-51】将 p_stunum 存储过程重新命名为 p_student_count。代码如下：

```
sp_rename 'p_stunum', 'p_student_count'
```

4. 删除存储过程

数据库中不再使用的存储过程可以删除，删除存储过程可通过 Drop Procedure 语句实现。例如，语句“Drop Procedure p_student_count”将删除名为 p_student_count 的存储过程。

5.8 触发器

SQL Server 提供了两种机制来强制业务规则和数据的完整性：约束和触发器。在第 2 章中讨论了各种约束，但是有些业务规则过于复杂，不能通过约束来实现，这时可以采用触发器来实现。

触发器是一种特殊的存储过程，可用于保证数据的完整性。触发器不能被显式调用，而是当用户对数据表进行插入、更改或删除记录时被自动激活。所以，触发器可以用来对数据表实施复杂的完整性约束。当触发器所保护的数据发生改变时，触发器会自动被激活，从而防止对数据的不正确修改。除此以外，触发器还可以用于数据的自动处理。例如，在学生成绩表中输入学生考试成绩时，若成绩不及格则可使用触发器自动将不及格学生成绩记录添加到补考表中。又如，当超市货架上的商品数量不足下限时，可利用触发器自动提示管理员进货等。

5.8.1 触发器的基本概念

1. 触发器定义

触发器是建立在某个数据表上用于保证数据完整性等操作的特殊存储过程。

2. 触发器的类型

SQL Server 包括 3 种常规类型的触发器，即 DML 触发器、DDL 触发器和登录触发器。本节主要介绍 DML 触发器和 DDL 触发器。

3. 触发器的调用

对建有触发器的数据表进行插入、删除与修改操作时，会自动调用该数据表的触发器。

4. 触发器的特点

1）触发器可以实现对数据库中相关表的级联操作。触发器是针对一个表创建的，但可以对多个表进行操作，以实现数据库相关表的级联操作。例如，若系部表 department 与专业表 major 之间没有外键约束，则在 department 表上建立能自动修改 major 中系部编码字段（department_id）值的触发器，当用户修改 department 中系部编码 department_id 的值时，系统将自动调用触发器修改 major 中系部编码字段 department_id 的值，使 major 表中 department_id 的值与 department 表中 department_id 的值保持一致，从而实现 department 表与 major 表的级联操作。

2）触发器可以用来完成比 Check 约束更复杂的限制。与 Check 约束不同的是，在触发器中可以引用其他的表。例如，当向成绩表 score 中插入一条成绩记录时，查看对应学生在学生表 student 中的学籍状态是否为“在读”，如果不是，则不能插入该成绩记录。

3）触发器可以改变前后表中数据的不同，并根据这些不同来进行相应的操作。

5. 触发器与约束

约束和触发器在特殊情况下各有优势。触发器可以包含使用 SQL 语句的复杂处理逻辑，因此触发器可以实现约束的所有功能。但是触发器的可移植性较差，会占用服务器端太多的资源，有可能造成排错困难，导致数据不一致等。所以，其他约束能够实现的功能就尽量不要使用触发器。

5.8.2 创建 DML 触发器

DML 触发器可以分为 After 触发器和 Instead Of 触发器两种。这两种触发器的差别在于它们被激活的时机不同。

After 触发器是在引起触发器执行 DML 语句（Insert、Update 或 Delete）成功完成之后执行。如果 DML 语句因错误（如违反约束或语法错误）而执行失败，则触发器不会执行。可以为每个触发操作（Insert、Update 或 Delete）建立多个 After 触发器。

Instead Of 触发器称为替代触发器，当引起触发器执行的 DML 语句开始执行时，该触发器代替 DML 语句执行操作，原有的 DML 语句便不再执行（被替换）。对于每个触发操作（Insert、Update 或 Delete）只能定义一个 Instead of 触发器。

1. 触发器的创建

创建触发器的语法格式如下：

```
Create Trigger <触发器名>
On <表名>|<视图名>
[With Encryption]
For|After|Instead Of
[Insert, Update, Delete]
[ Not For Replication]
As
    [If Update(字段名)]
    SQL 语句
```

说明：

1）触发器名：在数据库范围内唯一的标识符，通常以 t_开头。

2）表名：每个触发表都是基于某个表，在这个表上发生的 DML 事件将触发该触发器。

3）For|After|Instead Of：用于指定触发器激活的时机，For 是为了和以前的 SQL Server 版本相兼容而设置的，功能与 After 触发器一样。After 是默认的触发器类型。

4）Insert, Update, Delete：用于指定激活触发器的 DML 语句，可以是其中之一，也可以三者的任意组合。

5）Not For Replication：表示当复制进程更改触发器所涉及的表时，不应执行该表的触发器。

6）If Update(字段名)：可选项，用于判断指定字段值是否被修改过，若修改过则执行 SQL 语句，否则不执行 SQL 语句。这种带“If Update(字段名)”子句的触发器被称为列级触发器。

7）SQL 语句：用于指定触发器所执行的操作，它是触发器的主体，被触发时才执行，其中可以包含 DML 语句和 Select 语句，但不能包含 DDL 语句。

【例 5-52】 After 触发器示例。代码如下：

```
Create Trigger t_score
On score
After Update
As
    Print '你更新了成绩表的数据'
```

执行完如下的更新语句：

```
Update score
Set pscore = pscore + 1
```

可以发现成绩数据像预期的那样修改了，在“消息”窗口显示信息“你更新了成绩表的数据”。

【例 5-53】 Instead Of 触发器示例。代码如下：

```
Drop trigger t_score                    -- 先删除上述触发器
Go
Create Trigger t_score
On score
Instead Of Update
As
    Print '你无权更新成绩表的数据'
```

执行完如下的更新语句：

```
Update score
Set pscore = pscore + 1
```

可以发现成绩数据并没有被修改，这是因为这是一个替代触发器，在“消息”窗口显示信息“你无权更新成绩表的数据”。

2. Deleted 表和 Inserted 表

SQL Server 为每个触发器都创建了两个专用表，即 Deleted 表和 Inserted 表。这是两个逻辑表，由系统来维护，用户不能对它们进行修改操作。它们存放在内存而不是数据库中。这两个表的结构总是与该触发器作用表的结构相同。触发器执行完成后，与该触发器相关的这两个表也会被删除。

1）Deleted 表存放由于执行 Delete 或 Update 语句而要从表中删除的所有行。在执行 Delete 或 Update 操作时，被删除的行从激活触发器的表中被移动到 Deleted 表，因此这两个表不会有共同的行。

2）Inserted 表存放由于执行 Insert 或 Update 语句而向表中插入的所有行。在 Insert 或 Update 事务中，新的行同时添加到激活触发器的表和 Inserted 表中，Inserted 表中的内容是激活触发器的表中的新行的复制。

一个 Update 事务可以看作先执行一个 Delete 操作，再执行一个 Insert 操作，旧的行首先被移动到 Deleted 表，然后新行同时插入激活触发器的表和 Inserted 表。

【例 5-54】 创建触发器检查 Inserted 表和 Deleted 表中的数据。代码如下：

```
Create Trigger t_inner_table
On score
After Insert, Update, Delete
As
    Select '插入表'As '插入表', * From Inserted
    Select '删除表'As '删除表', * From Deleted
```

分别执行以下 3 种 DML 语句。

1）插入操作，代码如下：

```
Insert into score(score_id, term, course_id, student_id, faculty_id)
Values('S01', '09 - 10(I)', 'C2001', 'SW103105', 'T008');
```

2）删除操作，代码如下：

```
Delete From Score
Where student_id = 'SW103203'
```

3）修改操作，代码如下：

```
Update score
Set pscore = pscore + 5
Where student_id = 'SW103203'
```

3 次执行的结果如图 5-18 所示（第一列数据是为了方便检查而加入的计算列）。

	插入表	score_id	term	pscore	pscore1	grade	grade1	course_id	student_id	faculty_id	remark
1	插入表	S01	09-10(I)	NULL	NULL	NULL	NULL	C2001	SW103105	T008	NULL

	删除表	score_id	term	pscore	pscore1	grade	grade1	course_id	student_id	faculty_id	remark

a)

	插入表	score_id	term	pscore	pscore1	grade	grade1	course_id	student_id	faculty_id	remark

	删除表	score_id	term	pscore	pscore1	grade	grade1	course_id	student_id	faculty_id	remark
1	删除表	01B0C924-FD55-42EA-8672-EFD37BA86FA7	13-14(I)	76	NULL	NULL	NULL	C1001	SW103203	T007	NULL
2	删除表	DA6EFFFE-ED3D-42D8-AC13-CE200B205033	10-11(II)	NULL	NULL	良	NULL	C3006	SW103203	T005	NULL
3	删除表	4003CCE6-0392-4463-939F-C27A61683C9D	10-11(II)	62	51	NULL	NULL	C3004	SW103203	T009	NULL
4	删除表	00F63D7D-F90A-4D09-9EC7-A7CEFA5EFC4C	09-10(II)	92	NULL	NULL	NULL	C2002	SW103203	T007	NULL
5	删除表	DA3A0AD6-9797-4E0A-B611-9E02A844CBCA	09-10(II)	NULL	NULL	良	NULL	C1002	SW103203	T010	NULL

b)

结果　消息

	插入表	score_id	term	pscore	pscore1	grade	grade1	course_id	student_id	faculty_id	remark
1	插入表	DA6EFFFE-ED3D-42D8-AC13-CE200B205033	10-11(II)	NULL	NULL	良	NULL	C3006	SW103203	T005	NULL
2	插入表	DA3A0AD6-9797-4E0A-B611-9E02A844CBCA	09-10(II)	NULL	NULL	良	NULL	C1002	SW103203	T010	NULL
3	插入表	4003CCE6-0392-4463-939F-C27A61683C9D	10-11(II)	67	51	NULL	NULL	C3004	SW103203	T009	NULL
4	插入表	01B0C924-FD55-42EA-8672-EFD37BA86FA7	13-14(I)	81	NULL	NULL	NULL	C1001	SW103203	T007	NULL
5	插入表	00F63D7D-F90A-4D09-9EC7-A7CEFA5EFC4C	09-10(II)	97	NULL	NULL	NULL	C2002	SW103203	T007	NULL

	删除表	score_id	term	pscore	pscore1	grade	grade1	course_id	student_id	faculty_id	remark
1	删除表	DA6EFFFE-ED3D-42D8-AC13-CE200B205033	10-11(II)	NULL	NULL	良	NULL	C3006	SW103203	T005	NULL
2	删除表	DA3A0AD6-9797-4E0A-B611-9E02A844CBCA	09-10(II)	NULL	NULL	良	NULL	C1002	SW103203	T010	NULL
3	删除表	4003CCE6-0392-4463-939F-C27A61683C9D	10-11(II)	62	51	NULL	NULL	C3004	SW103203	T009	NULL
4	删除表	01B0C924-FD55-42EA-8672-EFD37BA86FA7	13-14(I)	76	NULL	NULL	NULL	C1001	SW103203	T007	NULL
5	删除表	00F63D7D-F90A-4D09-9EC7-A7CEFA5EFC4C	09-10(II)	92	NULL	NULL	NULL	C2002	SW103203	T007	NULL

c)

图 5-18　Inserted 表和 Deleted 表的查询结果

a）插入操作　b）删除操作　c）修改操作

3. 触发器的应用

(1) 级联删除

【例 5-55】 实现删除一门课程时，级联删除该课程的所有成绩记录。代码如下：

```
Drop Trigger t_inner_table              --为避免多个触发器同时触发,因此删除前一个触发器
Go
Create Trigger t_delete_course
On course
Instead Of Delete                       --用替代触发器替代原删除操作,并在外键约束检查前触发
As
    --先删除子表 score 的相关记录
    Delete From score
    Where course_id In( Select course_id
                        From Deleted)
    --然后删除父表 course 中的相关记录
    Delete From course
    Where course_id In( Select course_id
                        From Deleted)
Go
```

执行删除操作，并检查删除后的结果，如图 5-19 所示。

	删除前的课程表	course_id	name	class_hour	course_type_id	remark
1	删除前的课程表	C1002	科学技术基础	64	CT01	NULL

	删除前的成绩表	score_id	term	pscore	pscore1	grade	grade1	course_id	student_id	faculty_id	remark
1	删除前的成绩表	0587D749-DB51-43F5-9629-B9C5ED689840	09-10(II)	89	NULL	NULL	NULL	C1002	SW103206	T010	NULL
2	删除前的成绩表	173A8B59-3429-4281-B23E-A833F6BCCF3D	09-10(II)	80	NULL	NULL	NULL	C1002	ME102102	T010	NULL
3	删除前的成绩表	25828406-45C4-4012-AD64-81A62FF76393	09-10(II)	83	NULL	NULL	NULL	C1002	ME102104	T010	NULL
4	删除前的成绩表	27018494-84D4-42E3-A985-0B776E04063C	09-10(II)	64	62	NULL	NULL	C1002	NW103102	T010	NULL
5	删除前的成绩表	30884C29-E334-4C59-8C93-BCA863E3A6E1	09-10(II)	68	NULL	NULL	NULL	C1002	SW103102	T010	NULL
6	删除前的成绩表	3155C879-11E5-44FD-90F0-8AD9A591B94A	09-10(II)	61	60	NULL	NULL	C1002	NW103104	T010	NULL
7	删除前的成绩表	3746986B-F0CE-488B-8315-DACF67786736	09-10(II)	61	NULL	NULL	NULL	C1002	SW103104	T010	NULL
8	删除前的成绩表	3E7DC00F-9C07-4EC8-A5E0-A532F550F801	09-10(II)	61	61	NULL	NULL	C1002	NW103105	T010	NULL

	删除后的课程表	course_id	name	class_hour	course_type_id	remark

	删除后的成绩表	score_id	term	pscore	pscore1	grade	grade1	course_id	student_id	faculty_id	remark

图 5-19 触发器级联删除前后对比

下面请读者阅读以下代码：

```
Select '删除前的课程表'As '删除前的课程表', *
From course
Where course_id = 'C1002'
select '删除前的成绩表'As '删除前的成绩表', *
From score
Where course_id = 'C1002'
```

```
Begin Transaction                  --测试时,为不影响数据的真正删除,因此定义一个事务处理
Delete From course
Where course_id = 'C1002'
Select '删除后的课程表'As '删除后的课程表', *
From course
Where course_id = 'C1002'
Select '删除后的成绩表'As '删除后的成绩表', *
From score
Where course_id = 'C1002'
Rollback                           --事务回滚,不会对数据造成影响,可以多次测试
```

如果修改外键约束为级联删除，则也能达到同样的效果，代码如下：

```
Drop Trigger t_delete_course          --删除前面的触发器,级联删除由下述的外键约束实现
Alter Table score                     --删除之前创建的外键约束
    Drop Constraint fk_score_course;
Alter Table score                     --创建新的外键约束,进行级联删除设置
    Add Constraint fk_score_course
    Foreign Key(course_id) References course(course_id)
    On Delete Cascade
```

执行的结果与前述触发器的效果完全相同。注意，如果在外键约束中没有加上级联删除设置，则删除时将出现违反外键约束的错误。

(2) 复杂的约束

【例 5-56】当插入成绩记录时，检查该学生的学籍是否为“在读（R01）”，如果不是，则不允许插入该记录，并显示一个自定义的出错信息。代码如下：

```
Create Trigger t_insert_score
On score
After Insert
As
    Declare @num Int
    Select @num = Count(*)
    From Inserted
        Join student On inserted.student_id = student.student_id
    Where roll_id <> 'R01'
    Print @num
    If @num > 0
    Begin
        Raiserror('学生不是在读，不能插入成绩记录。', 16, 1)
        Rollback
    End
    Go
```

在学生表 student 中，学号为“NW103106”的学生是“休学”状态，如果为他插入成

绩数据，则会抛出一个异常并回滚事务，插入代码如下：

```
Insert Into score(score_id, term, pscore, course_id, student_id, faculty_id)
Values(NEWID(), '10-11(1)', 82, 'C3005', 'NW103106', 'T004')
```

在这个例子中，修改的是成绩表的数据，但是要检查学生表中学生的学籍状态，在这种复杂的业务逻辑中，只能使用触发器来实现。

（3）列级触发器

【例 5-57】 当修改成绩记录时，判断该学生的学籍是否是“在读”。如果不是，则不允许修改，并显示一个自定义的出错信息。

1）为了演示这个效果，先将学生“SW103103”的学籍状态改为“退学（R04）”。代码如下：

```
Update student
Set roll_id = 'R04'
Where student_id = 'SW103103'
```

2）编写触发器。代码如下：

```
Create Trigger t_update_score
On score
After Update
As
    If Update(pscore)          -- 判断是否修改了 pscore 列,因此成为列级触发器
    Begin
        Declare @num Int
        Select @num = Count(*)
        From inserted
            Join student On inserted.student_id = student.student_id
        Where roll_id <> 'R01'
        Print @num
        If @num > 0
        Begin
            Raiserror('学生不是在读，不能修改成绩记录。', 16, 1)
            Rollback
        End
    End
Go
```

这时如果修改了 pscore 列，则会有出错信息。更新语句如下：

```
Update score
Set pscore = pscore + 1
Where student_id = 'SW103103'
```

而如果修改其他列的数据，则能够正常执行。更新语句如下：

```
Update score
Set grade = '及格'
Where student_id = 'SW103103'
```

列级触发器的关键是通过函数 Update( )来判断是否更新了某一列。如果是，则执行触发器中的语句，从而使这个触发器成为一个列级触发器，仅在该列被更新的情况下触发。

5.8.3 创建 DDL 触发器

DDL 触发器主要是 After 触发器。After 触发器是在引起触发器执行 DDL 语句（Create、Alter 或 Drop）成功后执行。如果 DDL 语句因错误而执行失败，则 After 触发器不会执行。

创建 DDL 触发器的语法格式如下：

```
Create Trigger 触发器名
On All Server|Database
For|After|[Create、Alter 或 Drop 命令]
As
    SQL 语句块
```

说明：

1）触发器名：在数据库范围内唯一的标识符，通常以 t_ 开头。

2）All Server|Database：触发器的作用域应用于当前服务器或当前数据库。

3）For|After|：指定触发器的类型，For 是为了和以前的 SQL Server 版本相兼容而设置的，功能与 After 触发器一样。

4）Create、Alter 或 Drop 命令：指定触发的事件，可以是其中之一，也可以是三者的任意组合。

【例 5-58】 为表创建 DDL 触发器，防止用户对表进行删除或修改等操作。代码如下：

```
Create Trigger t_StuDDL
On Database
For Drop_Table, Alter_ Table
As
Begin
    Print '用户无法删除或修改表'
    Rollback
End
```

5.8.4 管理触发器

1. 查看触发器

使用 sp_helptext 存储过程查看触发器，格式如下：

```
EXEC sp_helptext 触发器名
```

2. 修改触发器

修改触发器可以通过 Alter Trigger 语句实现。

【例 5-59】使用 Alter Trigger 语句修改 DML 触发器 t_score，当向该表中插入、修改或删除数据时给出提示信息“正在向表中插入、修改或删除数据”。代码如下：

```
Alter Trigger t_score
On score
After Insert, Update, Delete
As
    Raiserror('正在向表中插入、修改或删除数据');
```

3. 重命名触发器

重命名触发器可以使用系统存储过程 sp_rename 来实现。

【例 5-60】使用 sp_rename 将触发器 StuDDL 重命名为 StuDDL1。代码如下：

```
sp_rename 'StuDDL', 'StuDDL1'
```

4. 删除触发器

删除触发器是将触发器对象从当前数据库中永久删除。通过执行 Drop Trigger 语句可以将 DML 触发器和 DDL 触发器删除。

本章小结

本章主要讨论变量、流程控制语句、批处理与脚本文件、游标、视图、函数、事务处理、存储过程和触发器等内容，现小结如下。

1. 变量

在 SQL 语言中，变量可以分为局部变量与全局变量。局部变量是由用户自定义并赋值的变量，可以在 Select 语句中使用赋值语句；全局变量是由 SQL Server 系统提供并赋值的变量，用于记录 SQL Server 服务器的状态。

2. 流程控制语句

SQL 语言中的流程控制语句分为分支与循环语句两种。分支语句有两路分支 If 语句与多路分支 Case 语句，循环有 While 语句。

3. 批处理与脚本文件

将完成某项任务的 SQL 语句集合称为批处理，SQL Server 服务器及其查询分析器能编译和执行批处理中 SQL 语句。脚本文件由一个或多个批处理组成，任何两个批处理之间用 Go 命令分开，脚本文件的扩展名为 .sql。

4. 游标

游标提供了一种对从表中检索出的数据进行操作的灵活手段，就其本质而言，实际上是一种能从包括多条数据记录的结果集中每次提取一条记录的机制。游标的基本操作包括声明游标、打开游标、读取游标数据、关闭游标和释放游标。

5. 视图

视图是一个虚拟表，其内容由查询定义。同真实的表一样，视图的作用类似于筛选。视图如同一张表一样，对表能够进行的一般操作都可以应用于视图，如查询、插入、修改和删除等。有关视图的一系列操作包括视图的创建、查看、修改、删除和应用。

6. 函数

SQL 语言中的函数分为系统提供的标准函数与用户自定义函数两类。标准函数包括数学函数、字符串函数、日期函数、系统函数与其他函数五类；用户自定义函数有标量型函数、内联表值型函数和多语句表值型函数，其中主要讨论了 3 种函数的定义、调用与参数传递方式。读者应注意，标量型函数只能返回一个标量型函数值，而内联表值型函数与多语句表值型函数只能返回一张数据表，所以在 Select 语句的 From 子句中只可以调用后两个函数。

7. 事务处理

事务是一个操作序列，序列中每个操作单元要么都执行，要么都不执行。事务具有 ACID 特性：原子性（Atomicity）、一致性（Consistency）、隔离性（Isolation）和持续性（Durability）。事务用 Begin Transaction 语句开始，用 Commit 语句提交，用 Rollback 语句回滚。

8. 存储过程

在 SQL 程序中定义的过程称为存储过程。由于存储过程是在服务器端执行，因此调用存储过程可以减少网络传输量。存储过程的一般定义格式为：

```
Create Procedure <存储过程名> [形参列表]
As <SQL 语句>
```

调用格式为：

```
Exec <存储过程名> <实参表>
```

通过在形参中设置“Output”选项，可返回形参运算的结果值。

9. 触发器

触发器是一种特殊的存储过程，向表里插入、更改或删除记录时被自动激活。SQL Server 为触发器创建 Inserted 表与 Deleted 表。Deleted 表存放由于执行 Delete 语句或 Update 语句而要从表中删除的所有行；Inserted 表存放由于执行 Insert 语句或 Update 语句而向表中插入的所有行。SQL Server 中的 DML 触发器提供了 Instead Of 和 After 两种形式。After 触发器是在引起触发器执行的更新语句（Insert、Update 或 Delete）成功完成之后执行；当引起触发器执行的更新语句停止执行时，Instead Of 触发器执行操作。建立 DML 触发器的一般语句格式为：

```
Create Trigger <触发器名>
On <表名>|<视图名>
For|After|Instead Of
[Insert, Update, Delete]
As
[If Update(字段名)]
SQL 语句
```

习题 5

1）SQL 中的变量可分为哪两种？如何定义与使用这两种变量？

2）编写 SQL 程序，在 Scoresys 数据库中，定义一个整型变量@I，用 Select 语句的 Count 函数统计计算机系的班级个数并赋给@I，最后用 Print 函数输出@I 的值。

3）SQL 语言中的多路分支是用什么语句实现的？该语句有哪两种格式？

4）在成绩表 score 中查询学号为“SW103206”的学生成绩，若存在该学生的成绩记录，则统计总学分，并显示该同学的学号、姓名与平均分；若无此学生则显示“没有该学生的成绩信息”。

5）用 While 语句求 $\sum_{n=1}^{100}\frac{1}{n}$ 的值，即求 $1+\frac{1}{2}+\frac{1}{3}+\frac{1}{4}+\cdots+\frac{1}{100}$ 的值。

6）简述脚本文件和批处理的概念，并说明两者的关系。

7）简述游标的概念和基本操作。

8）简述视图的概念及优点。

9）把下列程序改写成视图实现。

```
Select school_class.name 班级, avg(pscore) 平均成绩, max(pscore) 最高成绩
From score
    Join student On score.student_id = student.student_id
    Join school_class On student.school_class_id = school_class.school_class_id
Group By school_class.name
```

10）利用批处理文件完成如下建立与查询视图的任务。

要求 1：在 Scoresys 数据库中建立一个视图（View_Student），视图中应包含学生表 student 中的全部字段及学生所在班级名称、专业名称、系部名称等信息。

用 Select 语句与视图 View_Student 查询“王”姓学生的档案，显示学生的学号、姓名、性别、班级、专业和系部名称等信息。

要求 2：在 Scoresys 数据库中建立一个视图（View_Score），能显示成绩表 score 中的全部信息及学生姓名、班级、课程名等。用 Select 语句及视图 View_Score 查询“王”姓学生的成绩。

11）SQL 中的标准函数可以分为哪几类？对每类函数各写出两个标准函数。

12）用户自定义函数有哪 3 种？这 3 种函数的返回值有什么区别？在 Select 语句的 From 子句中可以调用哪种函数？

13）在 Scoresys 数据库中创建一个用户自定义函数 Score_Rechange，将成绩从百分制化为五级记分制。将该函数用于查询学生成绩表 score 中每个学生的成绩，要求显示学号、姓名、课程号、课程名和五级记分制成绩。

14）在 Scoresys 数据库中，编写单语句表值型函数，形参为班级名称（@ Class_Name），函数返回该班学生的学号、姓名等信息。另编 Select 语句调用该函数查询“软件1031”班的学生信息。再编写多语句表值型函数完成上述工作。

15）叙述事务的概念及特性。在 SQL 程序中用什么语句表示事务开始？用什么语句提交事务处理结果？用什么语句取消事务处理回滚到事务开始处？

16）定义一个事务处理过程，在学生表中删除学号为“SW103203”的记录，并删除该学生的成绩记录，如果删除中有错误，则事务回滚。

17）简述什么是锁？为什么要使用锁？

18）简述什么是死锁？请举例说明。

19）使用存储过程为什么能减少网络传输量并能使执行速度更快？存储过程能否返回形参运算结果？若可以，如何定义形参才能返回运算结果？

20）在 Scoresys 数据库中，编写存储过程 p_class 实现如下功能：输入班级编号，产生该班级的基本信息（系部名称、专业名称和班级名称）。调用存储过程，显示班级编码为“SW1031”的班级基本信息。

21）在 Scoresys 数据库中，编写存储过程 p_num，要求实现如下功能：输入课程编号，产生该课程的选修人数。调用存储过程 p_num，能显示课程编码为“C1001”的班级人数。

22）触发器是一种特殊的存储过程，在什么情况下 DBMS 会自动调用触发器？SQL Server为触发器创建 Inserted 表与 Deleted 表，Deleted 表用于存放什么内容？Inserted 表用于存放什么内容？

23）创建触发器 t_up，实现：当修改学生表 student 中的某个学生的学号时，相应的成绩表 score 中的学号也做级联修改。

实训 5　在线电子商店数据库的编程

在第 4 章的实训 4 中，在初始数据的基础上完成了一些查询操作。本次实训是在相同数据结构和初始数据的基础上，进行数据库编程。这些程序代码将为编写数据库应用程序做前期准备。

1. 实训内容

根据第 3 章实训 3 的结果（即初始化后的数据库），为了保证数据结构的正确性，采用教师提供的实训 3 的参考答案，在这个基础上进行本次实训。

2. 实训步骤

本实训根据上述数据，按照要求逐步进行，每完成一步，进行检查，通过后再进行下一步。

1）生成数据库、数据表结构以及初始化数据。

这一步由本软件自动完成（采用实训 2 的数据库和实训 3 的初始数据，完成后刷新一下，即可看到新的数据库，以及 7 张表及其数据）。

注意：如果原来已经存在 eshop 数据库，则不能在 SQL Server 中打开它，因为这一步需要删除这个数据库，然后重建数据库。

2）函数的创建。

创建一个函数，函数名为 generateOrderNo，其作用是自动生成订单号。数据库中生成订单号的方式可能有以下几种：

① 直接使用自增量主键的值，即将流水号作为订单号。

② 订单号以固定的字符为前缀，加上顺序号作为订单号，如 OH102。

③ 订单号以当前日期的字符串为前缀，加上顺序号作为订单号，如 2014－07－21－102。

本实训采用第 3 种方法，生成方式如下：

① 从订单头表中找出订单头表中的最大订单号（order_no），方法是采用选择语句“Select top 1 order_no From shop_order_head Order By order_no desc”。

② 从上述最大订单号获得该订单号的以 yyyy-mm-dd 表示的原有日期字符串，方法是采用内置的 Left 函数取其前 10 个字符。

③ 从当前系统日期中得到以 yyyy-mm-dd 表示的当天日期字符串，方法是采用代码“Left(Convert(varchar, getdate(), 120), 10)”。

④ 如果最大订单号的日期是当天（即前述两个日期字符串相同），则取出其顺序号部分，将该值加上 1，方法是从最大订单号取其去除左边 11 个字符的子字符串（如从订单号“2014－07－21－102”中取出“102”），转换为数字后加 1；否则最大订单号的日期就不是当天，这时顺序号重新开始，置为 1。

⑤ 在顺序号前加上 0，补足为 3 个数字（假定每天的最大顺序号不超过 999）。方法是在数字前加上字符串 0000，然后用 Right 函数取其后三位。

⑥ 将当前日期和顺序号拼接成一个字符串（加“－”符号分隔两者），即为新的订单号，如 2014－07－22－103。

参考代码如下：

```
Create Function generateOrderNo() Returns varchar(200)
As
Begin
    Declare @orderNo varchar(200), @oldDate varchar(200), @newDate varchar(200);
    Declare @id int, @idStr varChar(10);

    Select top 1 @orderNo = order_no
    From shop_order_head
    Order By order_no desc;

    Set @oldDate = Left(@orderNo, 10);                          --原有日期字符串
    Set @newDate = Left(Convert(varchar, getdate(), 120), 10);  --当天日期字符串
```

```
    If @ oldDate = @ newDate
        Begin
          -- 在原来基础上加 1
            Set @ id = cast( Right( @ orderNo, Len( @ orderNo) - 11) As int) + 1;
        End
    Else
        Begin
            Set @ id = 1; -- 是新的一天,顺序号重新编号
        End
    Set @ idStr = Concat( '0000', @ id);              -- 这两行语句是使其成为固定的 3 位数字
    Set @ idStr = Right( @ idStr, 3);
    Return Concat( @ newDate, '-', @ idStr);          -- 生成的新订单号
End
```

用下述代码测试函数是否工作正常：

```
Select dbo. generateOrderNo( );
```

3）存储过程 newOrder。

当用户下订单时，需要如下 3 个后台运行的存储过程。

① 生成新订单 newOrder：生成新订单并添加第一件商品。

② 向订单添加商品 addGoods：向原有订单添加商品，可以连续添加多件商品。

③ 更新订单的送货要求 updateOrder：仅修改订单的信息。

上述 3 个存储过程分为 3 个实训步骤完成。

本步骤实现第一个存储过程，存储过程名为 newOrder，其定义如下：

```
Create Procedure newOrder
@ headId varchar(36) Output,
@ shop_customer_id varchar(36),
@ goodsId varchar(36),
@ quantity int
```

参数说明如下：

@ headId varchar（36）Output：返回新订单的主键值，用于标识这个订单。

@ shop_customer_id varchar（36）：该订单的订购客户主键值。

@ goodsId varchar（36）：订购商品的主键值。

@ quantity int：订购商品的数量。

工作流程如下：

① 开启一个事务。

② 将@ headId 赋值为 NEWID( )，这是 GUID 唯一性编号，同时也将返回给调用者。

③ 用@ headId 和传入的@ shop_customer_id 作为参数，插入一条订单头记录。这里要用到前一步骤的函数 generateOrderNo( )，订单日期用当前日期。

④ 如果插入记录失败，则回滚并返回。

⑤ 查询所购商品的价格，如果失败（如商品主键有错），则回滚并返回。

⑥ 插入一条订单行记录，主键是 GUID，引用的订单头外键是前面赋值的@ headId，价格是前面查询的结果，商品号和数量是传入的参数。

⑦ 如果插入记录失败，则回滚并返回。

⑧ 查询同一订单所有商品的总金额，如果失败，则回滚并返回。

⑨ 用查询的结果更新订单头表中的总金额，如果失败，则回滚并返回。

⑩ 成功则提交事务。

参考代码如下：

```
Create Procedure newOrder
@ headId varchar(36) Output,
@ shop_customer_id varchar(36),
@ goodsId varchar(36),
@ quantity int
As
Begin
    Begin Transaction;
    -- 生成订单头表的主键 GUDI,它也是返回的参数
    Set @ headId = NEWID();
    -- 以下插入订单头表
    Insert Into shop_order_head
Values(@ headId, dbo.generateOrderNo(), GETDATE(), null,
        null, 0, 0, null, null, @ shop_customer_id, null, null);
    If @ @ error! =0                    -- 如果出现错误,则回滚
    Begin
        Rollback;
        Return;
    End
    -- 查询所购商品的价格
    Declare @ price decimal;
    Select @ price = price From shop_goods Where shop_goods_id = @ goodsId;
    If @ @ error! =0                    -- 如果出现错误,则回滚
    Begin
        Rollback;
        Return;
    End
    -- 插入订单行记录,@ goodsId 是商品的主键,@ quantity 是商品的数量
    Insert Into shop_order_line Values(NEWID(), @ price, @ quantity, @ goodsId, @ headId)
    If @ @ error! =0                    -- 如果出现错误,则回滚
    Begin
```

```
        Rollback;
        Return;
    End
    --查询该订单所有商品的总金额
    Declare @ammount Decimal;
    Select @ammount = sum(price * quantity)
    From shop_order_line
    Where shop_order_head_id = @headId;
    If @@error! =0                        --如果出现错误,则回滚
    Begin
        Rollback;
        Return;
    End
    --更新订单的总金额
    Update shop_order_head
    Set ammount = @ammount
    Where shop_order_head_id = @headId;
    If @@error! =0                        --如果出现错误,则回滚
    Begin
        Rollback;
        Return;
    End
    Commit;
End
```

创建好存储过程后，可以用下述代码测试其是否正常工作：

```
Declare @id varchar(36);
Execute newOrder @id Output, 'C001', 'P10001', 2;
Print @id;
```

然后可以用下述代码查看结果（即最新的订单）：

```
Declare @id varchar(36);
Select top 1 @id = shop_order_head_id
From shop_order_head
Order By order_no desc
Select shop_customer.name 购货人, order_no 编号, tel 购货人电话, email 购货人邮件,
    Convert(varchar(12), order_date, 111) 订货日期, shipping_address 送货地址
From shop_order_head
    Join shop_customer On
        shop_order_head.shop_customer_id = shop_customer.shop_customer_id
Where shop_order_head_id = @id
```

```
Select name 货物名称, brand 品牌, size 规格, shop_order_line. price 单价,
    quantity 数量, shop_order_line. price * quantity 金额
From shop_order_line
    Join shop_goods On shop_order_line. shop_goods_id = shop_goods. shop_goods_id
Where shop_order_head_id = @ id

Select sum( shop_order_line. price * quantity) '总计(人民币)'
From shop_order_line
Where shop_order_head_id = @ id
Select note 订货要求, a. name 审核人,
    Convert( varchar(12) , audit_date, 111) 审核日期,
    b. name 发货人, Convert( varchar(12) , shipping_date, 111) 发货日期
From shop_order_head
    Left Join shop_employee a On
        shop_order_head. shop_employee_id_audit = a. shop_employee_id
    Left Join shop_employee b On
        shop_order_head. shop_employee_id_shipping = b. shop_employee_id
Where shop_order_head_id = @ id
```

4）存储过程 addGoods。

第二个存储过程名为 addGoods，其定义如下：

```
Create Procedure addGoods
@ headId varchar(36) ,
@ goodsId varchar(36) ,
@ quantity int
```

参数说明如下：

@ headId varchar（36）：订单的主键值，调用 newOrder 存储过程所返回的值。

@ goodsId varchar（36）：订购商品的主键值。

@ quantity int：订购商品的数量。

创建好存储过程后，可以用下述代码测试其是否正常工作：

```
Declare @ id varchar(36) ;
Execute newOrder @ id Output, 'C001', 'P10001', 2;
Execute addGoods @ id, 'P10002', 3;
```

用第3步中的最后一段代码查看结果（即最新的订单）。

5）存储过程 updateOrder。

第三个存储过程名为 updateOrder，其定义如下：

```
Create Procedure updateOrder
@ headId varchar(36) ,
@ note varchar(100)
```

参数说明如下：

@ headId varchar (36)：返回新订单的主键值，用于标识这个订单。

@ note varchar (100)：客户提出的订货要求。

创建好存储过程后，可以用下述代码测试其是否正常工作：

```
Declare @ id varchar(36);
Execute newOrder @ id Output, 'C001', 'P10001', 2;
Execute addGoods @ id, 'P10002', 3;
Execute addGoods @ id, 'P10006', 1;
Execute updateOrder @ id, '要求当天发货'
```

用第 3 步中最后一段代码查看结果（即最新的订单）。

6）触发器的创建。

当用户下订单时，需要在订单头表和订单行表中插入数据，现在要编写一个触发器，当订单行表插入数据时，先检查库存是否足够，如果库存量不足，则插入失败；如果库存量充足，则在商品表的库存中减去订单中的数量，从而保证库存量的正确性。

第 6 章　数据库安全管理

数据库安全是指只有授权用户才能使用数据库中的数据，才能对数据库执行相应的操作。数据库安全管理包含认证和授权两方面内容：一是用户能否登录数据库系统，二是用户能否使用数据库中的数据对象，并执行相应的操作。SQL Server 2012 提供一套完整的安全机制，这些机制包括选择认证模式和认证过程、登录账号管理、数据库用户管理和角色管理等内容。

6.1　安全体系结构

SQL Server 的安全体系结构从顺序上可以划分为以下 4 个等级：

1）客户机操作系统的安全管理。

2）SQL Server 服务器的安全管理。

3）数据库的安全管理。

4）数据库对象的安全管理。

将每个安全等级看作是通过一道门，用户必须要依次经过各项安全检查和身份识别，这种关系可以用图 6-1 来表示。

用一个通俗的例子来做类比，客户机操作系统的安全管理可以类比为进入校园大门；SQL Server 登录的安全管理可以类比为进入教学大楼；数据库的安全管理可以类比为进入某一个教室；数据库对象的安全管理则可以类比为使用教室内的物品。

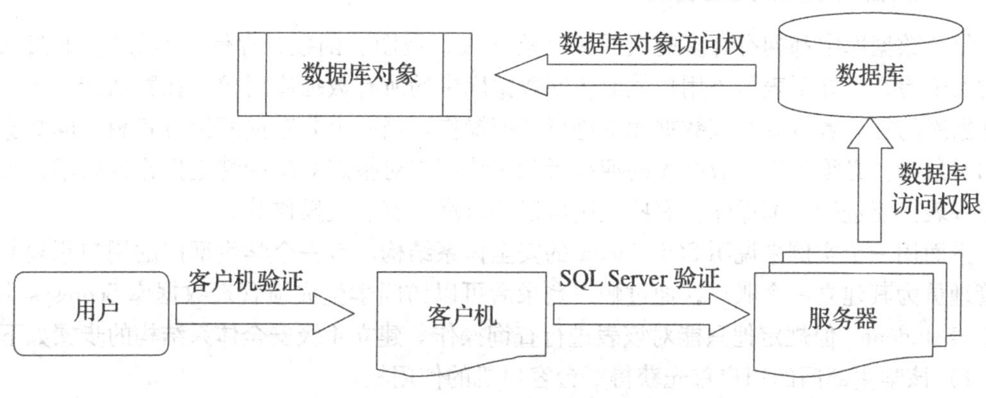

图 6-1　SQL Server 的安全等级连接

6.1.1　客户机操作系统的安全管理

在用户使用客户机通过网络实现对 SQL Server 服务器的访问时，用户首先要获得客户机操作系统的使用权，然后才能登录客户机，访问服务器中的数据库。

客户机操作系统安全管理是操作系统管理员或网络管理员的任务，通过 Windows 服务器操作系统中的用户管理来设置。由于 SQL Server 采用了集成 Windows NT 网络安全的机制，因此操作系统安全的地位得到了提高，但同时也加大了管理数据库系统安全的难度。

6.1.2 SQL Server 服务器的安全管理

SQL Server 的服务器级安全管理建立在控制服务器登录账号和密码的基础上。SQL Server 中的登录账号采用了标准 SQL Server 和集成 Windows NT 两种验证模式。打开 SQL Server Management Studio 时就出现了两种登录连接方式。用户在登录时提供的登录账号和密码，决定了用户能否获得 SQL Server 的访问权，以及在获得访问权后，用户所享有的服务器操作方面的权利（即服务器角色）等。

6.1.3 数据库的安全管理

通过 SQL Server 服务器的安全检验后，用户将直接面对不同的数据库入口，这是用户将接受的第 3 次安全检验。

在建立用户的登录账号信息时，SQL Server 会提示用户选择默认访问的数据库。以后用户每次连接上服务器后，都会自动转到默认的数据库上。如果在设置登录账号时没有指定默认的数据库，则用户的权限将局限在 master 数据库以内。但是由于 master 数据库存储了大量的系统信息，对系统的安全和稳定起着至关重要的作用，因此建议用户在建立新的登录账号时，一定要根据用户实际需要进行的工作，将默认的数据库设置在具有实际操作意义的数据库上。

在默认情况下，数据库的拥有者可以访问该数据库的对象，可以分配访问权给其他用户，以便让其他用户也拥有针对该数据库的访问权利。

6.1.4 数据库对象的安全管理

每个数据库中都拥有许多的数据库对象（表、视图、函数、存储过程等）。通过数据库的安全检查，并不表示该用户就能访问数据库中的所有数据库对象。在默认情况下，只有数据库的拥有者可以在该数据库下进行任何操作。当一个非数据库拥有者想访问数据库中的对象时，必须事先由数据库的拥有者赋予该用户对指定对象的特定操作的权限，如对于有些表只能进行查询操作，有些表则可以进行增、删、改操作等。

下面用一个实例来说明 SQL Server 的安全体系结构。有一个学生部门的用户想要数据库管理员为其建立一个账户，通过账户登录后可以访问学生成绩管理数据库 Scoresys 中的学生表 student，但规定他只能对该表进行查询操作。建立 4 级安全体系结构的步骤如下：

1）该学生部门的用户首先获得一台客户机的使用权。

2）该学生部门的用户通过客户端程序连接运行数据库的服务器 LIPING。

3）用户选择要进行访问的数据库 Scoresys。

4）用户选择要进行访问的数据对象，即对表 student 进行数据查询操作。

我们用图 6-2 来表示上述过程。

关于数据库管理员如何对该用户进行账户设置和权限设置等，将在后面章节中详细介绍。

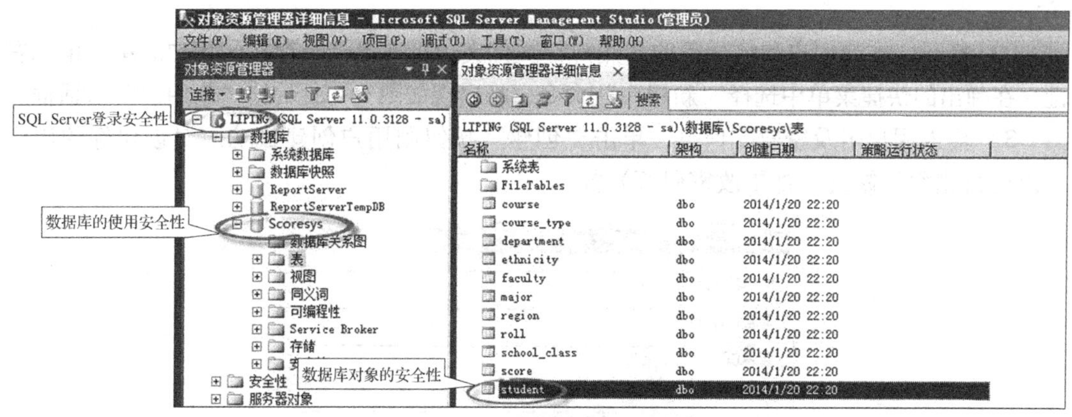

图 6-2　安全等级操作步骤

除了上述 4 个等级的安全体制外，SQL Server 2012 还提出了网络传输的安全机制，对关键数据进行加密，即使攻击者通过了防火墙和服务器上的操作系统到达了数据库，还要对数据进行破解。SQL Server 2012 有两种数据加密的方式：数据加密和备份加密。

1）数据加密执行所有的数据库级别的加密操作，数据在写到磁盘时进行加密，从磁盘读取时进行解密。使用 SQL Server 来管理加密和解密，可以保护数据库中的业务数据而不必对现有的应用程序做任何更改。

2）备份加密是对备份进行加密，以防止数据泄露和被篡改。

6.2　客户机安全认证

客户机安全认证是指用户登录客户机时的账户管理与身份验证管理，其通过 Windows 服务器操作系统中的用户管理来设置，是 SQL Server 安全体系结构中的第一级安全验证。

6.2.1　创建 Windows 用户

创建 Windows 操作系统登录用户的步骤如下：

1）依次打开“控制面板”→“管理工具”→“计算机管理”，出现如图 6-3 所示的窗口。

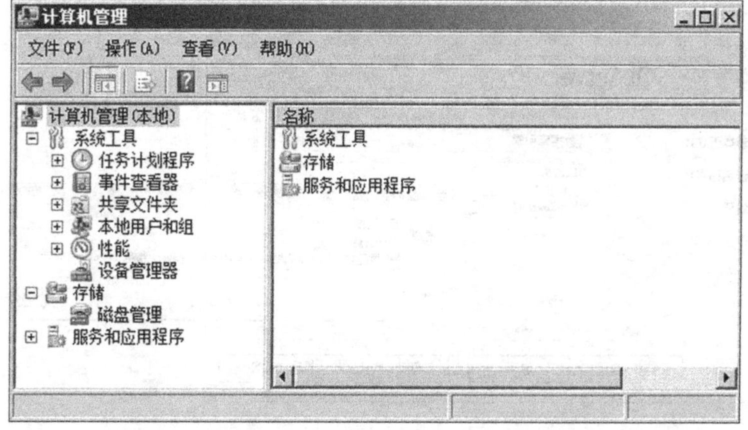

图 6-3　“计算机管理”窗口

2）打开“本地用户和组”下的“用户”文件夹，将列出已经存在的用户。单击鼠标右键，在弹出的快捷菜单中选择“新用户”命令，将出现如图 6-4 所示的“新用户”对话框。

3）输入用户名及密码等信息，单击“创建”按钮则用户创建成功。对创建好的用户可以进行删除和修改（如更改密码等）操作。

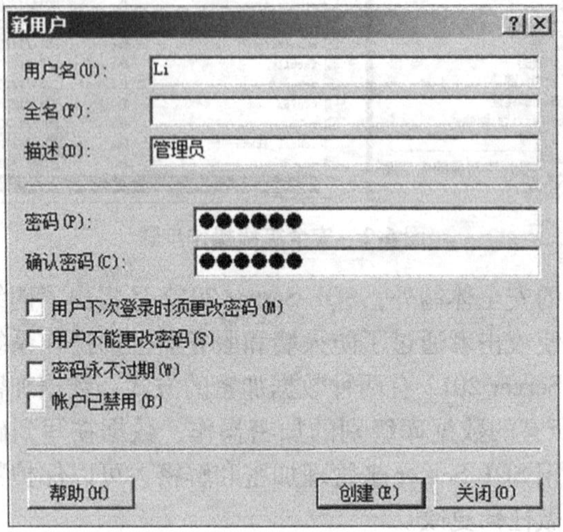

图 6-4　创建操作系统新用户

6.2.2　客户机身份验证

Windows 用户创建成功后，可以使用新建的 Windows 用户名及密码重新启动和登录计算机，或使用“注销”功能将用户切换到新建的 Windows 用户（如之前新建的 Li）。

若登录用户名或密码错误，则客户身份验证失败，否则客户身份验证通过进入 Windows 操作系统。客户机身份验证通过后，只表示用户获得了某台客户机操作系统的使用权，此时的用户还不能访问 SQL Server 服务器，连接过程中将出现如图 6-5 所示的出错信息。这里登录失败的原因是客户机的用户 Li 目前还不是 SQL Server 服务器的认证用户。

图 6-5　服务器连接失败

6.3 服务器安全认证

服务器安全认证也称为 SQL Server 安全认证，是指用户登录服务器时的账号管理与身份验证管理。

SQL Server 支持两种安全验证模式：Windows 身份验证和 SQL Server 身份验证。

使用 Windows 身份验证时，被授权连接 SQL Server 服务器的 Windows 账号或组在连接 SQL Server 时，不需要提供登录账号和密码，SQL Server 认为 Windows 已对该用户做了身份验证。但前提是系统管理员必须先将 Windows 账户或用户组映射为 Windows 账号或组的登录账号。

使用 SQL Server 验证时，系统管理员首先要创建一个登录账号和密码，并将其存储在 SQL Server 中，当用户连接到 SQL Server 上时，必须提供登录账号和密码。

SQL Server 中可以进行安全验证模式的设置，具体步骤如下：

1）选中要设置安全验证模式的服务器，单击鼠标右键，在弹出的快捷菜单中选择“属性”命令。

2）单击进入“安全性”标签。

3）选中“SQL Server 和 Windows 身份验证模式”单选按钮或“Windows 身份验证模式”单选按钮，如图 6-6 所示。设置后，用户必须重新启动 SQL Server 服务，才可以使设置生效。

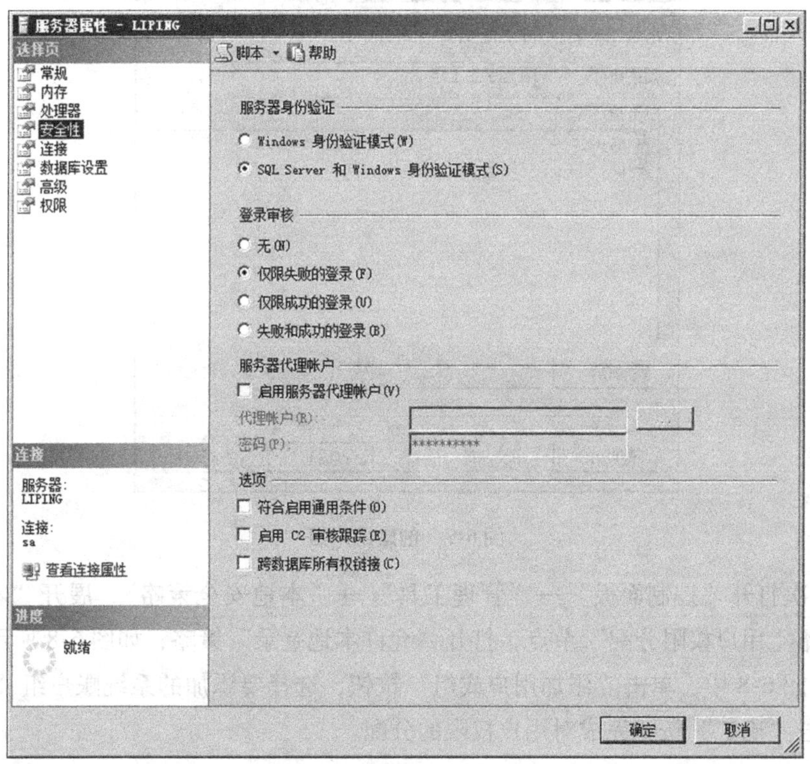

图 6-6　设置安全验证模式

6.3.1 建立服务器登录账号

在创建服务器登录账号时，必须指定该账户是使用 Windows 身份验证还是 SQL Server 身份验证。下面分别介绍两种安全验证模式下登录账号的创建方法。

1. 建立 Windows 身份验证账号

创建 Windows 身份验证账号时可以将一个 Windows 系统用户或用户组映射为一个服务器登录账号。

使用用户组映射登录账号，可以实现将一个用户组中的所有用户快捷地映射到登录账号。在前面的叙述中，已经创建完成了 Windows 系统用户 Li，用同样的方法创建另一个 Windows 系统用户 Huang。下面开始创建 Windows 系统账户组，将所创建的 Li 和 Huang 两个用户加入到组中，并为系统用户组分配用户权限，步骤如下：

1）在如图 6-3 所示的窗口中，右键单击“组”节点，在弹出的快捷菜单中选择“新建组”命令，打开“新建组”对话框，如图 6-7 所示。在“组名”文本框中输入“学生处”，在“描述”文本框中输入“管理学生工作”。

2）单击“添加”按钮，分别将 Li 和 Huang 两个用户添加到用户组“学生处”中。单击“创建”按钮，完成用户组的创建。

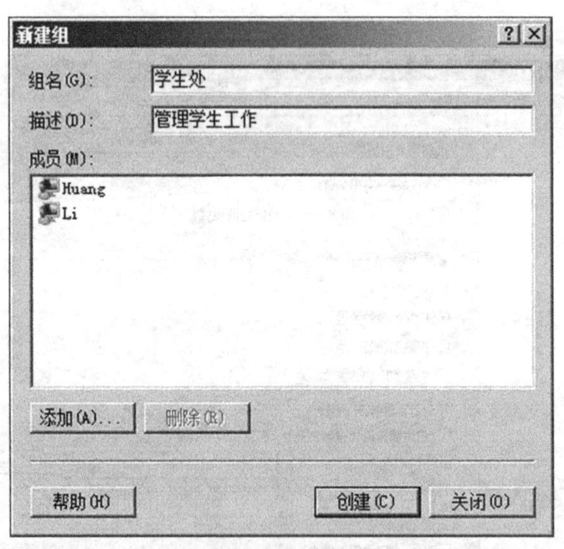

图 6-7　创建用户组

3）依次打开“控制面板”→“管理工具”→“本地安全策略”，展开“本地策略”节点，选择“用户权限分配”节点，打开“允许本地登录”策略，如图 6-8 所示。

4）在图 6-8 中，单击“添加用户或组”按钮，选择要添加的系统账户组“学生处”。然后，单击“确定”按钮完成对用户权限的分配。

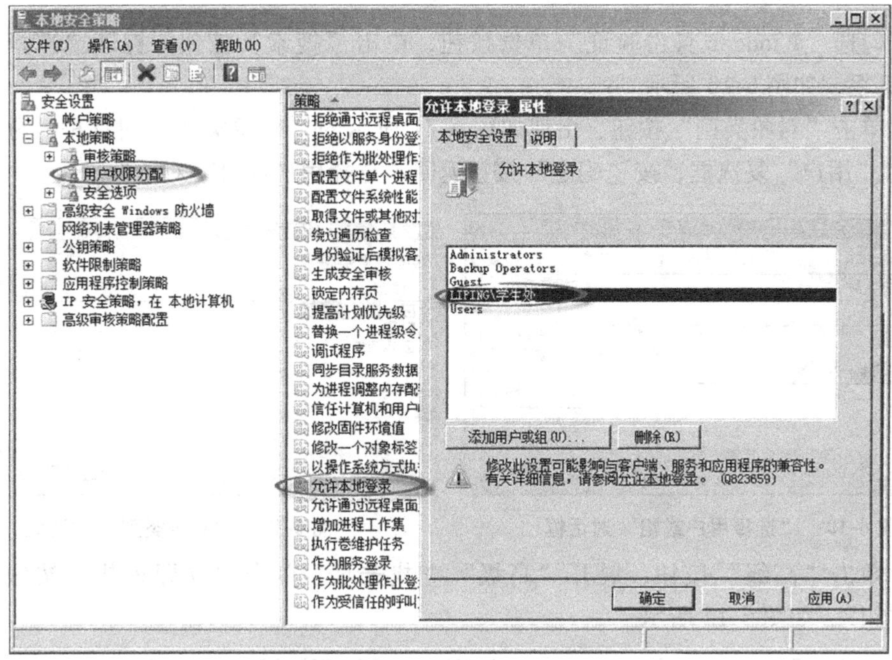

图6-8　为系统用户组分配用户权限

为Windows系统用户组在SQL Server中建立与登录账号之间的映射关系，只有系统管理员（sysadmin）和安全管理员（securityadmin）才可以执行这一操作，创建的步骤如下：

1）在SQL Server Management Studio集成环境的“对象资源管理器”窗口中，展开服务器中的“安全性”节点，右键单击“登录名”，在弹出的快捷菜单中选择“新建登录名”命令，出现如图6-9所示的“登录名-新建”窗口。

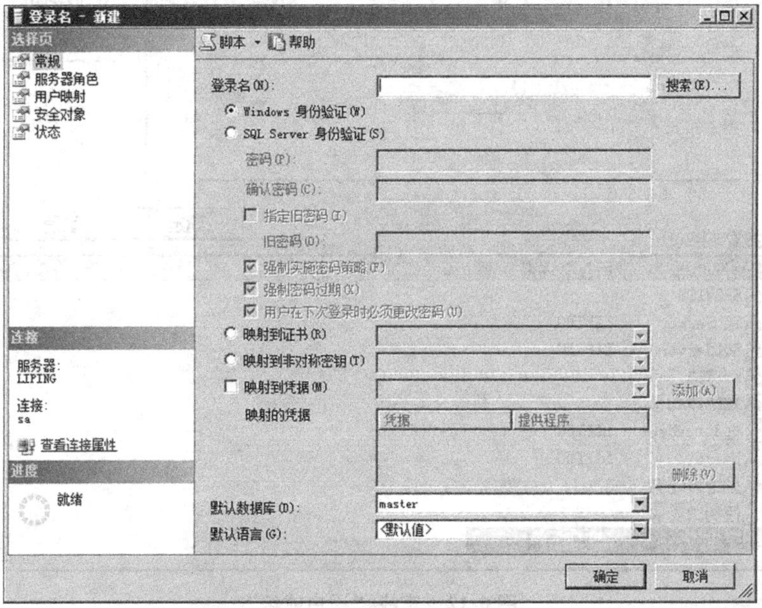

图6-9　“登录名-新建”窗口

2）勾选“Windows 身份验证”单选按钮，单击“搜索”按钮，打开“选择用户或组”对话框，如图 6-10 所示。

3）单击“对象类型”按钮，出现如图 6-11 所示的“对象类型”对话框。分别勾选“组”和“用户”复选框，按“确定”按钮返回“选择用户或组”对话框。

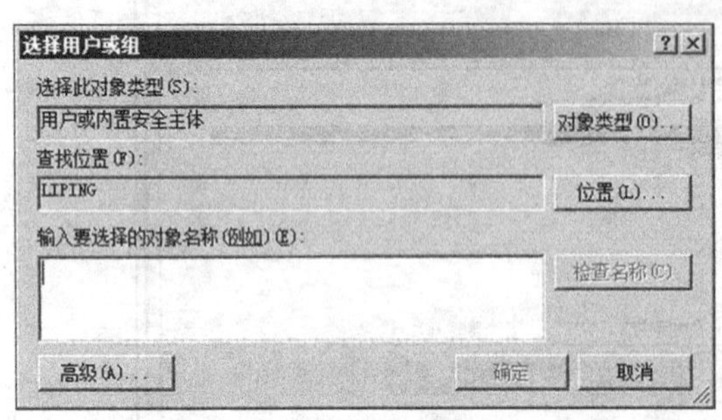

图 6-10　“选择用户或组”对话框

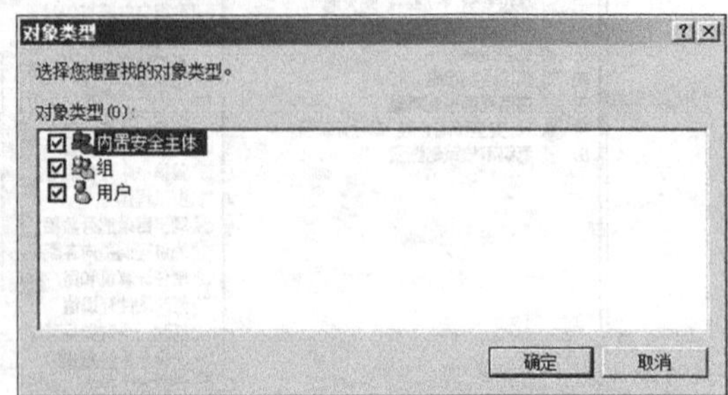

图 6-11　“对象类型”对话框

4）单击“高级”按钮，展开“高级”查找选项，单击“立即查找”按钮，查找“用户或组”，如图 6-12 所示。

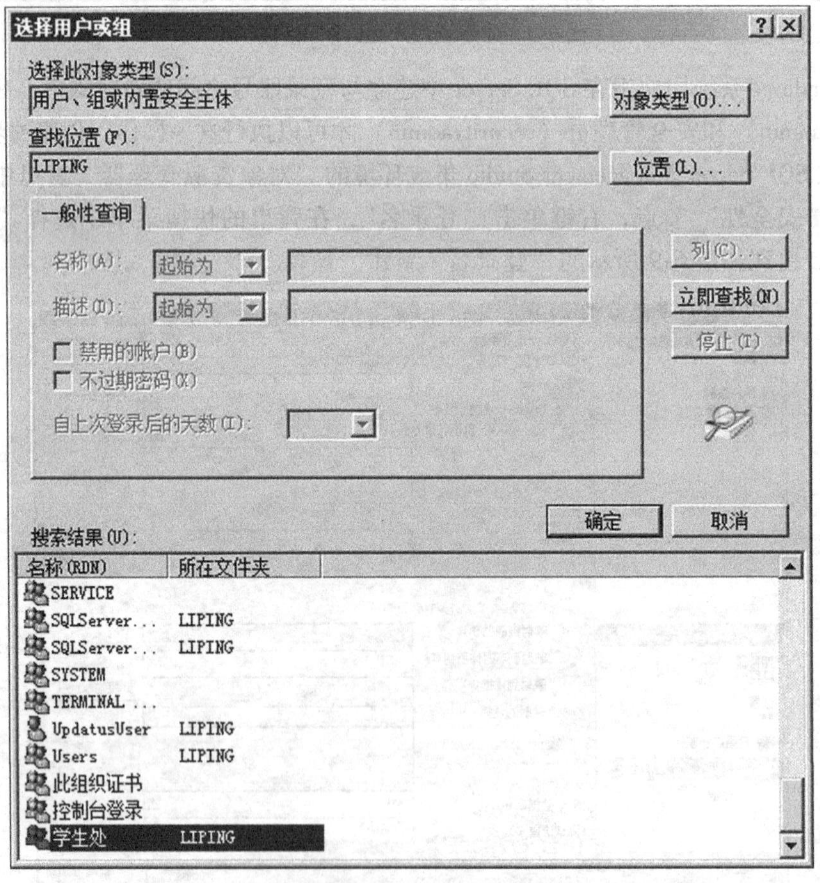

图 6-12　查找“用户或组”

5）选择用户组“学生处”，单击“确定”按钮后返回“选择用户或组”对话框，如图 6-13 所示。

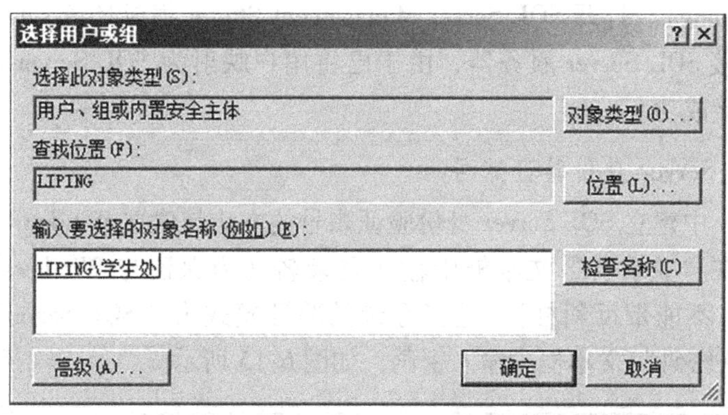

图 6-13　查看“用户或组”

6）选择好“用户或组”后，单击“确定”按钮，返回“登录名 - 新建”窗口，在“默认数据库”和“默认语言”下拉列表框中分别选择默认访问的数据库（如 Scoresys 数据库）和默认语言，如图 6-14 所示。单击“确定”按钮即可完成账号的创建工作。

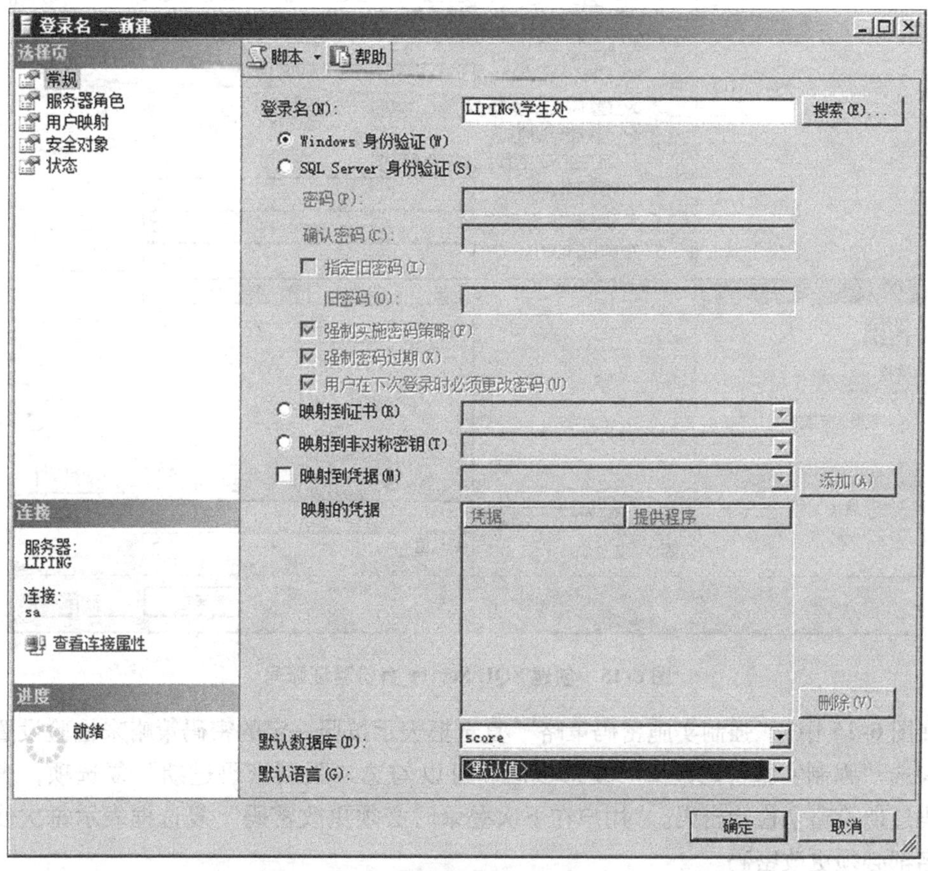

图 6-14　设置默认数据库和默认语言

Windows 身份验证账号创建完成后，使用“学生处”系统用户组中的用户名（Li 或 Huang）重新启动计算机，或使用“注销”功能将用户切换到“学生处”系统用户组中的用户名（Li 或 Huang）。打开 SQL Server Management Studio 集成环境，使用“Windows 身份验证”方式连接 SQL Server 服务器，由于已将用户映射为 SQL Server 服务器的认证用户，因此此次连接成功。

2. 建立 SQL Server 身份验证账号

为 SQL Server 中建立 SQL Server 身份验证账号的方法与建立 Windows 身份验证账号的方法基本相同。在“登录名”文本框中输入登录名（为保证与 Windows 账号名的区别，SQL Server 登录名不能带反斜杠），选择登录的验证模式为“SQL Server 身份验证”。在“密码”和“确认密码”文本框中输入密码，如图 6-15 所示。

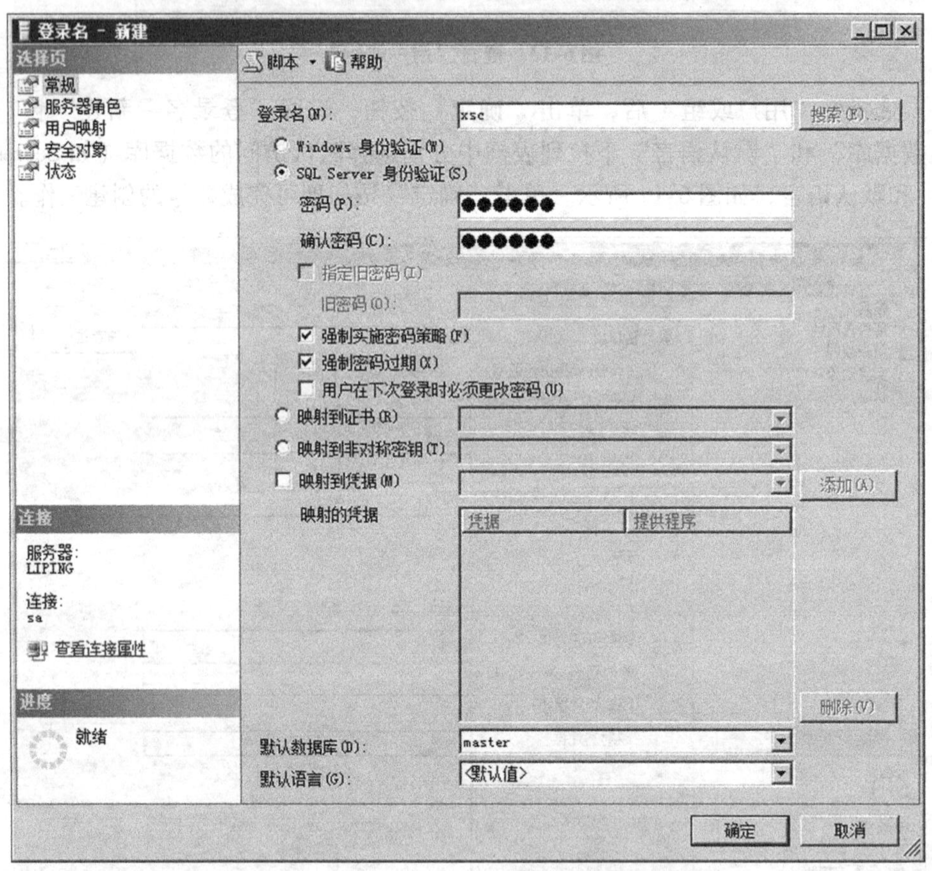

图 6-15　创建 SQL Server 身份验证账号

在图 6-15 中，“强制实施密码策略”复选框表示按照一定的密码策略来检验设置的密码。勾选“强制实施密码策略”复选项后，可以勾选“强制密码过期”复选项，表示使用密码过期策略来检验密码。“用户在下次登录时必须更改密码”复选框表示每次使用该登录名都必须更改密码。

6.3.2　设置账号的服务器角色

服务器角色主要用于在用户登录时，授予在服务器范围内的安全特权。在 SQL Server 2012 中有 9 种固定的服务器角色，其具体含义见表 6-1。

表 6-1　服务器角色

服务器角色	说明
bulkadmin	执行大容量的插入操作
dbCreator	创建、修改、删除和还原数据库
diskadmin	管理磁盘文件
public	每个 SQL Server 登录名都属于 public 服务器角色
processadmin	管理运行在 SQL Server 中的进程
securityadmin	管理服务器的登录名及其属性
serveradmin	配置服务器范围内的设置
setupadmin	安装和删除连接的服务器实例，管理扩展的存储过程
systemadmin	执行 SQL Server 中的任何操作

在“对象资源管理器”窗口中，依次展开“安全性”→“服务器角色”节点，即可查看所有的固定服务器角色，如图 6-16 所示。

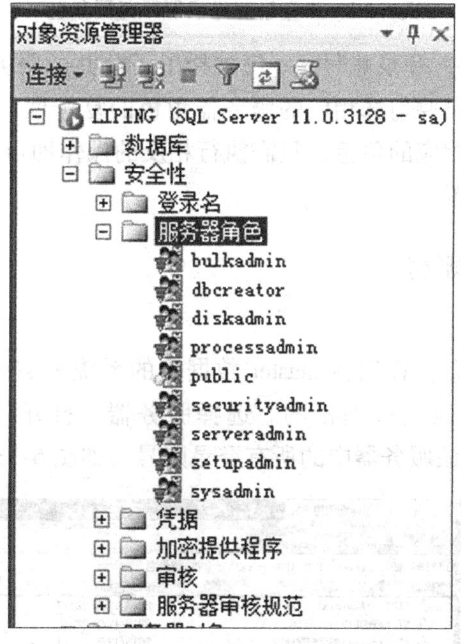

图 6-16　固定服务器角色列表

每种服务器角色代表在服务器上可操作的一定的权限，用户不能更改服务器角色的权限集。在“对象资源管理器”窗口中，右键单击要进行服务器角色设置的登录账户，在弹出的快捷菜单中选择“属性”命令，然后选择“服务器角色”标签，进行服务器角色的设置，如图 6-17 所示。

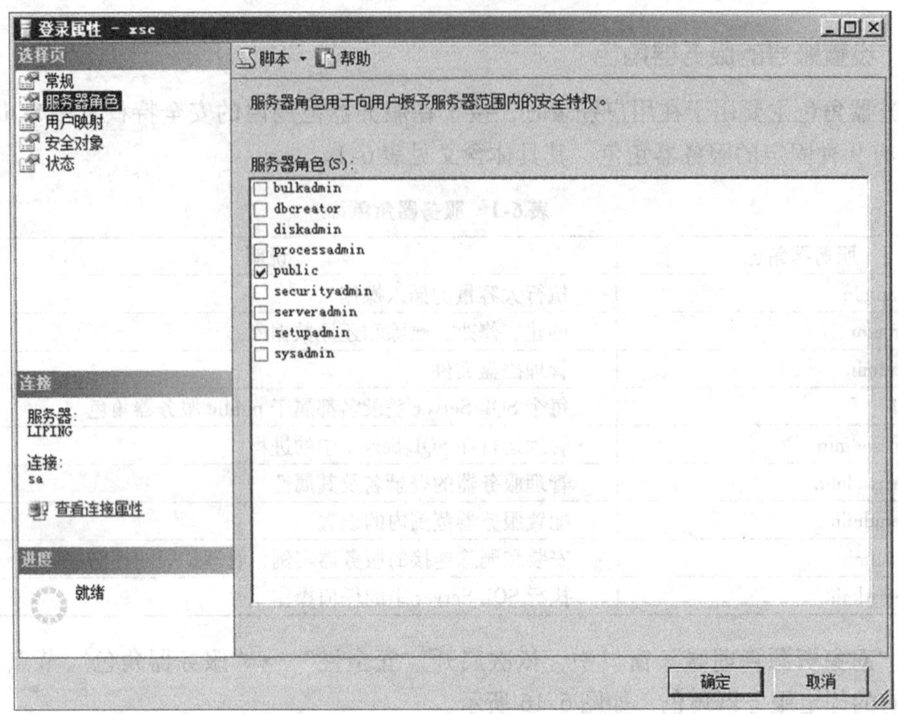

图 6-17　为登录账号设置服务器角色

从图 6-17 中可以看出，登录账号 xsc 仅被授予了公共的服务器角色（即 public），若要授予其他服务器角色，只要勾选相应的服务器角色的复选框，然后单击“确定”按钮，即可完成设置。若要取消相应的角色，只需执行相反的操作即可。在创建登录账户时，也可以对服务器角色进行设置。

6.3.3 管理与使用登录账号

1. 查询登录账号

登录账号是系统级信息，存储在 master 数据库的系统表 sysxlogins 中，可以打开查看所有的登录账号，但其密码是被加密的。选择服务器，打开“安全性”文件夹，展开“登录名”，即可查看当前该服务器中的所有登录账号，如图 6-18 所示。

图 6-18　查询登录账号

在列出的账号中，sa 账号拥有服务器和所有数据库（包括系统数据库和用户自己创建的数据库）的最高访问权限，可以执行服务器范围内的任何操作。而 Administrator 这个 Windows 身份验证账号与 sa 一样，具备相同的最高访问权限。对于这两个账号，必须要设置密码（密码设置不能过于简单，密码推荐不少于 6 位，最好是字母、数字和特殊符号的组合），以防非法用户以最高权限账号登录服务器，破坏数据库中的数据。

2. 修改和删除账号

建立好的账户信息还可以进行修改和删除，利用图形界面修改或删除账户信息与创建账户信息的步骤基本相似，这里不再赘述。

在 SQL Server 中删除账户信息时，有许多限制：

1）系统数据库 sa 不能删除。

2）正在使用的账户不能删除。

3）拥有数据库的账户不能删除。

4）已经映射到数据库用户上的账户不能删除。

3. 使用登录账号连接服务器

使用登录账号连接服务器的具体步骤如下：

1）单击“对象资源管理器”窗口左上角的“连接”按钮，在下拉列表框中选择“数据库引擎”命令，弹出“连接到服务器”对话框，如图 6-19 所示。

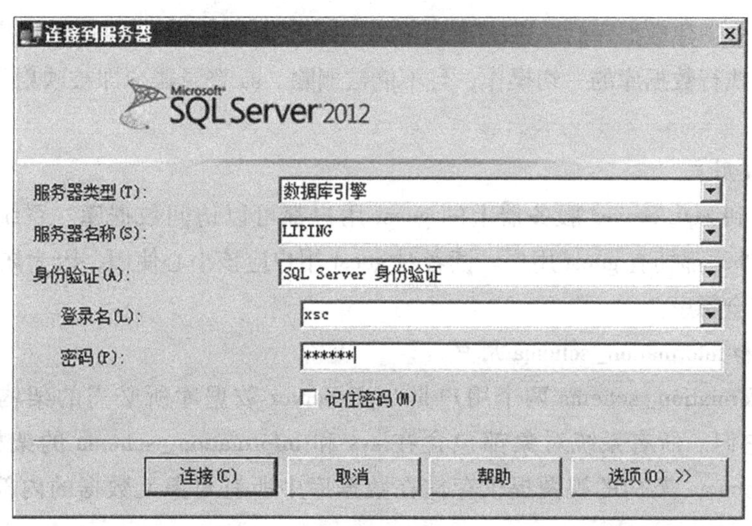

图 6-19　“连接到服务器”对话框

2）在连接中选择身份验证模式。

如果选择“Windows 身份验证”方式，则不需要输入登录名和密码，系统会提取连接服务器的客户机的登录信息，并与 SQL Server 中现已存在的 Windows 账号进行核对、校验。

如果选择“SQL Server 身份验证”方式，则需要输入登录名和密码。

3）连接成功后，即可进入服务器查看其中的数据库及其对象。这里需要注意的是，当服务器安全验证通过后，并不是服务器中的所有数据库都是可以访问的。创建登录账号时可以通过“数据库访问”选项卡设置默认访问的数据库，也可以在指定数据库中创建数据库用户时指定登录账号（将在6.4 节中讲解），使其能访问数据库。此外，进入数据库后对数据库对象具备何种操作权限，这需要进行角色和权限管理（将在6.5 节中讲解）。

6.4 数据库安全认证

当用户通过 SQL Server 账号或 Windows 账号登录数据库后，检验用户权限的下一步就是数据库的访问权。数据库的访问权是通过映射数据库的用户和登录账户之间的关系来实现的。数据库用户用来指出哪一个人可以访问哪一个数据库。当登录账户通过了认证后，必须设置数据库用户才可以对数据库及其对象进行操作。一个登录账户在不同的数据库中可以映射成不同的数据库用户，从而可以具有不同的权限。这种映射关系为同一服务器上不同数据库的权限管理提供了最大的灵活性。

SQL Server 在安装后，自动生成的默认数据库用户有 dbo、guest、sys 和information_schema，这些用户也是系统默认的架构，是创建其他数据库用户的基础。

（1）dbo 用户

当登录账号创建数据库时，系统自动创建 dbo 数据库用户，dbo 是数据库最高权利的拥有者，可以执行数据库的一切操作，且不能被删除。sa 登录账户即被映射为 dbo 数据库用户。

（2）guest 用户

任何登录到 SQL Server 服务器上的 guest 用户都可以访问数据库。系统数据库中除 model 数据库外，都拥有 guest 用户。读者对 guest 用户应该小心使用，因为如果使用不当，则可能带来安全隐患。

（3）sys 和 information_schema 用户

sys 和 information_schema 两个用户是 SQL Server 数据库所必需的架构，用户不能修改和删除它们。所有系统对象都包含在 sys 和 information_schema 的架构中，sys 和 information_schema 架构的视图提供存储在数据库中所有对象元数据的内部视图结构。

6.4.1 创建数据库用户

在“对象资源管理器”窗口中，依次展开“安全性”→“登录名”节点，选择服务器登录账户，如 xsc，然后单击鼠标右键，在弹出的快捷菜单中选择“属性”命令，弹出“登录属性”窗口，选择“用户映射”标签，如图 6-20 所示。

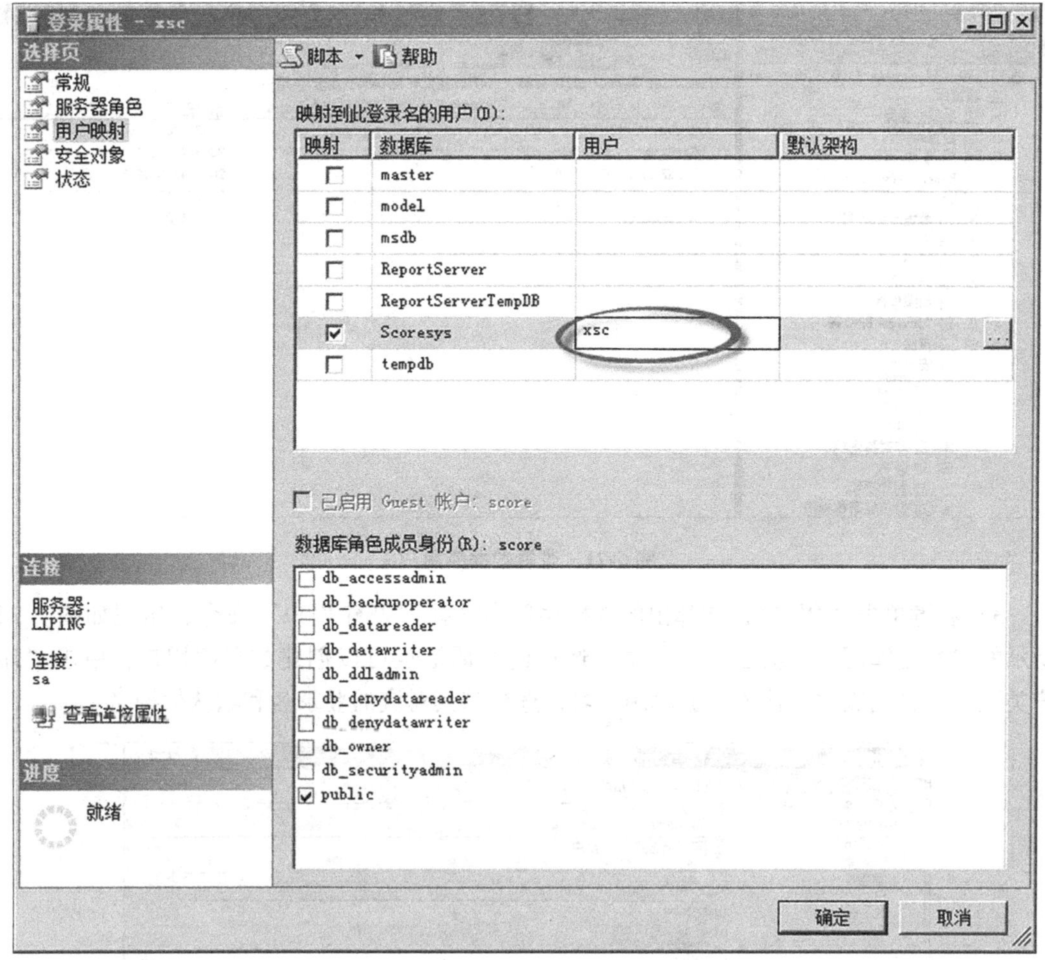

图 6-20　“登录属性”窗口及“用户映射”标签

在“登录属性”窗口中，如果要创建某个数据库的用户，则只要勾选相应的数据库复选框（如勾选 Scoresys 数据库），即可建立起该服务器登录账户与某个数据库之间的映射关系。要取消登录账户与数据库之间的映射关系，则执行相反的操作即可。

创建的数据库用户名在默认情况下与登录账号名同名，也可在“用户”列输入自定义的数据库用户名。

6.4.2　维护数据库用户

使用图形界面维护数据库用户的步骤如下：

1）在“对象资源管理器”窗口中，展开要具体维护的数据库节点，如 Scoresys 数据库。

2）依次展开“安全性”→“用户”节点，可以列出该数据库当前已经存在的数据库用户，如图 6-21 所示。

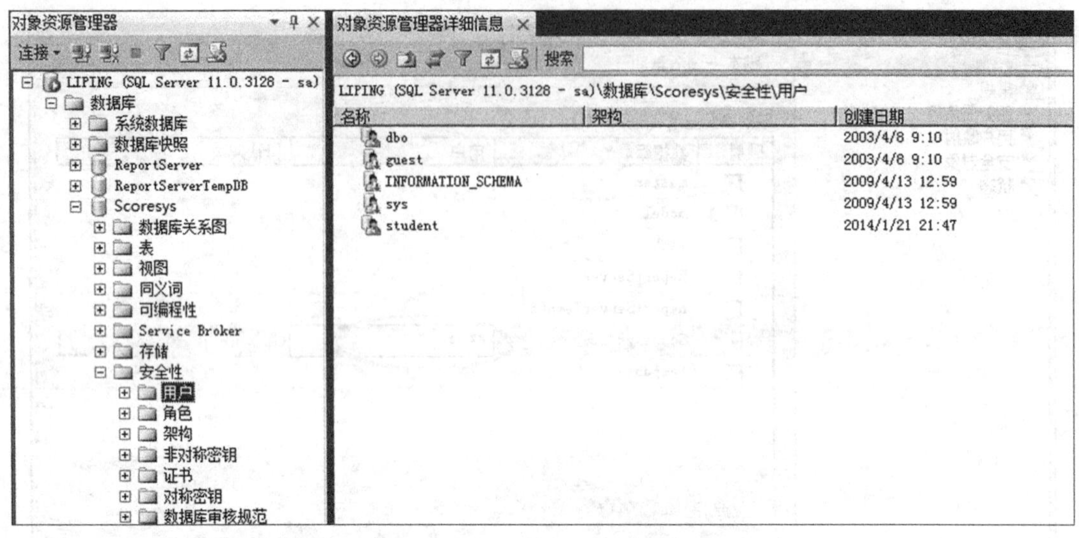

图 6-21　查看数据库用户

3）右键单击"用户"，在弹出的快捷菜单中选择"新建用户"命令，出现如图 6-22 所示的"数据库用户 - 新建"对话框。通过此对话框也可以创建数据库用户，单击"用户类型"下拉列表框，输入数据库用户名，选择与其对应的登录名和默认架构名。

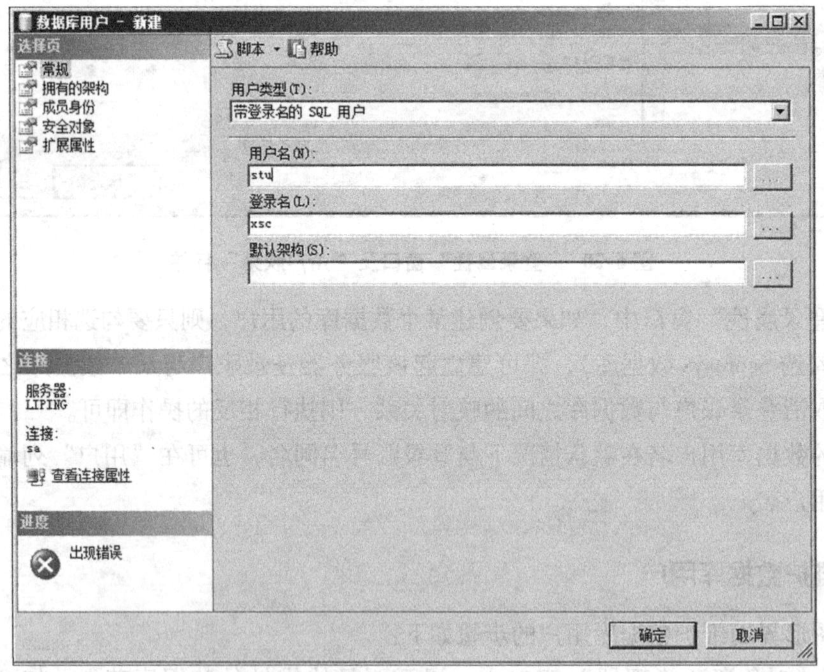

图 6-22　"数据库用户 - 新建"对话框

注意：在新建数据库用户时，不允许使用 sa 这个特殊账号建立数据库用户。另外，同一个登录名不能创建多个数据库用户，否则会出现如图 6-23 所示的错误。

图 6-23 新建数据库用户错误

4）选择需要进行维护的数据库用户（如 student），选择“属性”命令，弹出如图 6-24 所示的“数据库用户 - student”窗口。在该窗口中可以修改“拥有的架构”“成员身份”“安全对象”和“扩展属性”等，实现对数据库用户的综合维护。

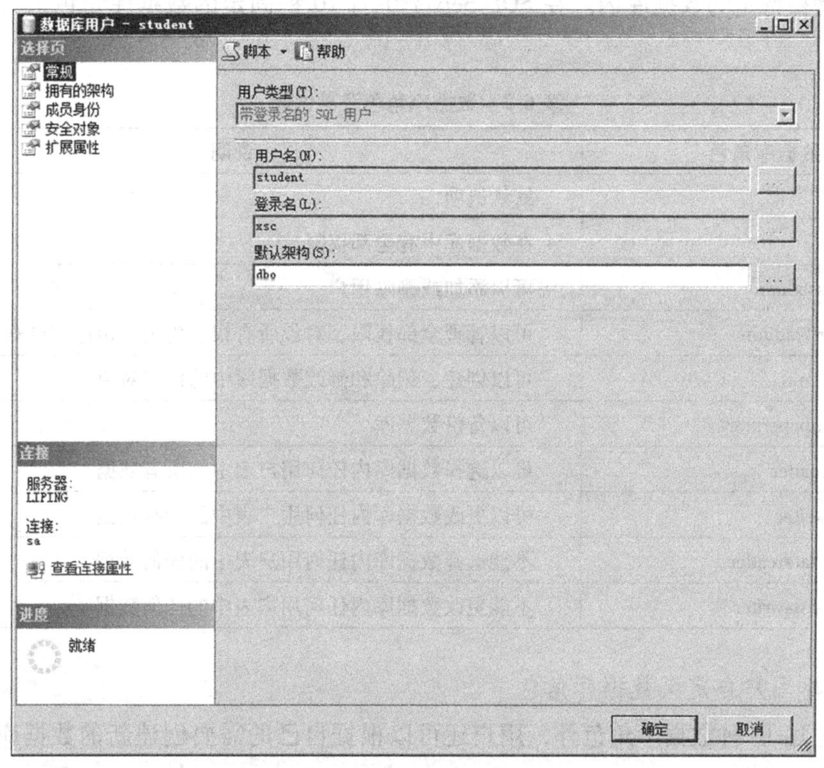

图 6-24 “数据库用户 - student”对话框

5）选择需要进行维护的数据库用户（如 student），选择“删除”命令，可以删除服务器登录账户 xsc 与数据库 Scoresys 之间的映射关系，即删除数据库用户。

6.5 数据库对象安全认证

数据库对象安全认证是通过数据库用户的角色管理和权限管理来实现的。

6.5.1 角色管理

角色是用来集中管理数据库或服务器权限的概念。数据库管理员将操作数据库的权限赋予角色，然后将角色再赋予数据库用户或登录账户，从而使数据库用户或登录账户拥有对数据库操作的权限。在 SQL Server 中有两种角色，即服务器角色和数据库角色。服务器角色是赋予登录账号对服务器的访问权限，数据库角色是赋予数据库用户访问数据库及其对象的权限。服务器角色在前面已经介绍，这里直接介绍数据库角色。

1. 数据库角色简介

数据库角色能为某一用户授予不同级别的管理或访问数据库及其对象的权限。每个数据库都有一组固定数据库角色。虽然每个数据库中都存在名称相同的角色，但各个角色的作用域只是在特定的数据库内。在 SQL Server 中有 10 种固定的数据库角色，其具体说明见表 6-2。

表 6-2　数据库角色及其说明

数据库角色	说明
public	默认选项
db_owner	在数据库中有全部权限
db_accessadmin	可以添加或删除用户
db_securityadmin	可以管理全部权限、对象所有权、角色和角色成员资格
db_ddladmin	可以创建、删除和修改数据库中的任何对象
db_backupoperator	可以备份数据库
db_datareader	可以选择数据库内任何用户表中的所有数据
db_datawriter	可以更改数据库内任何用户表中的所有数据
db_denydatareader	不能选择数据库内任何用户表中的任何数据
db_denydatawriter	不能更改数据库内任何用户表中的任何数据

2. 创建用户自定义数据库角色

除了上述 10 种数据库角色外，用户还可以根据自己的需要创建新的数据库角色，创建过程如下：

1）在“对象资源管理器”窗口中，展开“数据库”节点。选择要自定义数据库角色的数据库，如 Scoresys。

2）依次展开“Scoresys 数据库”→“安全性”→“角色”节点，右键单击“数据库角色”，在弹出的快捷菜单中选择“新建数据库角色”命令，弹出如图 6-25 所示的“数据库角色 - 新建”对话框。

3）在此对话框中，在“角色名称”文本框中输入数据库角色名，选择角色所有者（如 dbo），然后单击“添加”按钮为角色添加数据库用户或其他角色。

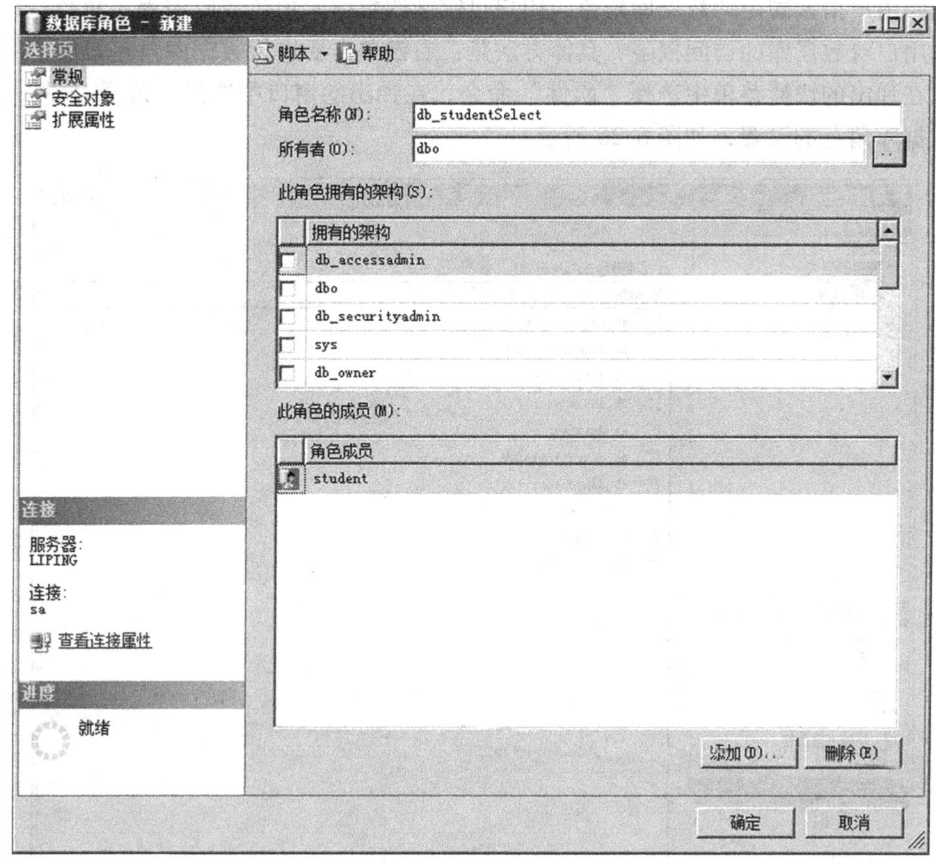

图 6-25 创建数据库角色

4）选择“数据库角色 - 新建”对话框中的“安全对象”标签，可以进行数据库角色的相关权限分配设置（在 6.5.2 节中详细介绍）。权限分配完毕后，单击“确定”按钮完成数据库角色的创建。

3. 应用程序角色

应用程序角色是数据库级别的主体，它能使应用程序用其自身的、类似用户的特权来运行。在使用应用程序角色时，用户仅用 SQL Server 登录名和数据库用户将无法访问数据库对象，必须通过特定应用程序连接的用户才能访问特定数据对象。应用程序角色在默认情况下不包含任何成员，而且是非活动的。使用系统存储过程 sp_setapprole 可以激活并启用应用程序角色。一旦激活了应用程序角色，SQL Server 便将用户作为应用程序来看待，并给用户指派应用程序角色权限。

在 SQL Server 图形界面中创建应用程序角色的方法与用户自定义数据库角色的方法类似，这里不再赘述。

4. 设置数据库用户的数据库角色

数据库用户创建后，默认拥有的数据库角色是 public。可以在数据库创建时或创建后给数据库用户指派固定的数据库角色、用户自定义的数据库角色或应用程序角色，以分配数据库用户对数据库的访问权限，具体方法是：右键单击要进行数据库角色设置的数据库用户，在弹出的快捷菜单中选择“属性”命令，在弹出的窗口中选择“成员身份”标签，进行数据库角色的设置，如图 6-26 所示。

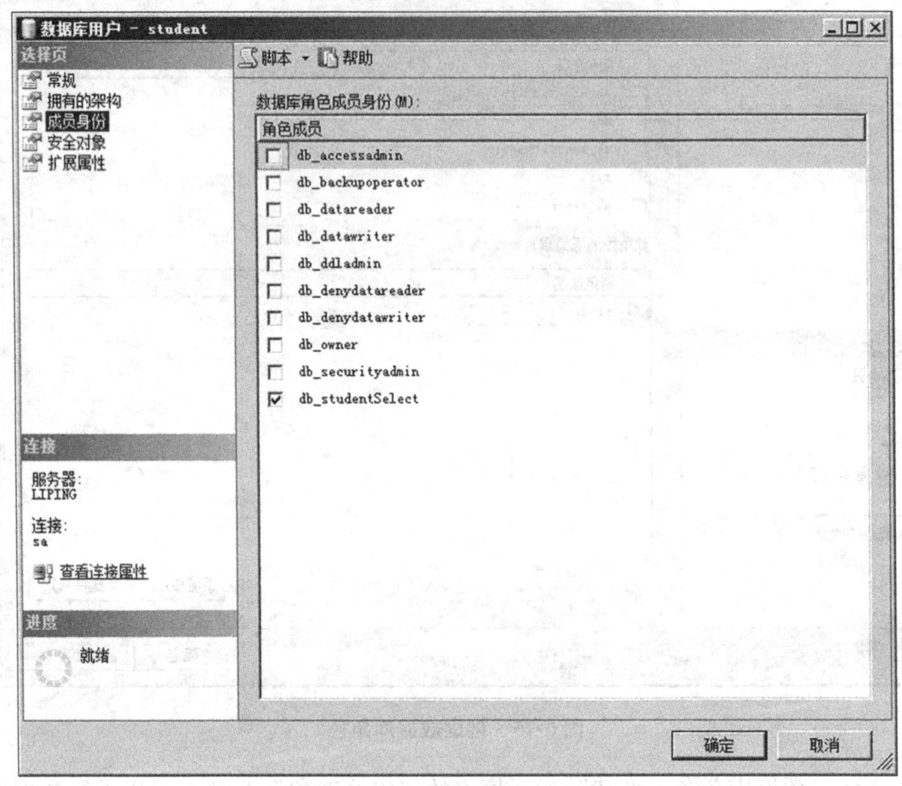

图 6-26 设置数据库角色

6.5.2 权限管理

访问权限设置是 SQL Server 数据库的最后一道安全管理设置，访问权限指明用户可以获得哪些数据库对象的使用权，以及用户能够对这些对象执行哪些操作。

将一个登录名映射为一个数据库用户名，并将用户名添加到某种数据库角色中，就是为了对数据库的访问权限进行设置，以便使不同的登录用户能够完成适合其工作职能的操作。

1. 权限分类

SQL Server 的权限可以分为语句权限、对象权限和隐含权限 3 种。

(1) 语句权限

语句权限是指是否可以执行一些数据定义语句，包括：

①Back Database（备份数据库）

②Backup Log（备份日志）

③Create Database（创建数据库）
④Create Default（创建默认值）
⑤Create Function（创建函数）
⑥Create Procedure（创建存储过程）
⑦Create Rule（创建规则）
⑧Create Table（创建表）
⑨Create View（创建视图）

（2）对象权限

对象权限是指用户对数据库中的表、视图、存储过程等对象的操作权限，包括：
①Select：允许用户对表或视图发出 Select 语句。
②Insert：允许用户对表或视图发出 Insert 语句。
③Update：允许用户对表或视图发出 Update 语句。
④Delete：允许用户对表或视图发出 Delete 语句。
⑤Execute：允许用户对存储过程发出 Execute 语句。

（3）隐含权限

隐含权限是指系统预定义的服务器角色、数据库拥有者、数据库对象所拥有的权限。隐含权限不能明确地赋予和撤销。

2. 权限操作

在 SQL Server 中，用户和角色的权限以记录的形式存储在各个数据库的系统表 sysprotects 中，权限操作分别为授予权限、拒绝访问和撤销权限 3 种状态。当 3 种权限状态出现冲突时，拒绝访问权限将起到绝对的限制作用。

在权限管理中，因为隐含权限是由系统预先定义的，这种权限是不需要设置的，所以，权限的设置实际上是指对访问对象权限和执行语句权限的设置。

3. 权限管理

使用 SQL Server 图形化界面可以管理权限，但对于语句权限和对象权限使用的方法是不同的。首先介绍管理语句权限的步骤：

1）在“对象资源管理器”窗口中，展开“数据库”节点，选择要自定义数据库角色的数据库，如 Scoresys。

2）右键单击该数据库，在弹出的快捷菜单中选择“属性”命令，则出现数据库属性对话框，单击“权限”标签，打开如图 6-27 所示的语句权限管理界面。

3）在语句权限管理界面中可以搜索所有的数据库用户、数据库角色及应用程序角色。可以选中某一个用户或角色，并对其进行授予权限和拒绝访问的操作。图 6-27 中，数据库用户 student 被授予了 Create Database（创建表）的权限，同时被拒绝了 Back Database（备份数据库）的权限。

4）设置完毕后单击“确定”按钮，使设置生效。

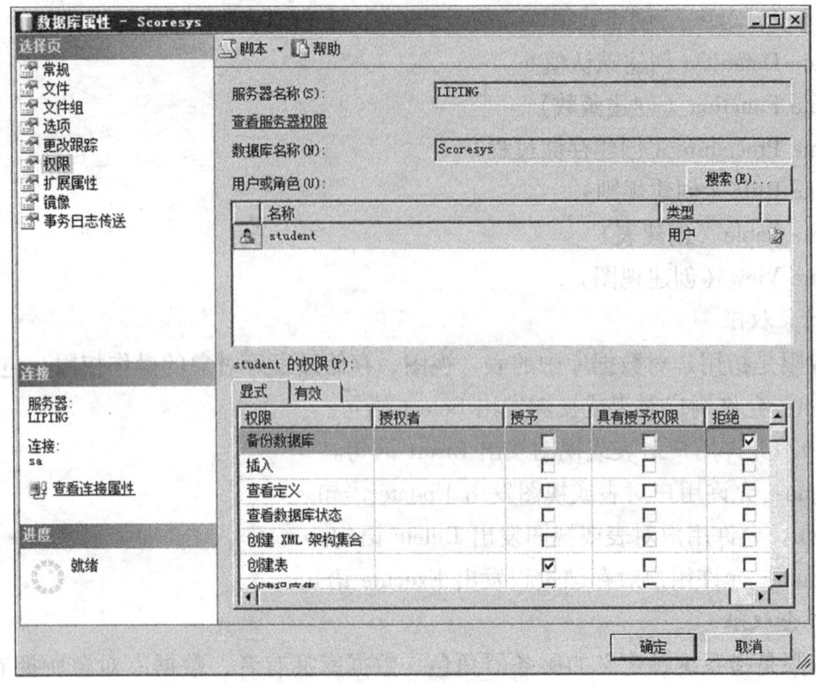

图 6-27　管理语句权限

在管理对象权限中，有两种方法：一种是为数据库用户直接分配权限；另一种是先创建一个数据库角色，为该数据库角色分配相应的对象权限，再将数据库角色添加到数据库用户中。下面以为数据库用户直接分配权限为例，介绍如何管理对象权限，具体步骤如下：

1）打开数据库用户 student 的属性窗体，选择“安全对象”标签，如图 6-28 所示。

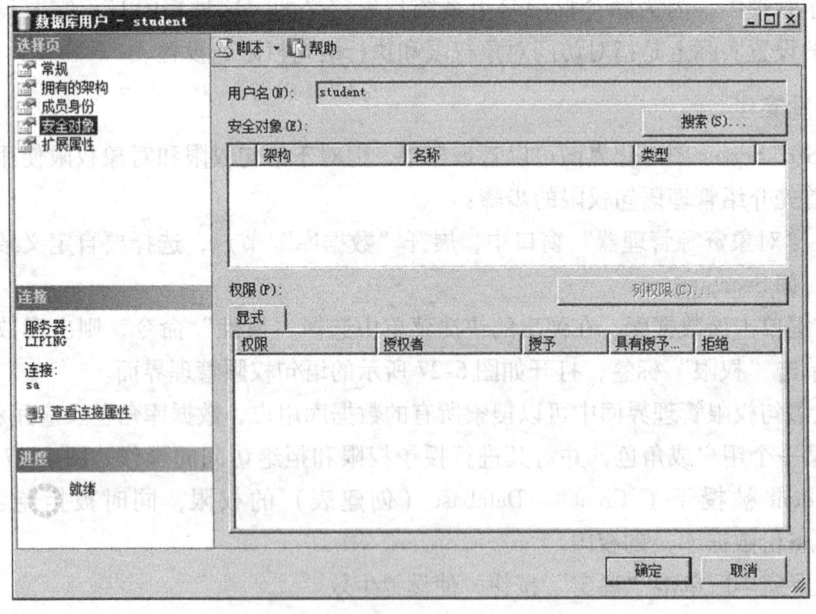

图 6-28　“安全对象”设置窗口

2）单击“搜索”按钮，打开“添加对象”对话框，选择要添加的对象类型，这里选中“特定对象”单选按钮，如图 6-29 所示。

3）单击“确定”按钮，打开“选择对象”对话框，如图 6-30 所示。

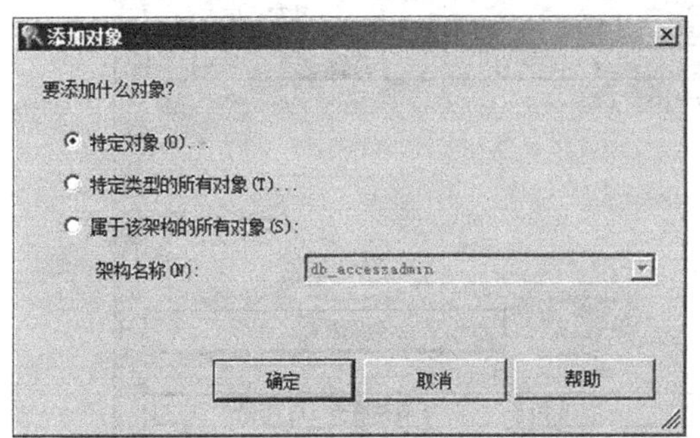

图 6-29　“添加对象”对话框

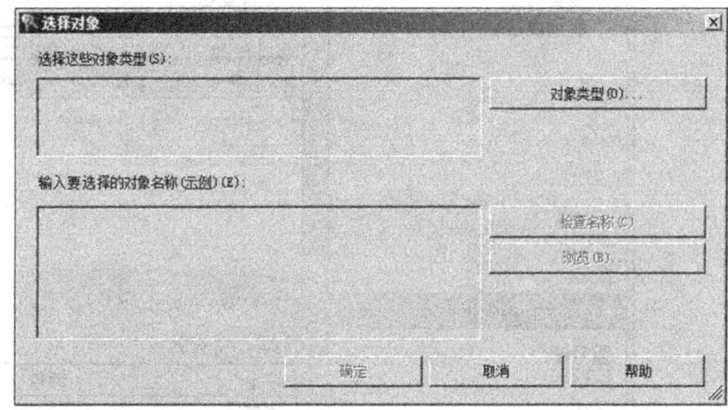

图 6-30　“选择对象”对话框

4）单击“对象类型”按钮，打开“选择对象类型”对话框，如图 6-31 所示。用户可根据需要选择要授予的对象类型，包括数据库、存储过程、表、视图和函数等，这里勾选“表”复选框。单击“确定”按钮，返回“选择对象”对话框。

5）在“选择对象”对话框中，单击“浏览”按钮，打开“查找对象”对话框，如图 6-32 所示。这里仅勾选学生表 student，然后单击“确定”按钮，返回“选择对象”对话框。

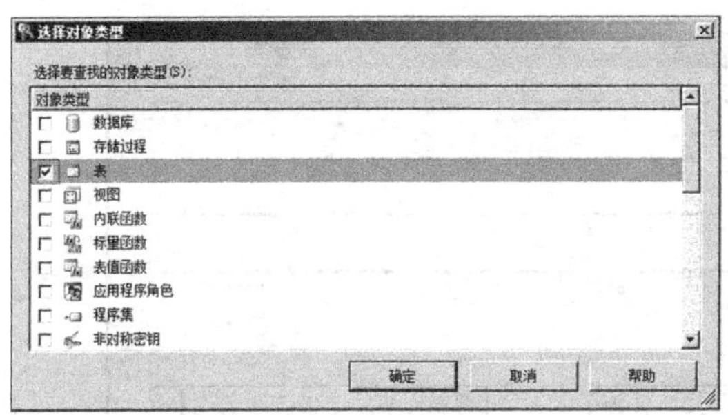

图 6-31　“选择对象类型”对话框

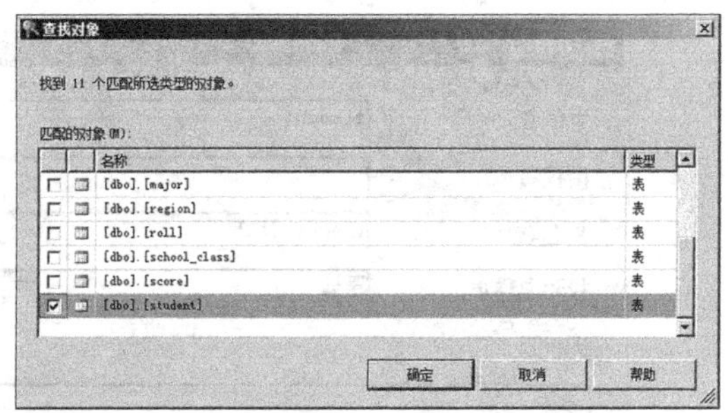

图 6-32　“查找对象”对话框

6）此时单击“选择对象”对话框中的“确定”按钮，返回数据库用户“安全对象”设置窗口，如图 6-33 所示。

7）在“安全对象”设置窗口中，可以对数据表进行访问权限的设置。图 6-33 中给出了 student 数据库用户对学生表的权限设置，授予其对学生表的选择和更新权限，拒绝其对学生表的删除权限。

8）如果对用户表授予更新和引用权限后，还可以具体设置用户访问列的权限。例如，在图 6-33 中，在“安全对象”设置窗口中选择学生表，然后在权限设置选项中授予更新 Update，再单击“列权限”按钮，即可打开如图 6-34 所示的“列权限”对话框。这里将数据列 password 设置为“拒绝”。

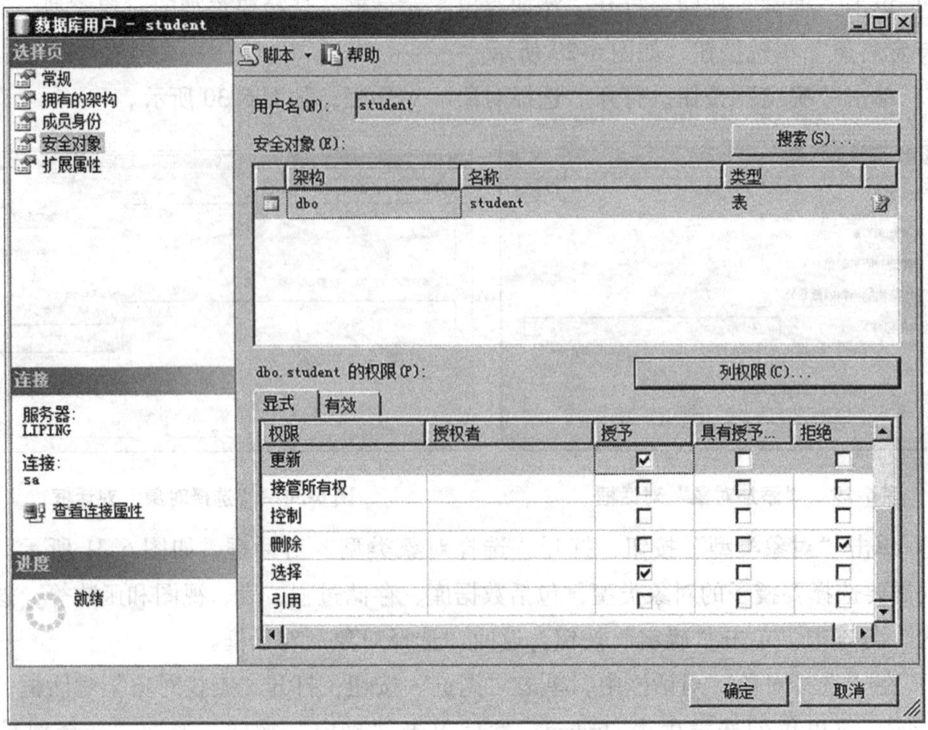

图 6-33 访问权限的设置

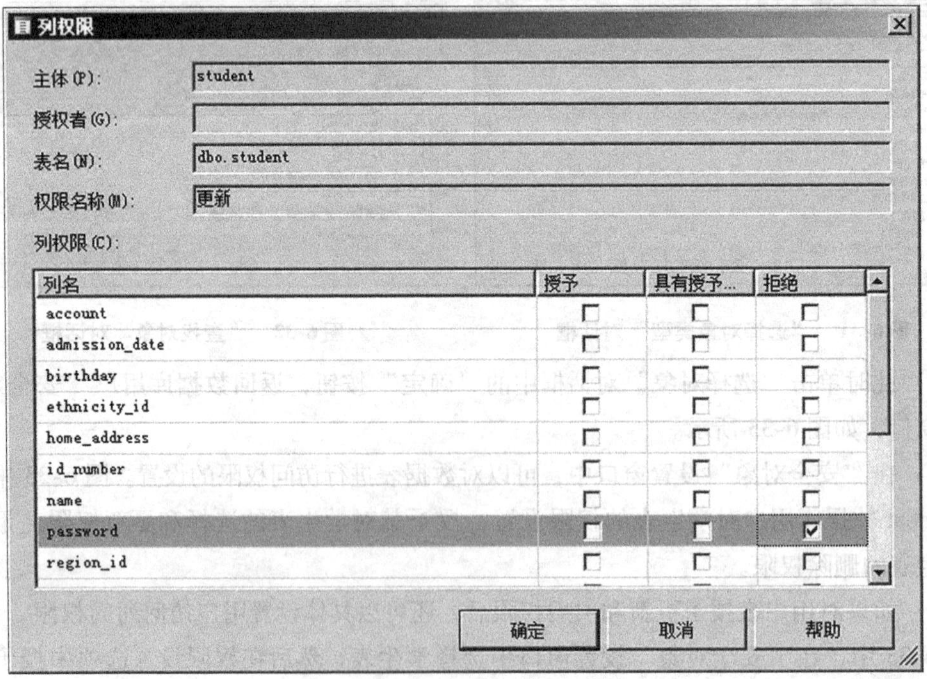

图 6-34 “列权限”对话框

9）设置完毕后单击“确定”按钮，完成对数据库用户 student 的权限设置。

上述操作过程，也可以先创建一个数据库角色，为该数据库角色分配相应的权限，再将数据库角色添加到数据库用户中。操作过程与前述过程基本类似，这里不再赘述。

另一方面，也可以从用户表的角度来完成同样的操作。步骤简要如下：双击学生表，弹出表属性对话框，选择“权限”标签，打开权限对话框。单击“搜索”按钮，选择数据库用户或角色，为数据库用户 student 赋予查询表和更新表的权限，拒绝其删除表的权限，如图 6-35 所示。

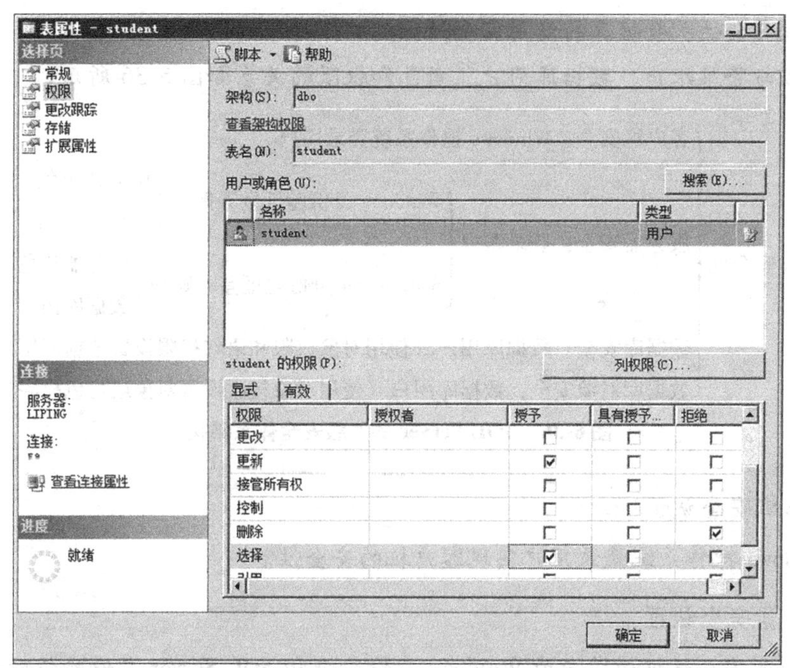

图 6-35　在“表属性 - student”窗口中设置权限

与权限管理相关的 SQL 语句有 Graint、Remove 和 Deny3 种。读者可以参阅 SQL Sever 联机手册了解它们的使用方法。

最后，再来回顾一下本章开始的那个问题：学生部门的用户想要数据库管理员为其建立一个账户，通过账户登录后他可以访问学生成绩管理数据库 Scoresys 中的学生表 student，但规定他只能对该表进行查询操作。

前面讲解了建立 4 级安全体系结构的步骤，下面介绍数据库管理员对该用户进行账户设置和权限设置的步骤：

1）在登录账号中创建一个登录账户（属于 SQL Server 身份验证方式）。

2）在学生成绩管理数据库 Scoresys 中创建一个数据库用户（注意数据库用户名不能为 dbo 或 guest），将该数据库用户与登录账户进行映射。

3）为数据库用户设置权限，设置权限的方法有两种：一种是直接为其分配相应的权限；另一种是先创建一个数据库角色，为该数据库角色分配相应的权限，再将数据库角色添加到数据库用户中。

本章小结

本章围绕 SQL Server 的 4 级安全体系结构，介绍了 SQL Server 中登录账户、数据库用户、角色和权限的概念及相互关系，全面分析了 SQL Server 系统的安全管理内容。

1. SQL Server 的 4 级安全体系结构

SQL Server 的安全体系结构可以划分为 4 个等级，即客户机操作系统的安全性、SQL Server 的登录安全性、数据库的使用安全性和数据库对象的使用安全性。

4 个等级与登录账户、数据库用户、角色和权限的关系如图 6-36 所示。

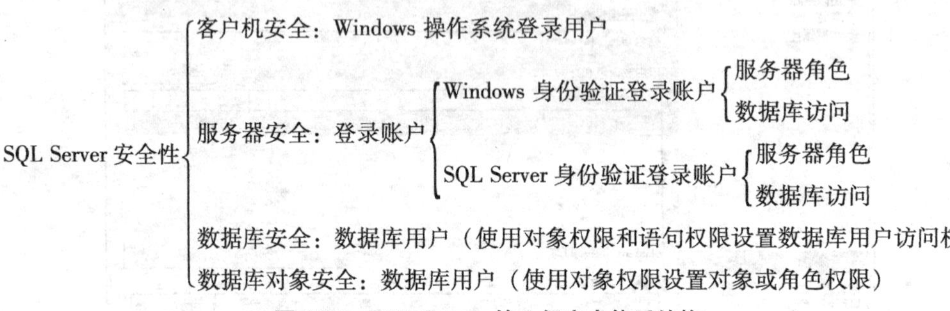

图 6-36　SQL Server 的 4 级安全体系结构

2. 客户机安全认证

用 Windows 操作系统登录用户实现客户机的安全性。

3. 服务器安全认证

SQL Server 安全认证模式分为 Windows 身份验证和 SQL Server 身份验证两种方式。创建登录账号时也分为两种验证模式的账号。

4. 数据库安全认证

数据库的访问权是通过映射数据库的用户和登录账户之间的关系来实现的。数据库用户用来指出哪一个人可以访问哪一个数据库。当登录账户通过认证后，必须设置数据库用户才可以对数据库及其对象进行操作。一个登录账户在不同的数据库中可以映射成不同的数据库用户，从而具有不同的权限。

5. 数据库对象安全认证

数据库对象安全认证是通过数据库用户的角色和权限来实现的。

(1) 角色

角色分为服务器角色和数据库角色。服务器角色是 SQL Server 赋予用户对服务器操作的权限，分为 8 种。数据库角色是 SQL Server 赋予用户对数据库操作的权限。在 SQL Server 中有 10 种固定的数据库角色。除了 10 种固定数据库角色外，SQL Server 允许创建新的数据库角色。

(2) 权限

权限分为以下 3 种：对象权限（指用户对数据库中的表、视图、存储过程等对象的操作权限)、语句权限（指执行数据定义语句的权限）和隐含权限（指系统预定义的服务器角色、数据库拥有者、数据库对象所拥有的权限)。

习题 6

1）SQL Server 2012 中的安全体系结构分为哪几个等级？

2）简述 SQL Server 2012 的登录验证模式。

3）登录 SQL Server 2012 可以使用哪两类登录账号？

4）什么是服务器角色？什么是数据库角色？

5）简述数据库用户的作用及其与服务器登录账号的关系。

6）简述 SQL Server 2012 中的 3 种权限。

实训 6　在线电子商店数据库的安全管理

经过 5 个实训，在线电子商店数据库已经基本完成。本实训是对在线电子商店数据库的安全进行设计和实施。

1. 安全管理

在 SQL Server 中，安全有 4 个层次的考虑，其目的都是为了让数据不被非法用户有意或无意地访问和修改。

如第 1 章的需求分析中所述，客户分为两类，一类是网上客户，另一类是公司员工。根据客户的具体要求，为前者（网上客户）开发一个 B/S 结构的动态网站，满足网上客户访问电子商店的需求，为后者（公司员工）开发一个基于 C/S 结构的客户端应用程序。

为了保障数据库的安全，需要为这两个应用程序（动态网站和客户端应用程序）分别各建立一个登录账号，并为之设置相应的安全权限。

2. 实训内容和要求

(1) 实训内容

根据第 3 章实训 3 的结果（即初始化后的数据库)，为了保证数据结构的正确性，采用教师提供的实训 3 的参考答案，读者在这个基础上进行本次实训。

(2) 实训步骤

本实训根据上述数据，按照要求逐步进行，每完成一步，进行检查，通过后再进行下一步。

1）生成数据库、数据表结构以及初始化数据。

这一步由本软件自动完成（采用实训 2 的数据库和实训 3 的初始数据。完成后刷新一下，即可看到新的数据库，以及 7 张表及其数据)。

注意：如果原来已经存在 eshop 数据库，则不能在 SQL Server 中打开它，因为这一步需要删除这个数据库，然后重建。

2）C/S 应用程序的权限。

创建一个 SQL Server 类型的账号，登录名为 cs，初始密码为 cmp#wx（Shop），其访问权限见下表：

表名	权限	说明
角色表 shop_role	选择	由管理员负责修改
员工表 shop_employee	选择	由管理员负责修改
客户表 shop_customer	选择	客户表由客户自行注册，普通员工不能修改
商品类别 shop_goods_category	选择、插入、更新、删除	
商品表 shop_goods	选择、插入、更新、删除	
订单头表 shop_order_head	选择、插入、更新、删除	
订单行表 shop_order_line	选择、插入、更新、删除	

3）B/S 应用程序的权限。

创建一个 SQL Server 类型的账号，登录名为 www，初始密码为 3w@ shop（wx），其访问权限见下表：

表名	权限	说明
角色表 shop_role	无任何权限	由管理员负责修改
员工表 shop_employee	选择	由管理员负责修改
客户表 shop_customer	选择、插入、更新、删除	客户表由客户自行注册
商品类别 shop_goods_category	选择	
商品表 shop_goods	选择	
订单头表 shop_order_head	选择、插入、更新、删除	
订单行表 shop_order_line	选择、插入、更新、删除	

第 7 章　数据库维护

当数据库创建实施成功后，尽管数据库系统中采取了各种保护措施来防止数据库的安全性和完整性被破坏，保证并发事务的正确执行，但是，计算机系统中硬件的故障、软件的错误、操作员的失误以及恶意的破坏仍是不可避免的。因此，数据库管理系统必须具有把数据库从错误状态恢复到某一已知的正确状态的功能，这就必须依赖于一系列的数据库维护与管理机制。数据库的维护和管理主要由数据库管理员来完成，本章将围绕数据库管理员的日常维护工作展开，主要包括数据库的分离与附加、数据库的备份与恢复、数据库的导入与导出、数据库和数据表的各类维护等。

7.1　数据库的分离与附加

当数据库的数据更新后，需要及时备份数据库。由于 SQL Server 数据库与其运行环境附加在一起，因此，当用户想通过将数据库文件及事务日志文件以复制、粘贴的方式进行数据库备份时，必须先对其进行分离，分离后的数据库必须通过“附加”操作，才能与 SQL Server 服务器关联在一起。

7.1.1　数据库的分离

分离数据库可以使数据库从 SQL Server 服务器中删除，并将数据库文件和日志文件保存在磁盘上。

在分离数据库前，通过“对象资源管理器”窗口展开“数据库”节点，右键单击需要分离的数据库（如学生成绩管理数据库 Scoresys），选择“属性”命令，单击“文件”标签可以查看数据库文件和日志文件在磁盘中的位置，如图 7-1 所示。

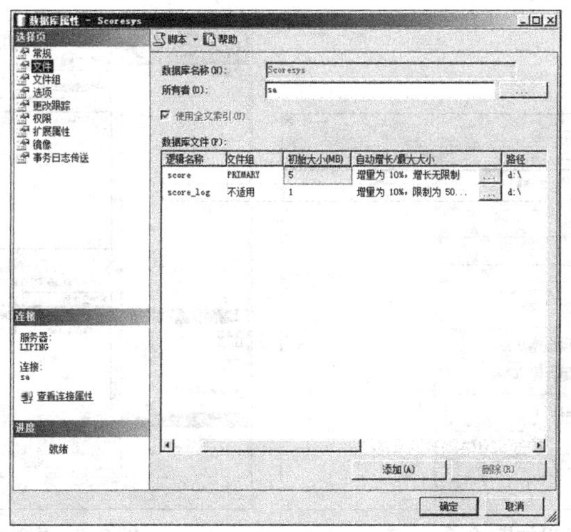

图 7-1　查看文件位置

分离数据库的具体步骤如下：

1）在“对象资源管理器”窗口中展开“数据库”节点，右键单击需要分离的数据库，在弹出的快捷菜单中选择“任务”→“分离”命令，如图 7-2 所示。

2）在弹出的“分离数据库”窗口，单击“确定”按钮即可完成数据库的分离，如图 7-3 所示。

注意：当数据库正在使用时，数据库是无法分离的。

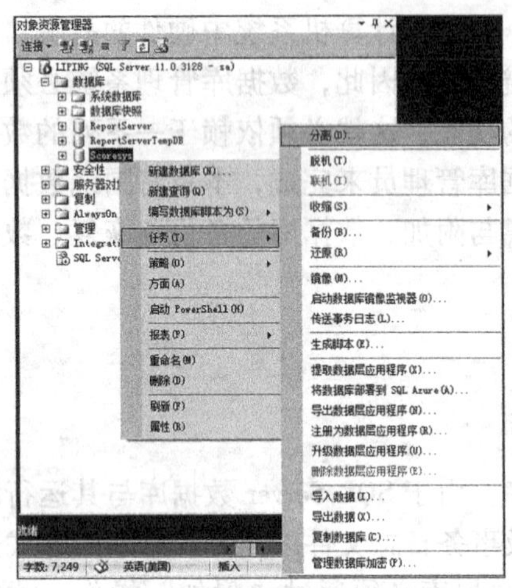

图 7-2　选择“分离”命令

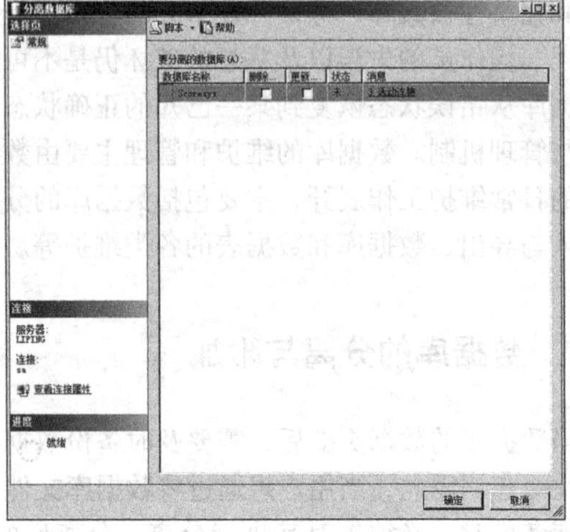

图 7-3　“分离数据库”窗口

7.1.2　数据库的附加

在 SQL Server 中附加数据库的操作步骤如下：

1）在“对象资源管理器”窗口中，右键单击“数据库”节点，在弹出的快捷菜单中选择“附加”命令，如图 7-4 所示。

2）在弹出的“附加数据库”窗口中，单击“添加”按钮，如图 7-5 所示，弹出“定位数据库文件”窗口，选择要附加的数据库文件（如 Score. mdf），然后单击“确定”按钮即可完成数据库的附加操作。

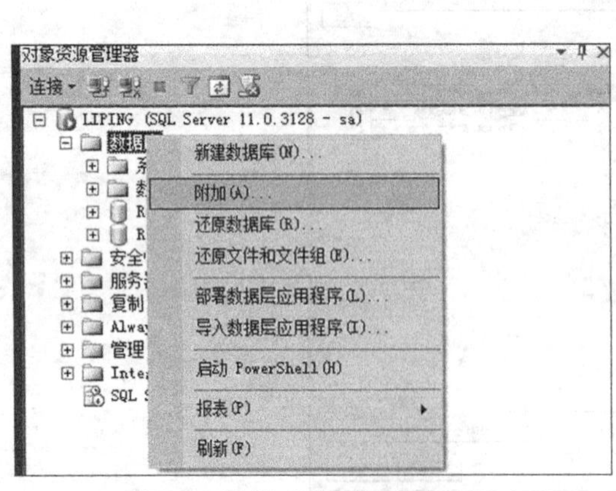

图 7-4　选择“附加”命令

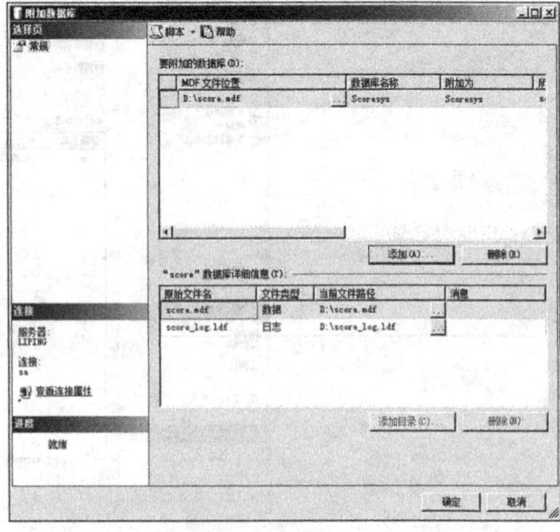

图 7-5　“附加数据库”窗口

7.2　备份与恢复

数据库附加与分离是在数据库没有发生故障，且数据库文件没有遭到损坏的前提条件下，快速地移植数据库。但是，在数据库发生故障的情况下，就需要通过数据库的备份与恢复机制来降低因意外原因而导致的损失。

数据库备份是对数据库结构、对象和数据进行复制，以便使数据库在被破坏时能进行还原。数据库恢复是指将备份的数据库重新加载到数据库服务器中。

7.2.1　常见数据库故障

可能造成数据损失或发生数据库故障的因素很多，主要分为以下几个方面。

1）硬件故障：保存有数据库文件的磁盘驱动器损坏。

2）用户错误或恶意操作：用户无意或恶意地在数据库上进行了非法操作，如错误地使用 Update 和 Delete 语句。

3）应用程序 Bug：由于应用程序本身的问题而导致数据库的数据丢失和数据改动等。

4）服务器系统崩溃：装有数据库的服务器发生系统故障，如感染计算机病毒等。

5）发生自然灾害：如火灾、洪水和地震等。

7.2.2　数据库备份设备

数据库备份设备是用来存储备份数据的存储介质，所谓备份就是复制数据库结构、对象和数据，将其存放在备份设备上，以便在数据库遭到破坏的时候能够恢复数据库。而数据库恢复则是指将数据库备份设备中的备份数据重新加载到系统中。

常见的备份设备类型包括磁盘备份设备、磁带备份设备和命名管道设备。

1. 磁盘备份设备

磁盘备份设备以硬盘等磁盘设备为存储介质，按操作系统文件进行管理。可采用本机磁盘为磁盘备份设备，也可采用网络远程磁盘为磁盘备份设备。若是网络设备，则需使用统一的命名方式（UNC）来引用此文件，即“:\\远程服务器名\共享目录名\文件名”。由于要防止因服务器或存储器故障而导致的数据库崩溃，因此数据库备份最好存放在网络远程服务器上。

2. 磁带备份设备

在大中型企业管理模式中，磁带机是必备的设备。在使用磁带备份设备时，必须有磁带物理地安装到运行 SQL Server 实例的计算机上，即磁带备份不支持远程网络设备备份。如果在执行备份操作的过程中，磁带备份设备被写满，则 SQL Server 会提示用户更换新的磁带，然后继续进行备份操作。有关磁带机的安装与使用可参考磁带机厂商的使用说明书。

3. 命名管道设备

命名管道设备是微软专门为第三方软件供应商提供的一种备份和恢复方式。命名管道不能通过SQL Server Management Studio图形化界面形式来建立和管理，若要将数据备份到一个命名管道设备上，则必须在Backup或Restore中提供管道名。

7.2.3 备份方式

备份需要经常进行，并进行有效的数据管理。SQL Server可以进行在线备份，即可以一边进行备份，一边进行其他操作，但一般在非高峰活动（如用户少、负载低）时的备份效率较高，而在如下情况下不可以进行数据库的备份：创建或删除数据库文件；创建索引；执行非日志操作；自动或手动缩小数据库或数据库文件的大小。

针对数据库系统的不同情况，SQL Server 2012提供了4种备份方式。

1. 全库备份

全库备份是指对整个数据库的完整备份，包括所有的数据以及数据库对象。全库备份是备份策略的基础，其最大优点在于操作和规划比较简单，在恢复时只需要一步即可将数据库恢复到以前的状态。但是这种备份类型速度较慢，需要占用大量磁盘空间，而且只进行全库备份，当数据库出现意外时，用户最多只能将数据库恢复到上一次备份操作结束时的状态，而从上次备份结束以后到意外发生之前的数据库的一切操作都将丢失。所以，在实际工作中为保证数据的一致性（将数据库尽量恢复到发生损坏的时刻），不要只采用这种方式。

2. 差异备份

差异备份是指将最近一次数据库备份以来发生的数据变化进行备份。与完整数据库备份相比，差异备份由于备份的数据量较小，因此备份和恢复所用的时间较短。通过增加差异备份的备份次数，可以降低丢失数据的风险，将数据库恢复至进行最后一次差异备份的时刻，但是它无法像事务日志备份那样提供到失败点的无数据损失备份。

3. 事务日志备份

事务日志备份是指将从最近一次事务日志备份以来所有的事务日志进行备份。事务日志备份也比全库备份节省时间和空间，而且利用事务日志备份进行恢复时，按照日志重新插入、修改或删除数据，可以将数据库恢复到某个破坏性操作执行前的一个已备份的状态。在如下几种情况下，建议使用事务日志备份的策略：① 数据非常重要，不允许在最近一次数据库备份之后发生数据丢失或损坏现象，如银行存取款系统；② 数据量很大，而存储备份文件的磁盘空间有限或进行备份操作的时间有限；③ 数据更新速度很快，数据库变化较为频繁。

4. 文件和文件组备份

文件或文件组备份是指单独备份组成数据库的文件或文件组，使用该备份方法可以快速实现数据库从一台机器迁移到另一台机器。

7.2.4 恢复模式

恢复模式可以保证在数据库发生故障时恢复相关的数据库。SQL Server 2012包括3种恢复模式，即完整恢复模式、大容量日志恢复模式和简单恢复模式。不同的恢复模式在备份、恢复方式和性能方面存在差异，而且不同的恢复模式对数据损失的程度也不同。用户可以根据实际需求选择适合的恢复模式，恢复步骤如下：

1）打开 SQL Server Management Studio 图形化管理工具，通过“对象资源管理器”窗口展开“数据库”节点，右键单击需要设置恢复模式的数据库（如学生成绩管理数据库 Scoresys），在弹出的快捷菜单中选择“属性”命令，单击“选项”标签。

2）在“恢复模式”下拉列表框中选择一种恢复模式，如图 7-6 所示。

3）选择完成后单击“确定”按钮，完成恢复模式的设置。

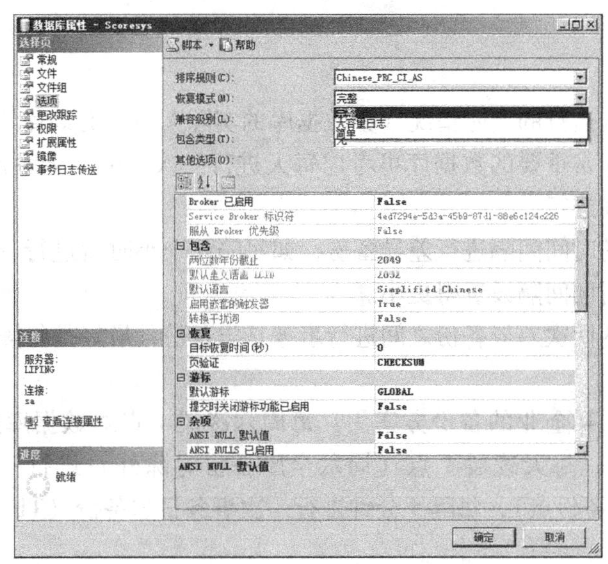

图 7-6　选择恢复模式

1. 完整恢复模式

完整恢复模式是 SQL Server 2012 默认的恢复模式，可以使用数据库的全库备份、差异备份和事务日志备份还原数据库。数据库恢复模式设置为完整模式后，将记录数据库的所有更改，包括大容量的数据操作和创建索引，能够较为完全地防范存储设置故障，将数据库还原到特定的时间点。

2. 大容量日志恢复模式

与完整恢复模式类似，大容量日志恢复模式也可以使用数据库的全库备份、差异备份和事务日志备份还原数据库。使用这种模式可以在大容量操作和大批量数据库装载时提供最佳性能和最少的日志使用空间。这种模式下，日志只记录多个操作的最终结果，而不记录操作的过程细节。如果事务日志没有受到破坏，则除了故障期间发生的事务以外，SQL Server能还原全部数据，但是不能恢复数据库到特定的时间点。

3. 简单恢复模式

简单恢复模式使用数据库的全库备份和差异备份还原数据库。将数据库恢复模式设置为简单模式后，事务日志不记录数据的修改操作，不能进行事务日志备份与文件和文件组备份。当出现故障时，只能将数据库恢复到上一次备份的时间点，无法将数据库还原到故障点或特定的时间点。对于小型数据库或数据更新不快的数据库，通常使用简单恢复模式。

7.2.5　备份与恢复方案

在实际工作中，为最大限度地减少数据库恢复时间以及降低数据损失数量，在进行备份和制订还原策略之前，应考虑各种备份方式的优缺点，以便综合使用各种备份方式。

1. 备份方案

首先，根据系统运行的实际情况（如数据库的实际大小）有规律地进行完全备份，如每星期一次，对于非常重要的数据库可考虑每天进行一次。由于全库备份的工作量较大，因此一般安排在晚间进行。

其次，以较小的时间间隔进行差异备份，如每隔几个小时就进行一次，对更新非常频繁的数据库可以将时间间隔设置得更小。

最后，在相邻的两次差异备份之间进行事务日志备份，最好是每隔 5 分钟或更短的时间进行一次。

如图 7-7 所示，某企业的备份方案为：每周六凌晨 1 点对数据库进行一次全库备份（F1 为全库备份点），每天凌晨 1 点（周六全库备份时除外）进行一次差异备份（D1、D2、…、Dn 为差异备份点），每隔 5 分钟进行一次事务日志备份（T1、T2 、T3、T4 为事务日志备份点）。

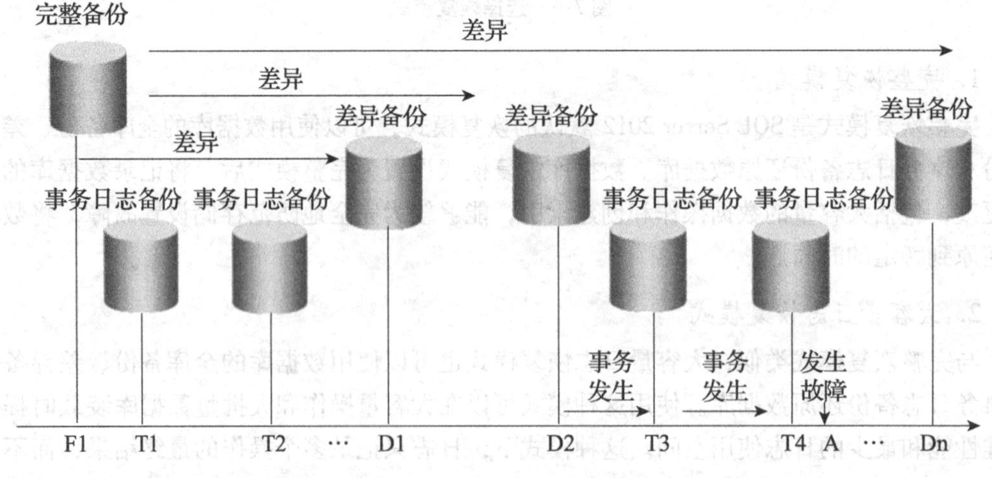

图 7-7　某企业综合备份策略

2. 恢复方案

首先，利用最近一次全库备份进行全库备份的恢复。

其次，还原最近一次的差异备份。

最后，按时间先后顺序依次还原在差异备份后进行的所有事务日志备份。

如图 7-7 所示，如果数据库在 A 点发生故障，为使得数据库的损失最小，采用的恢复方案为：首先恢复最近一次的全库备份 F1，其次还原最近一次的差异备份 D2，最后按时间先后关系依次还原 D2 ~ A 点之间的事务日志备份 T3 和 T4。

7.2.6　数据库备份与恢复

1. 创建和管理备份设备

(1) 创建备份设备

打开 SQL Server Management Studio 图形化管理工具，在“对象资源管理器”窗口中，依次展开“服务器对象”→“备份设备”节点，单击鼠标右键，在弹出的快捷菜单中选择“新建备份设备”命令，出现如图 7-8 所示的新建备份设备窗口。

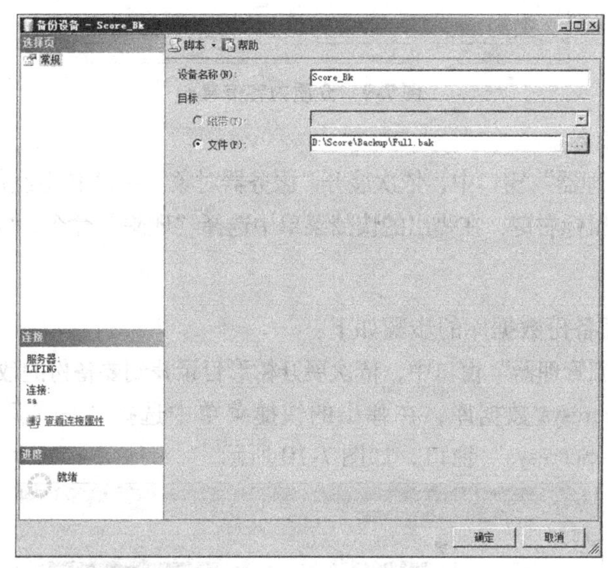

图 7-8　新建备份设备窗口

当建立一个备份设备时，要给该设备分配一个逻辑备份名和一个物理备份名。物理备份名为备份在硬盘上以文件方式存储的完整路径名，如“D:\Score\Backup\Full. bak”。逻辑备份名是物理备份的别名，通常比物理备份设备更能简单、有效地描述备份设备的特征，它被永久地记录在 SQL Server 的系统表中，如“D:\Score\Backup\Full. bak”的逻辑名可以是 Score_Bk。在新建备份设备窗口中的“设备名称”文本框中输入备份设备逻辑名，在“文件”栏中输入或选择备份设备的物理名。

(2) 查看备份设备

在“对象资源管理器”窗口中，依次展开“服务器对象”→“备份设备”节点，选择要查看的备份设备，单击鼠标右键，在弹出的快捷菜单中选择“属性”命令，可以查看备份设备的常规状态和存放的介质内容。介质内容信息如图 7-9 所示。

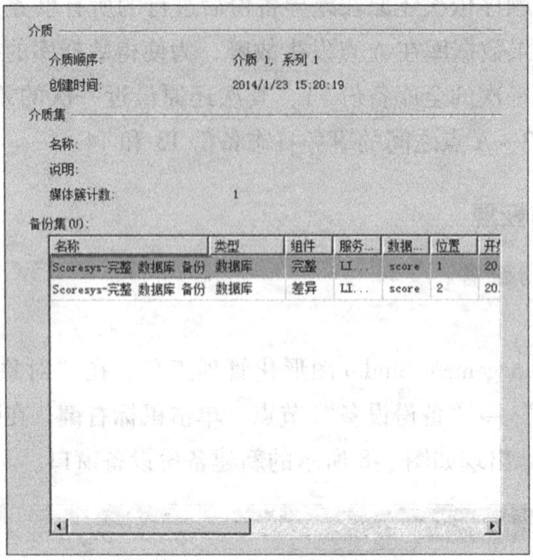

图 7-9　介质内容信息

(3) 删除备份设备

在“对象资源管理器”窗口中，依次展开“服务器对象”→“备份设备”节点，选择要删除的备份设备，单击鼠标右键，在弹出的快捷菜单中选择“删除”命令，即可删除备份设备。

2. 备份数据库

使用图形化界面备份数据库的步骤如下：

1）在“对象资源管理器”窗口中，依次展开树形目录找到要备份的数据库，如 Scoresys。

2）右键单击 Scoresys 数据库，在弹出的快捷菜单中选择“任务”→“备份”命令，弹出“备份数据库 - Scoresys”窗口，如图 7-10 所示。

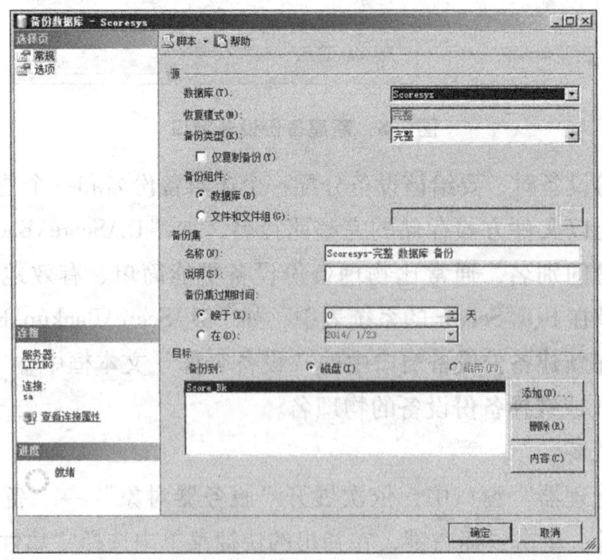

图 7-10　“备份数据库 - Scoresys”窗口

3）在“常规”标签页中，分别选择要备份的数据库名称和备份类型。单击“添加”按钮选择备份设置，弹出如图 7-11 所示的“选择备份目标”对话框。在此对话框中选中“文件名”单选按钮，并给出文件名和路径，也可以选中“备份设备”单选按钮，从已经建立的备份设备中选择备份设备。用户可以一次选择多个设备，将数据库备份到多个设备上。

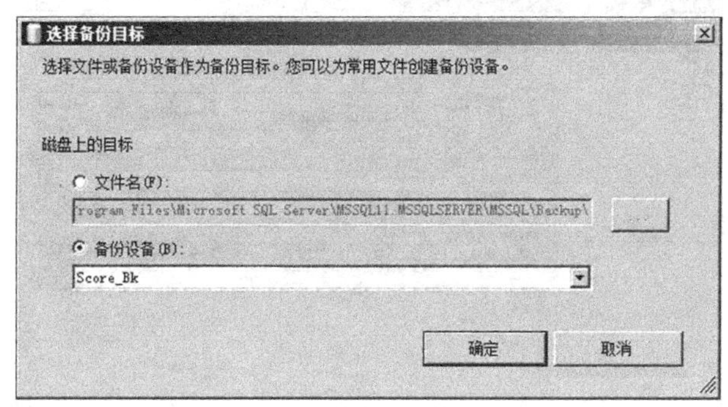

图 7-11　“选择备份目标”对话框

4）在“备份数据库 – Scoresys”窗口的“选项”标签页（见图 7-12）中，在“备份到现有介质集”单选按钮下，如果选中了“追加到现有备份集”单选按钮，则表明将备份的内容添加到当前备份之后（不影响原来的备份内容）；如选中了“覆盖所有现有备份集”单选按钮，则表明用此备份内容将原来的备份覆盖掉。

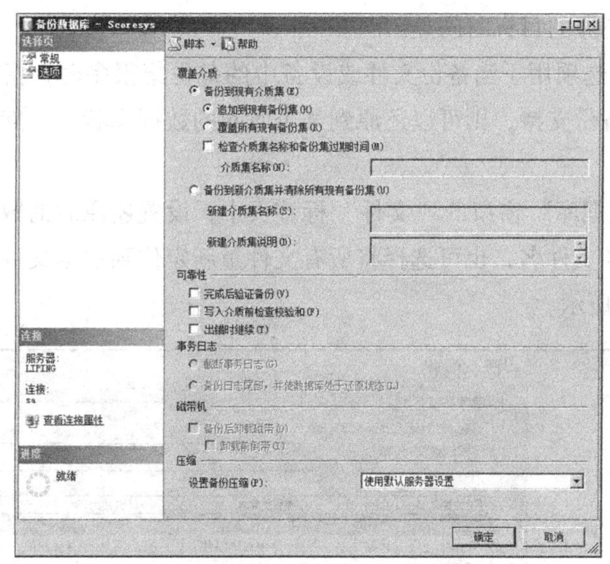

图 7-12　“选项”标签页设置

5）单击“确定”按钮完成数据库备份操作。

3. 恢复数据库

当出现数据损失和丢失时，就要进行数据库恢复。使用图形化界面进行数据库恢复的步骤如下：

1）在“对象资源管理器”窗口中，右键单击“数据库”节点，在弹出的快捷菜单中选择“还原数据库”命令，弹出“还原数据库”窗口，如图 7-13 所示。

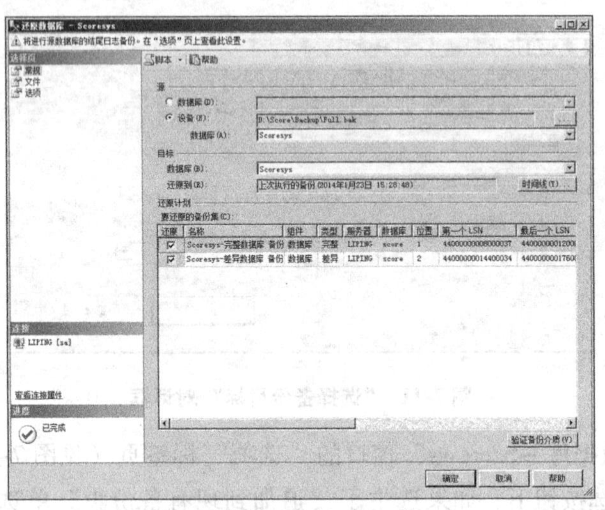

图 7-13 “还原数据库”窗口

2）在“常规”标签页中，分别设置用于还原的备份集的源数据库和位置，以及要还原的目标数据库和还原的目标时间点。

“目标时间点”选项用于当备份文件或设备中的备份集很多时，指定还原数据库的时间。若有事务日志备份支持，则可以还原到某个时间的数据库状态。默认情况下，该选项的值为最近状态。

3）在“还原数据库”窗口的“文件”标签页中，设置还原后的数据库文件与日志文件的物理存放路径和文件名，也可选择将所有文件重新定位到数据文件文件夹和日志文件文件夹，如图 7-14 所示。

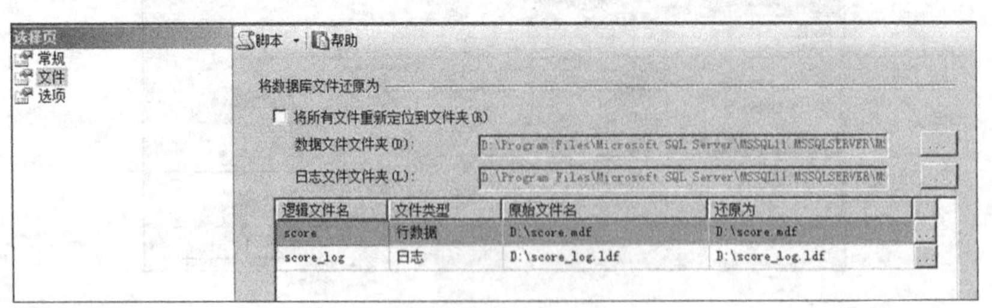

图 7-14 文件页设置

4）在“还原数据库”窗口的“选项”标签页中，设置具体的还原选项、结尾日志备份和服务器连接等信息，如图 7-15 所示。

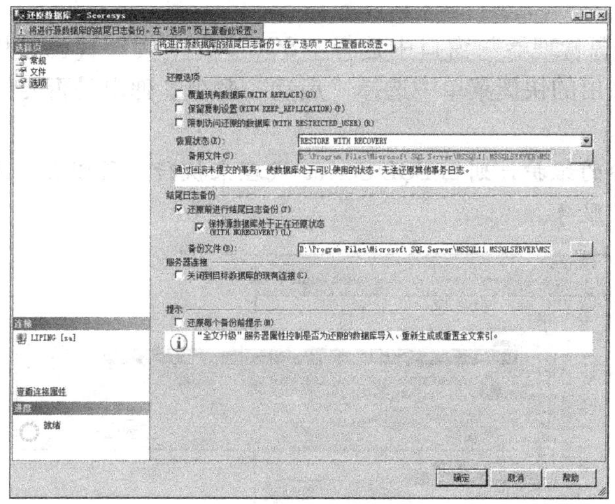

图 7-15 “选项”标签页设置

“还原选项”选项组和“提示”选项组中各选项的含义如下。

① 覆盖现有数据库：表示还原操作将覆盖所有现有的数据库和相关文件。

② 保留复制设置：表示当将已发布的数据库还原到创建该数据库的服务器之外的服务器时，保留复制设置。

③ 限制访问还原的数据库：表示还原的数据库仅供 db_owner、dbcreator 或 sysadmin 的成员使用。

④ 还原每个备份前提示：表示还原每个备份前都要要求用户进行确认。

这里需要注意的是，恢复完成后的状态有以下 3 种。

① RESTORE WITH RECOVERY（回滚未提交的事务，使数据库处于可以使用的状态，无法还原其他事务日志）：让数据库在还原后进入可正常使用的状态，并自动恢复尚未完成的事务，如果本次还原是还原的最后一步，则可以选择该选项。

② RESTORE WITH NONRECOVERY（不对数据库执行任何操作，不回滚未提交的事务，可以还原其他事务日志）：在还原后不恢复未完成的事务操作，但可以继续还原事务日志备份或差异备份，让数据库恢复到最接近目前的状态。

③ RESTORE WITH STANDBY（使数据库处于只读模式，撤销未提交的事务，但将撤销操作保存在备用文件中，以便可使恢复效果逆转）：还原后恢复未完成事务的操作，并将数据库处于只读状态，如果要继续还原事务日志备份，则必须知道一个还原文件，用于存放被恢复的事务内容。

5）单击“确定”按钮，则数据库开始进行恢复，出现还原进度。

备份和还原操作也可以利用 SQL 语句来完成，SQL Server 针对不同的备份方式给出了不同的语句，读者可以参阅帮助文件，本书不再赘述。

7.2.7 建立自动备份的维护计划

数据库备份非常重要，有些数据的备份非常频繁，如果每次都人工地把备份的流程执行一遍，那将花费大量的时间，非常烦琐且不可行。SQL Server 2012 可以建立自动的备份维护计划，具体步骤如下。

1）在“对象资源管理器”窗口中选择“SQL Server 代理（已禁用代理 XP）”节点，单击鼠标右键，在弹出的快捷菜单中选择“启动”命令，弹出是否要启用代理的询问对话框，如图 7-16 所示。

注意：*自动备份的维护计划由 SQL Server 代理来执行，所以必须在建立维护计划前，开启 SQL Server 代理服务。*

图 7-16　启动 SQL Server 代理

2）在“对象资源管理器”窗口中依次打开服务器节点下的“管理”→“维护计划”节点，单击鼠标右键，在弹出的快捷菜单中选择“维护计划向导”命令，打开“维护计划向导”窗口。

3）单击“下一步”按钮，打开如图 7-17 所示的“选择计划属性”界面。在“名称”文本框中输入维护计划的名称，在“说明”文本框中输入维护的说明文字。选中“每项任务单独计划”或“整个计划统筹安排或无计划”单选按钮。如果需要使维护按计划自动执行，则单击“计划”下的“更改”按钮，弹出如图 7-18 所示的“新建作业计划”窗口。

4）在“新建作业计划”窗口中设置计划类型、计划执行的频率和持续时间。

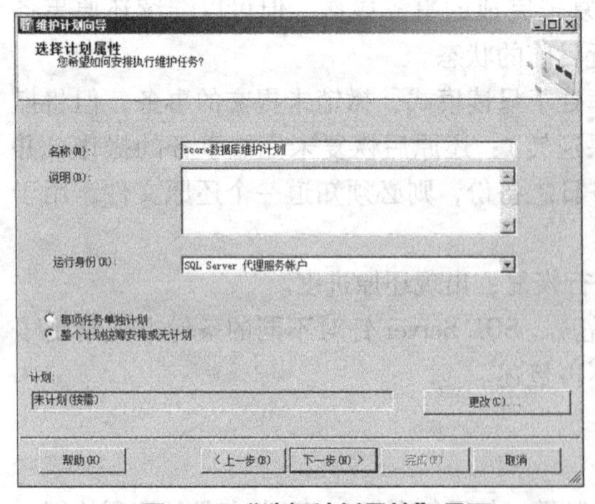

图 7-17　“选择计划属性”界面

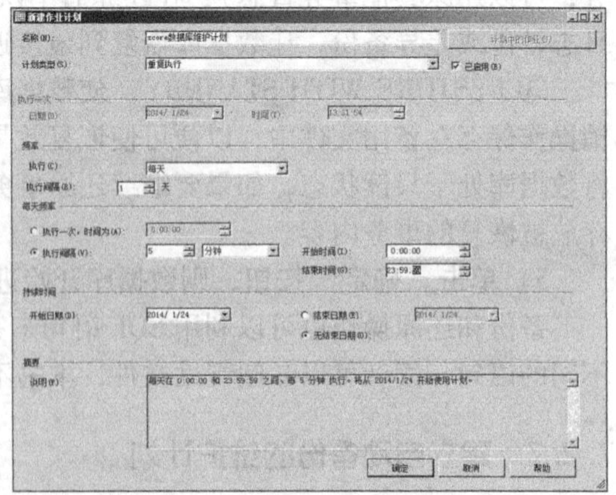

图 7-18　“新建作业计划”窗口

5）单击“下一步”按钮，进入如图 7-19 所示的“选择维护任务”界面。用户可以选择多种维护任务，这里勾选“检查数据库完整性”和“备份数据库（差异）”两个复选框。

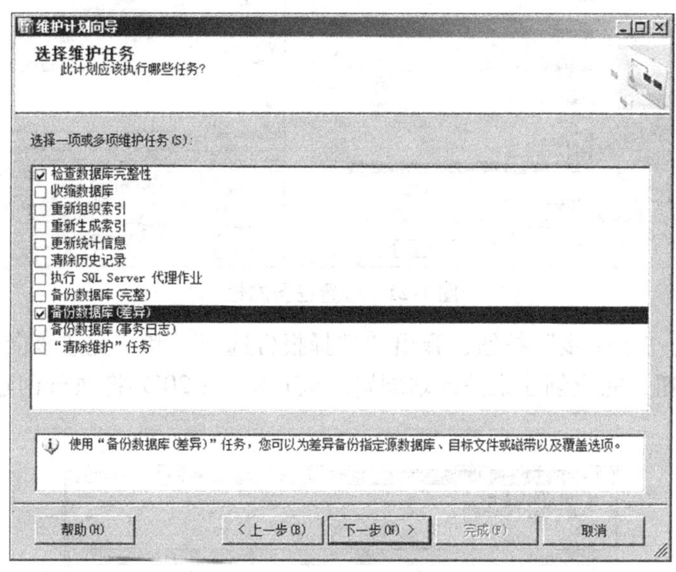

图 7-19　“选择维护任务”界面

6）单击“下一步”按钮，打开“选择维护任务顺序”界面。如果有多个任务，则可以通过单击“上移”和“下移”两个按钮来设置维护任务的顺序，如图 7-20 所示。

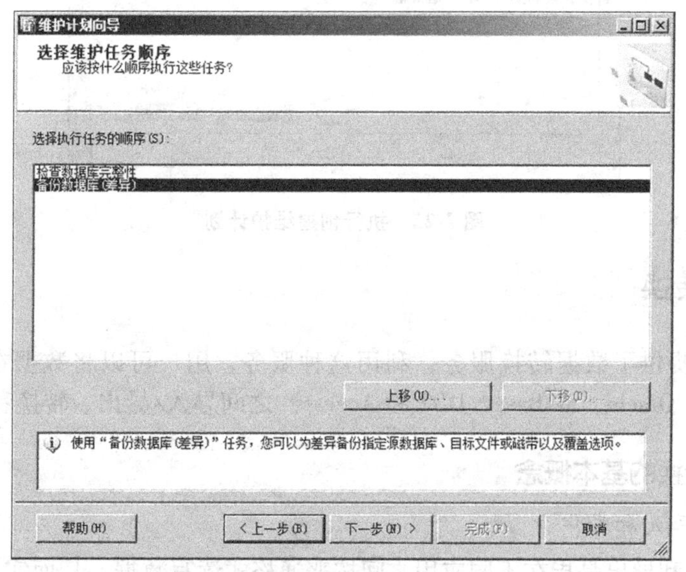

图 7-20　“选择维护任务顺序”界面

7）单击“下一步”按钮，依次设置多个任务的任务属性，如图 7-21 所示。

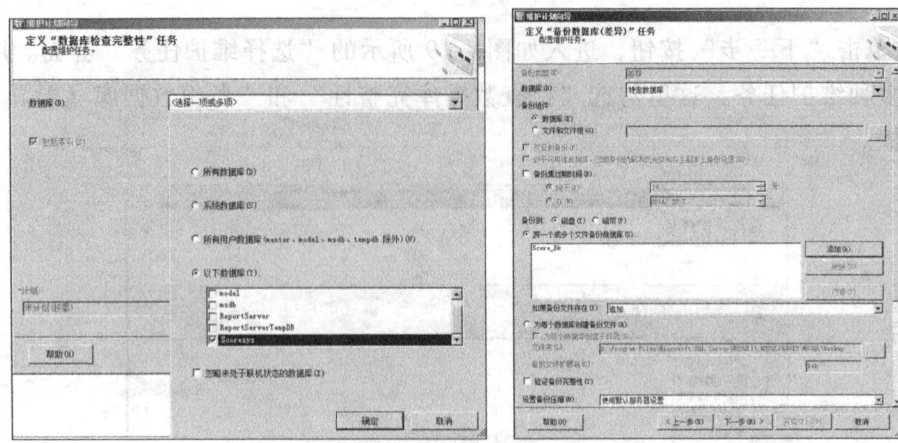

图 7-21 设置任务属性

8）依次单击“下一步”按钮，弹出“选择报告选项”和“完成该向导”界面，最后单击“完成”按钮，完成创建维护计划配置。SQL Server 2012 将执行创建维护计划任务，如图 7-22 所示。

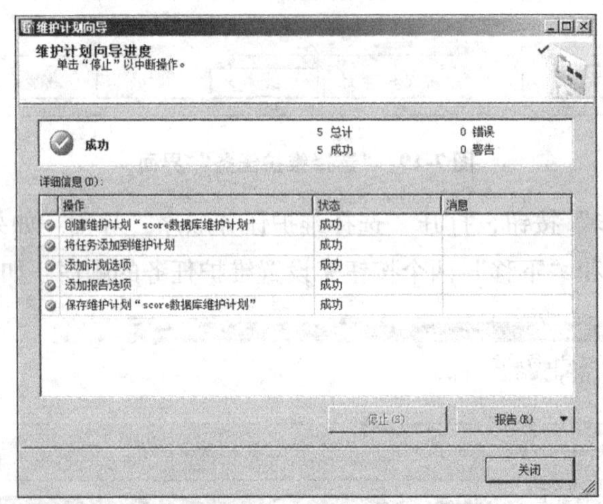

图 7-22 执行创建维护计划

7.3 数据转换

SQL Server 提供了数据转换服务，利用这种服务，用户可以将数据在不同的数据源（如 SQL Server、Oracle、SysBase、DB2 和 Access）之间导入/导出、转换和传输等。

7.3.1 数据转换的基本概念

1. 数据的导入和导出

数据的导入和导出是指在不同应用之间按普通格式读写数据，从而实现数据交换的过程。例如，数据转换服务（Data Transformation Service，DTS）可以将从 ACCESS 数据库中读出的数据导入到 SQL Server 数据库中；同样，用户也可以将数据从 SQL Server 数据库中导出并输入到另一个数据源中。

2. 转换数据格式

SQL Server 允许用户将数据在实现数据传输之前进行数据格式的转换。例如，用户可以根据源数据中的一列或多列数据重新进行统计和计算，甚至可以将一列数据分割成多列存储在目的数据源的不同列上。

通过转换数据格式，用户可以方便地实施复杂的数据检验，进行数据的重新组织，如排序和分组等，还可以提高导入、导出数据的效率。

3. 传输数据库对象

在不同的数据源之间，DTS 只能移动表和表中的数据。但如果是在 SQL Server 数据库之间进行传输，则用户可以方便地实现索引、视图、账户、存储过程、触发器、规则、约束等数据库对象的传递。

7.3.2　数据的导出

利用 SQL Server 导入/导出向导，可以将 SQL Server 数据库 Scoresys 导出到 Access 数据库 stuscore. mdb 中，具体步骤如下：

1）在“对象资源管理器”窗口中找到要进行数据导出的数据库 Scoresys，单击鼠标右键，在弹出的快捷菜单中选择“任务”→“导出数据”命令，弹出“SQL Server 导入和导出向导”窗口。

2）单击“下一步”按钮，打开如图 7-23 所示的“选择数据源”界面，在此界面中可以配置有关源数据源的信息。本例使用本地计算机上的 SQL Server 2012 作为源数据源，选择服务器，采用 SQL Server 安全验证方式，并选择 Scoresys 作为数据导出的源数据库。

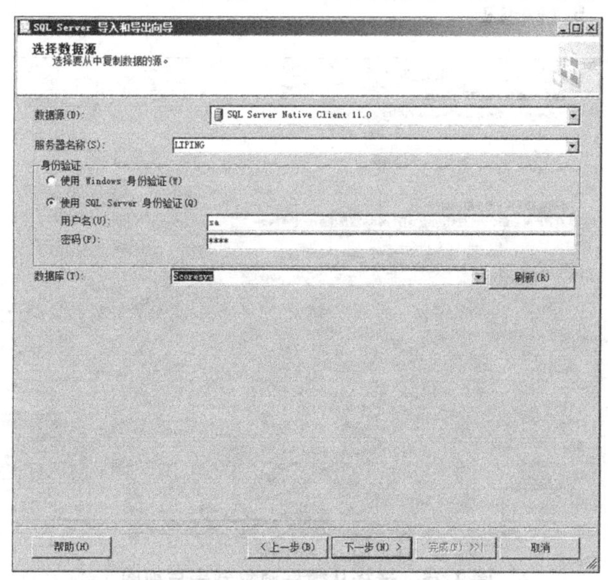

图 7-23　选择数据源

3）单击“下一步”按钮，打开如图 7-24 所示的“选择目标”界面，在此界面中可以配置有关目标数据源的信息。本例使用 Access 作为目标数据源，设置文件保存路径及 Access 版本等相关信息。

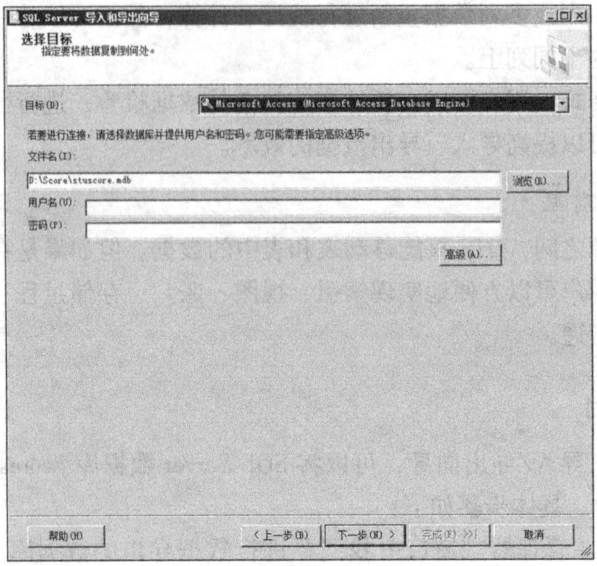

SQL Server 导入和导出向导
选择目标
指定要将数据复制到何处。
目标(D):
Microsoft Access (Microsoft Access Database Engine)
若要进行连接，请选择数据库并提供用户名和密码。您可能需要指定高级选项。
文件名(I):
D:\Score\stuscore.mdb
浏览(R)...
用户名(U):
密码(P):
高级(A)...
帮助(H)
< 上一步(B)
下一步(N) >
完成(F) >>|
取消

图 7-24　选择目标数据库

4）单击“下一步”按钮，打开如图 7-25 所示的“指定表复制或查询”界面，可以选择直接从数据源复制表与视图，进行数据传输，也可利用 SQL 语句来定义要传输的数据。

SQL Server 导入和导出向导
指定表复制或查询
指定是从数据源复制一个或多个表和视图，还是从数据源复制查询结果。
复制一个或多个表或视图的数据(C)
此选项用于复制源数据库中现有表或视图的全部数据。
编写查询以指定要传输的数据(W)
此选项用于编写 SQL 查询，以便对复制操作的源数据进行操纵或限制。
帮助(H)
< 上一步(B)
下一步(N) >
完成(F) >>|
取消

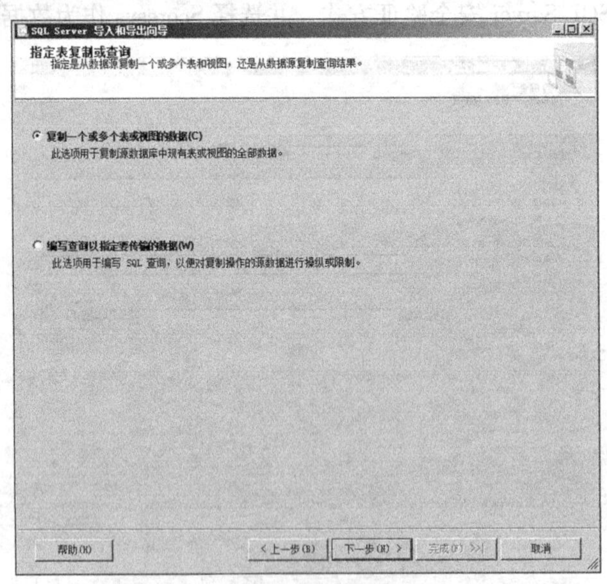

图 7-25　选择从数据源复制表与视图

5）单击“下一步”按钮，在数据源中选择要导出的数据表，如图 7-26

所示。

6）选择立即运行数据导出，此时显示源数据与目的数据的情况，单击“完成”按钮，将显示复制数据表的过程，如图 7-27 所示。

图 7-26　选择数据源中的数据表

图 7-27　执行数据导出，显示复制数据表的过程

此时打开 stuscore. mdb 数据库会发现，SQL Server 中 Scoresys 数据库中的表已经复制到 stuscore 这个 Access 数据库中。

7.3.3　数据的导入

可以使用与数据导出类似的方法进行数据导入。但是，数据导入时要注意，导入的源数据格式要满足导入的目标数据表的各种约束要求，否则导入将不成功。下面简单介绍将图 7-28 所示的 Excel 源数据导入到 SQL Server 数据库 Scoresys 的专业表 major 中的过程。

	A	B	C	D
1	major_id	name	department_id	remark
2	NC	数控技术	D03	
3	AD	艺术设计	D01	
4	CS	计算机应用技术	D01	

图 7-28　Excel 源数据

1）在“对象资源管理器”窗口中找到要进行数据导入的数据库 Scoresys，单击鼠标右键，在弹出的快捷菜单中选择“任务”→“导入数据”命令，弹出“SQL Server 导入和导出向导”窗口。

2）单击“下一步”按钮，打开“选择数据源”界面。在“数据源”下拉列表框中选择“Microsoft Excel”选项，如图 7-29 所示。

3）单击“下一步”按钮，打开“选择数据目标”界面，在此界面中可以配置有关数据目标的信息。本例选择 Scoresys 作为数据导入的源数据库。

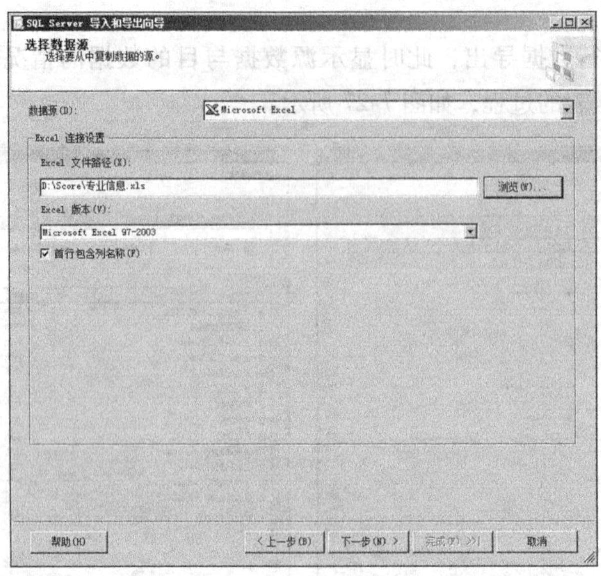

图 7-29　选择数据源

依次执行，选择立即运行数据导入，单击“完成”按钮，将显示复制数据表的过程。该例中，由于 Excel 中有一条专业记录违反了 Scoresys 数据库中的完整性约束关系，因此出现导入错误，如图 7-30 所示。

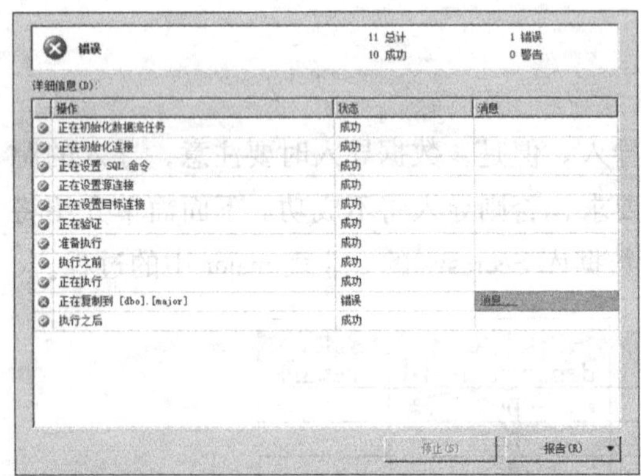

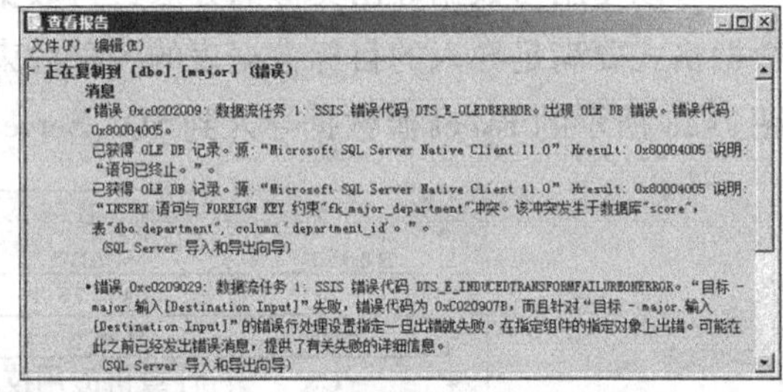

图 7-30　数据导入出错信息

修改 Excel 中数控专业的系部编号，使其符合 Scoresys 数据库中的完整性约束，然后再次执行数据导入，则显示导入成功的信息。

7.4　数据库的日常维护操作

数据库的日常维护操作包括数据库的创建与维护、数据表的创建与维护、约束的创建与维护和索引的创建与维护。在第 2 章中介绍了如何使用 SQL 语句实现这些维护操作，本节将简单介绍如何使用 SSMS 图形化界面的形式来进行数据维护。

7.4.1　数据库的创建与维护

1. 数据库的创建

在 SSMS 中创建数据库可按以下步骤进行：

1）启动 SSMS 集成环境，在“对象资源管理器”窗口中，选择“数据库”节点，单击鼠标右键，在弹出的快捷菜单中选择“新建数据库”命令，打开“新建数据库”窗口，如图 7-31 所示。

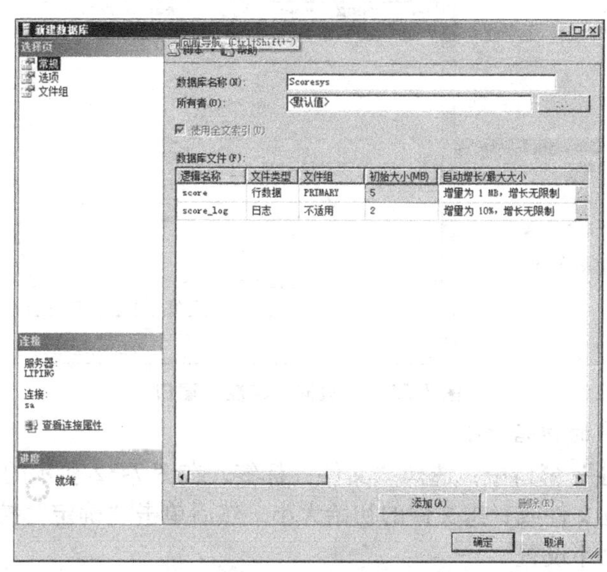

图 7-31　“新建数据库”窗口

2）在“常规”标签页上的数据库名称文本框中输入数据库名（如 Scoresys），设置其所有者，系统会自动生成数据库的数据文件和日志文件的逻辑名称，然后用户可以根据项目的实际需要分别对数据文件和日志文件的初始大小、自动增长方式、容量限制和存储位置进行设置。另外，用户还可以单击“添加”按钮新建二级数据文件，并将二级数据文件保存在不同的路径下，以拓展数据的存储空间。

3）在“选项”标签页上设置数据库的排序规则和恢复模式等。在“文件组”标签中可以创建自定义文件组，并将之前创建的二级数据文件存放在自定义文件组或主文件组中统一管理。

4）单击“确定”按钮，数据库创建完成，此时在“对象资源管理器”窗口中展开树节点即可看到新建的数据库 Scoresys。

2. 数据库的维护

对创建好的数据库，可以在 SSMS 集成环境下查看数据库的基本信息，并对其进行有效的管理和维护。

(1) 查看数据库信息

在“对象资源管理器”窗口中，右键单击要查看的数据库（如 Scoresys），在弹出的快捷菜单中选择“属性”命令，出现如图 7-32 所示的“数据库属性”窗口，然后再分别选择“常规”“文件”“文件组”“选项”“权限”及“扩展属性”等标签，查看和修改数据库的相关信息。

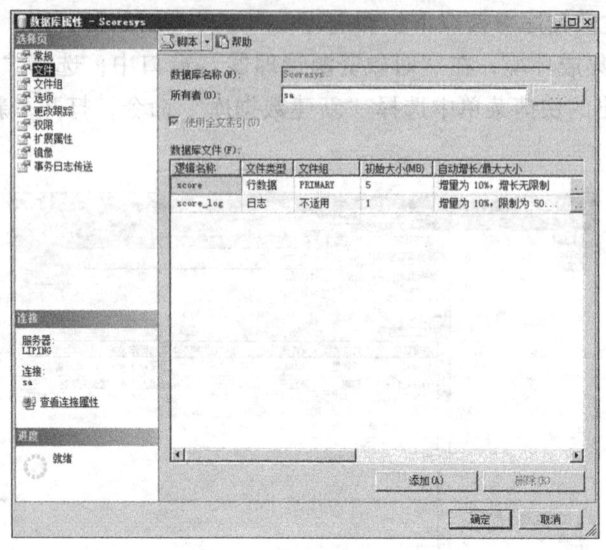

图 7-32　“数据库属性”窗口

(2) 调整数据库的初始大小

在“数据库属性”窗口中，选择“文件”标签，在图 7-32 所示的“初始大小”数值框中输入或微调数据文件或日志文件的初始大小，然后单击“确定”按钮，保存数据文件或日志文件的初始大小设置。

(3) 调整数据库文件的自动增长大小

在图 7-32 中，通过单击数据文件或日志文件“自动增长”右边的按钮 ... ，弹出数据库空间自动增长设置对话框，如图 7-33 所示。

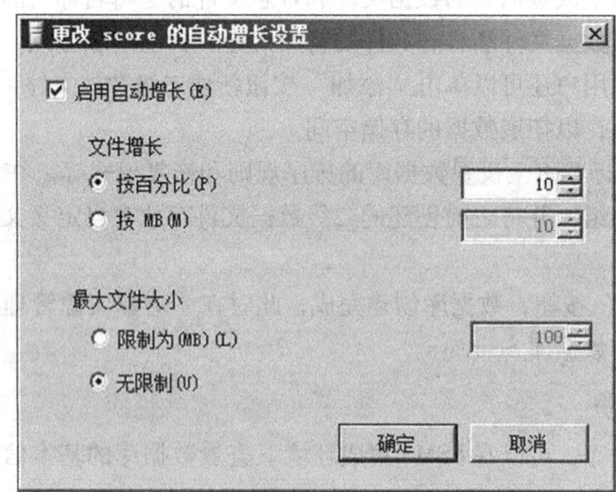

图 7-33　数据库空间自动增长设置对话框

(4) 收缩数据库空间

如果数据库初始代销或文件自动增长大小的值指定太大，而实际数据库占用的存储空间很小，那么就造成了存储资源的浪费，这时可以通过数据库的收缩功能进行调整。

右键单击选中的数据库，在弹出的快捷菜单中选择“任务”→“收缩”→“数据库”命令，弹出如图 7-34 所示的“收缩数据库”窗口。勾选“在释放未使用空间前重新组织文件”复选框，并输入收缩比例，单击“确定”按钮完成数据库的收缩。

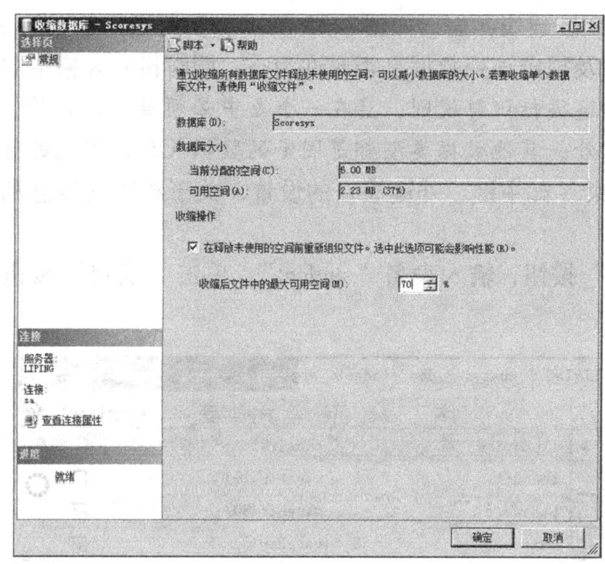

图 7-34　“收缩数据库”窗口

(5) 数据库重命名

在重命名数据库之前，应该确保没有用户使用该数据库。右键单击选中的数据库，在弹出的快捷菜单中选择“重命名”命令即可。

(6) 删除数据库

当数据库及其中的数据失去利用价值以后，可以删除数据库以释放被其占用的磁盘空间。右键单击选中的数据库，在弹出的快捷菜单中选择“删除”命令，即可删除数据库。由于删除一个数据库会删除所有的数据和该数据库所使用的所有磁盘文件，因此删除数据库前应格外小心。删除之后如果再想恢复，则必须从之前做好的备份中进行数据库还原。

系统数据库中的 master、model 和 tempdb 都不能被删除，msdb 虽然可以被删除，但删除 msdb 后很多服务（如 SQL Server 代理服务）都将无法使用，因为这些服务在运行时会用到 msdb。

7.4.2　数据表的创建与维护

SQL Server 除了可以通过编写 SQL 语句来创建和管理表以外，在 SSMS 中也为用户提供了方便的图形化工具以创建和管理表。

1. 创建数据表

这里以创建学生成绩管理数据库 Scoresys 中的学生表 student 为例，介绍使用 SSMS 创建数据表的具体步骤。

1）启动 SSMS 集成环境，在“对象资源管理器”窗口中，依次展开“数据库”的 Scoresys 节点。

2）在数据库 Scoresys 的展开列表中选择“表”，右键单击，从弹出的快捷菜单中选择“新建表”命令，出现创建表界面，如图 7-35 所示。在此输入表的列名，选择数据类型、数据长度与精度，以及规定该列数据是否允许为空，同时设置表格中的各种约束条件。

注意：列名必须遵循标识符规则，且在一个表中必须唯一。另外，除了字符数据类型和二进制数据类型以外，其他数据类型都是固定的数据长度，不能进行长度修改。

3）进行各类约束（如主键、外键等）的设置，关于约束的概念和具体创建方法将在后面介绍。

4）单击“保存”按钮，输入表名“student”，单击“确定”按钮，则该表就被保存到数据库中了。

LIPING.Scoresys - dbo.student

列名	数据类型	允许 Null 值
studentid	char(18)	☐
account	varchar(16)	☐
password	varchar(50)	☑
name	varchar(8)	☑
sex	char(1)	☑
birthday	date	☑
admission_date	date	☑
id_number	char(18)	☑
home_address	varchar(100)	☑
zip_code	char(6)	☑
telephone	varchar(32)	☑
school_class_id	varchar(36)	☐
region_id	char(6)	☐
ethnicity_id	char(2)	☐
roll_id	varchar(6)	☐
remark	varchar(500)	☑
		☐

图 7-35　使用 SSMS 创建学生表 student

2. 维护数据表

对创建好的数据表，可以在 SSMS 集成环境下查看或修改数据表的基本信息，并对其进行有效的管理和维护。

（1）表结构的修改

在“对象资源管理器”窗口中，展开“数据库”→“Scoresys”→“表”节点，选择要修改的表，如 student 表，然后右键单击，在弹出的快捷菜单中选择“设计”命令，出现如图 7-36 所示的界面。若要修改列属性，则方法与创建表相同；若要删除某一列，则先选定该列，然后右键单击，在弹出的快捷菜单中选择“删除列”命令；若要插入新列，则选择“插入列”命令，然后输入新插入的列名及相关属性即可。

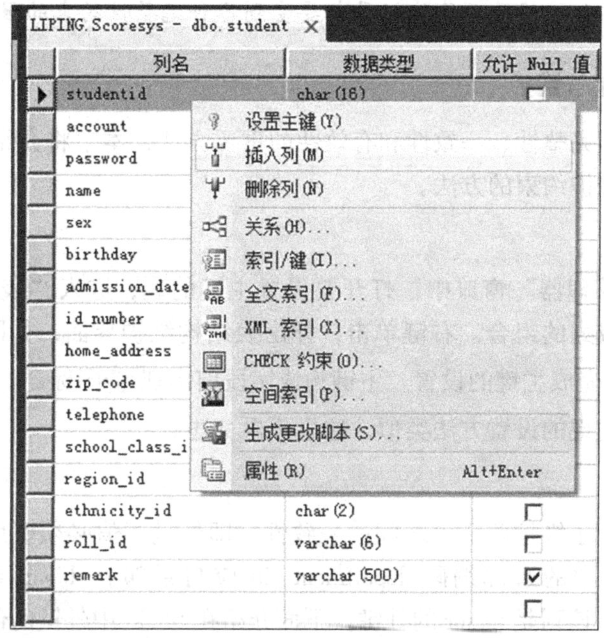

图 7-36　表结构维护

(2) 表的重命名

右键单击所要删除的表，在弹出的快捷菜单中选择“重命名”命令即可。

(3) 表的删除

右击所选中的表，在弹出菜单中选择“删除”命令即可。

(4) 记录的输入与删除

表是记录的容器，表结构创建完成后，即可向表中添加记录。在实际软件项目中，一般需要利用 C#、Java 等高级语言来开发数据录入人机交互界面，然后调用 Insert 语句实现记录的添加。在 SSMS 中也可以直接向表中输入记录。

右键单击要输入记录的表，在弹出的快捷菜单中选择“编辑前 200 行”命令，弹出数据录入界面，如图 7-37 所示。在空白行中输入相关的数据即可。同时，也可以在此界面中修改之前已经输入的数据。

LIPING. Scoresys - dbo. major

	major_id	name	department_id	remark
▶	IT	物联网专业	D02	NULL
	MD	多媒体专业	D01	NULL
	ME	微电子专业	D02	NULL
	NW	网络专业	D01	NULL
	SW	软件专业	D01	NULL
*	NULL	NULL	NULL	NULL

图 7-37　数据录入界面

说明：在 SQL Server 2008 之前的版本中显示的是“打开表”命令。

直接在表中删除记录的方法是：在图 7-37 中，右键单击要删除的记录，在弹出的快捷菜单中选择“删除”命令即可。

注意：向表中添加、修改、删除记录都要受到各种完整性约束的限制。

7.4.3 约束的创建与维护

约束是实现数据完整性、一致性和有效性的重要方法，本节将介绍在 SSMS 中使用图形化工具来创建和维护约束的方法。

1. 主键约束

在“对象资源管理器”窗口中，打开要设置主键的表，进入“表设计器”窗口。选定要设置主键的列或列的组合，右键单击，弹出表结构维护界面，如图 7-37 所示，选择“设置主键”命令，完成主键的设置。主键构成字段前出现 🔑 图标。

主键的移除与主键的设置方法类似，这里不再赘述。

2. 外键约束

外键约束主要用于维护两个表之间的一致性，即外键的值必须引用另一表主键的值。例如，专业表 major 中的系部编码 department_id 应与系部表 depart 中的主键系部编码 department_id 相关，该列是 major 的外键。下面介绍在 SSMS 中外键的创建方法。

1）在要创建外键联系的表 major 的表设计器窗口中，在任意行上单击鼠标右键，在弹出的快捷菜单中选择“关系”命令，弹出如图 7-38 所示的“外键关系”对话框。

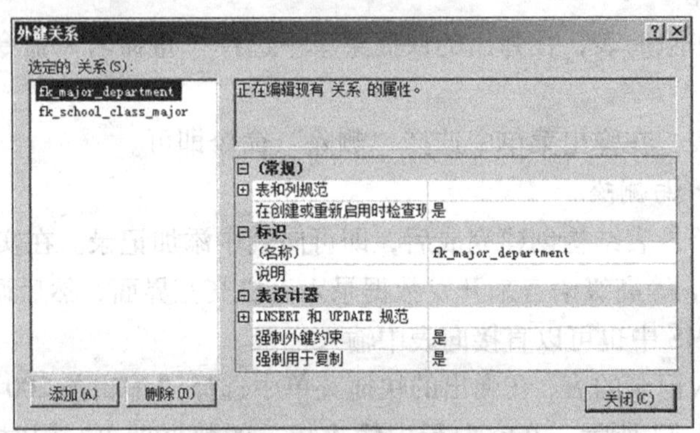

图 7-38 “外键关系”对话框

2）单击“添加”按钮增加新的外键关系。如果要修改已经建立的约束，则可以从“选定的关系”列表中选择对应的关系名。如果是删除约束，则单击“删除”按钮即可。

3）单击“表和列规范”右边的按钮 ...，打开“表和列”对话框，输入关系名，选择主键表、主键、外键表与外键，如图 7-39 所示。在主键表中选择 department，选择主键为 department_id；在外键表中选择 major，选择外键为 department_id。

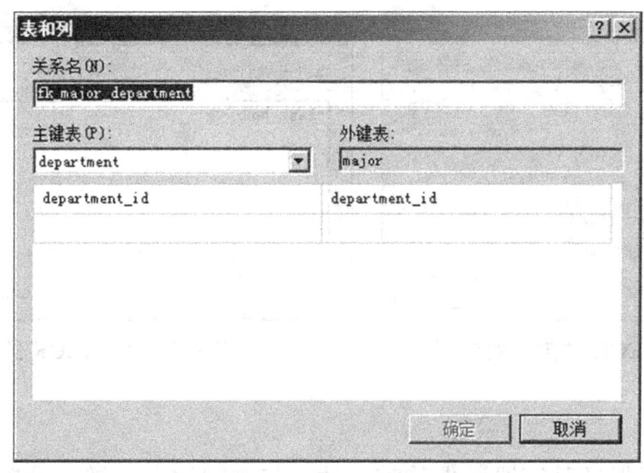

图 7-39　“表和列”对话框

4）单击“确定”按钮返回“外键关系”对话框。在图 7-38 中可以选择“在创建或重新启动时检查现有数据”选项。

这里需要注意的是，在创建外键约束时，一定要保证父表中被引用的列唯一（即必须为主键或唯一性约束的字段），否则将出现如图 7-40 所示的对话框。

父表中的被引用列与子表中的外键列的数据类型和长度必须相同，否则不能创建。图 7-41所示的是两表中列的数据长度不一致时产生的错误对话框。

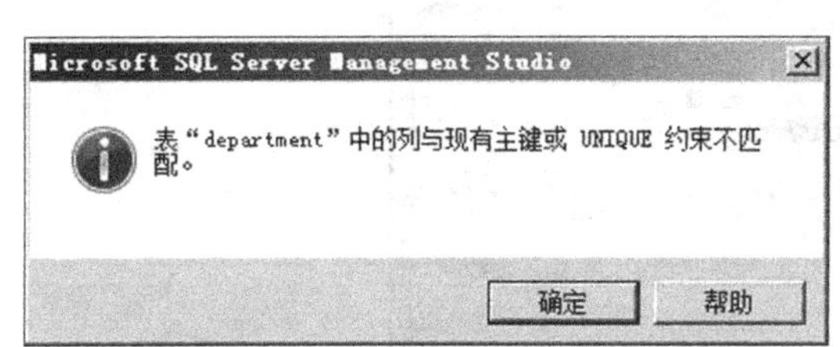

图 7-40　父表被引用列不唯一时出现的错误

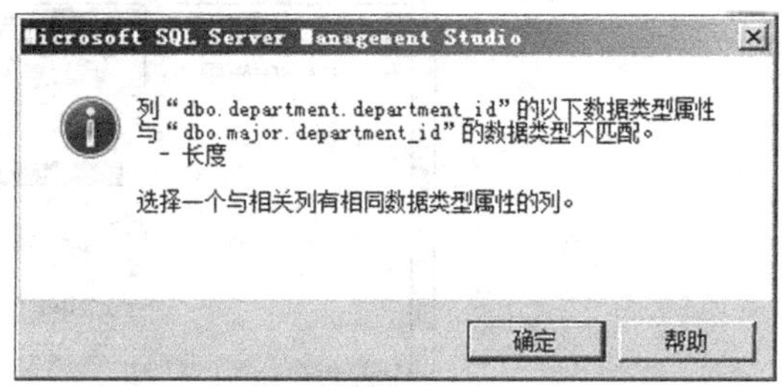

图 7-41　数据长度不一致时出现的错误

3. 检查约束

检查约束通过使用逻辑表达式来限制列上可以接受的值，要进入数据表的数据，必须符合条件才可以通过。例如，课程表 course 中的学时 class_hour 必须大于 0。在 SSMS 中检查约束的创建方法如下：

1）在数据库表的设计界面上，右键单击任意行，在弹出的快捷菜单中选择“Check 约束”命令，打开“CHECK 约束”对话框，如图 7-42 所示。

2）单击“添加”按钮，新建检查约束。单击“表达式”右边的按钮 ...，打开“CHECK 约束表达式”对话框，在该对话框中设置约束条件，如图 7-43 所示。

3）依次单击“确定”按钮，保存设置，完成检查约束的设置。

检查约束的删除方法是在图 7-42 中，选定要删除的 CHECK 约束，单击“删除”按钮即可。

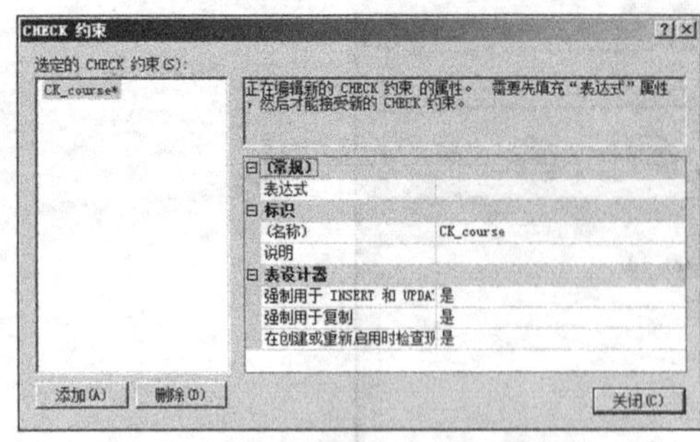

图 7-42 “CHECK 约束”对话框

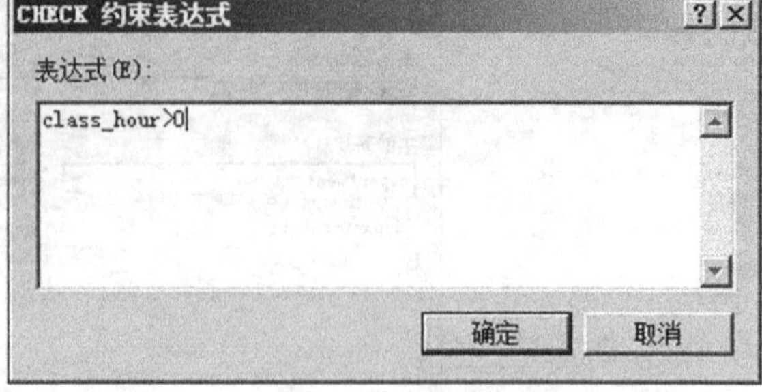

图 7-43 “CHECK 约束表达式”对话框

4. 唯一性约束

唯一性约束用于保证某字段数据的唯一性。与主键约束一样，设置了唯一性约束的字段也可被外键引用。但唯一性约束与主键约束也有区别：唯一性约束允许该列存在空值，而主键不允许；在一个表上可定义多个唯一性约束，但只能定义一个主键约束。在 SSMS 中，唯一性约束的创建方法如下：

1）在数据库表的设计界面上，右键单击任意行，在弹出的快捷菜单中选择“索引/键”命令，打开“索引/键”对话框，如图 7-44 所示。

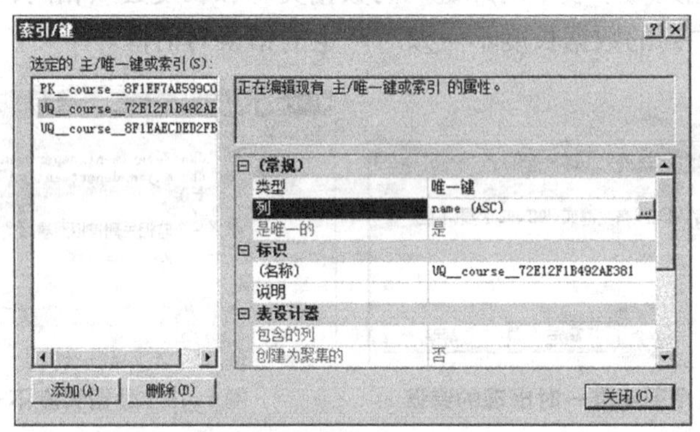

图 7-44 “索引/键”对话框

2）选择类型为“唯一键”，选择要设置为唯一性的列为 name。

3）设置完成后，分别关闭已打开的对话框，保存设置。

唯一性约束的删除方法是在图 7-44 中，选定要删除的唯一键名称，单击“删除”按钮即可。

5. 默认约束

默认约束是指在记录建立后，当用户没有输入字段值时，该字段值是由系统自动提供，如将学生表 student 中的性别字段设置默认值为“M”。在 SSMS 中，默认约束的创建方法如下：

在数据库表的设计界面上，选中要创建默认约束的列，在列属性中设置“默认值或绑定”选项即可，如图7-45所示。

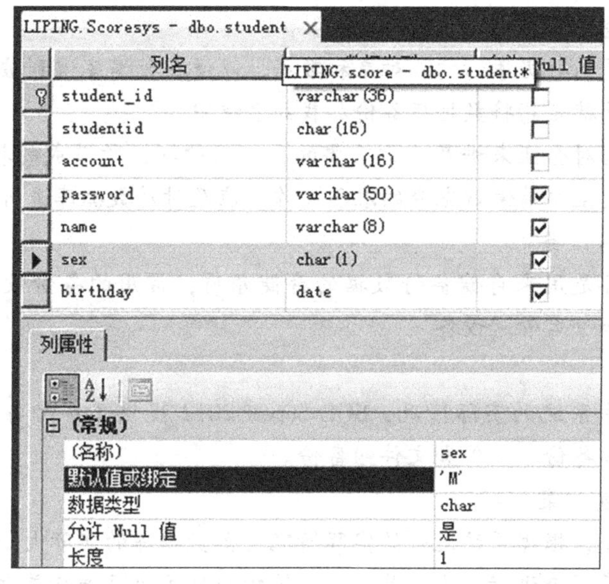

图7-45 设置默认约束

7.4.4 索引的创建与维护

在SSMS图形化界面中创建索引的方法有以下两种：

一种是在创建或修改表结构时，如果创建了一个主键或唯一性约束，则系统将自动在该表上以主键或唯一键作为索引列创建一个唯一索引，该索引是聚集索引还是非聚集索引，要根据当前表中是否存在聚集索而定。如果没有则创建聚集索引，则通常情况下，聚集索引是以主键列创建的。

另一种是与前面介绍的唯一键的创建方法和过程非常类似，读者可以参考唯一键的创建方法，这里不再赘述。

索引的删除请参考唯一键的删除方法。

本章小结

本章介绍了数据库的分离与附加、数据库的备份与恢复、SQL Server的数据转换、数据库的日常维护等。

1. 数据库的分离与附加

当数据库中的数据更新后，需要及时备份数据库。由于SQL Server数据库与其运行环境附加在一起，因此当用户想通过将数据库文件及事务日志文件以复制、粘贴的方式进行数据库备份时，则必须先对其进行分离，分离后的数据库必须通过“附加”操作，才能与SQL Server服务器关联在一起。

2. 数据库的备份与恢复

(1) 备份的概念和必要性

所谓备份就是复制数据库结构、对象和数据，以便在数据库遭到破坏时能及时修复数据库。而数据库恢复就是指将数据库备份加载到系统中。

数据库中的数据对企业来讲是非常重要的，一旦破坏，所造成的损失是不可估量的。所以，应该在意外发生之前做好充分的准备工作，应及时对数据库进行备份。

(2) 数据库备份设备

数据库备份设备是用来存储备份数据的存储介质，常用的备份设备分有磁盘备份设备、磁带备份设备和命名管道设备。

(3) 备份方式

针对不同数据库系统的实际情况，SQL Server 2012 提供了 4 种备份方式，即全库备份、日志备份、差异备份、文件和文件组备份。

(4) 备份和恢复方案

备份方案：首先，根据系统运行的实际情况（如数据库的实际大小）有规律地进行完全备份，如每晚或每星期进行一次；其次，以较短的时间间隔进行差异备份，如每隔几个小时就进行一次。对更新非常频繁的数据库可以将时间间隔设置得更小；最后，在相邻的两次差异备份之间进行事务日志备份，如每隔 20 ~ 30 分钟进行一次。

恢复方案：首先，利用最近一次全库备份进行全库备份的恢复；其次，进行最近一次差异备份的恢复；最后，再按时间先后顺序进行事务日志备份的恢复。

3. SQL Server 的数据转换

SQL Server 提供了数据转换服务，利用这种服务，用户可以将数据在不同的数据源（如 SQL Server、Oracle、SyBase、DB2、Access）之间导入/导出、转换和传输等。

4. 数据库的日常维护

数据库的日常维护操作包括数据库的创建与维护、数据表的创建与维护、约束的创建与维护、索引的创建与维护。本章简单介绍了如何使用 SSMS（SQL Server Management Studio）图形化界面的形式来进行数据维护。

习题 7

1) 什么是数据库的备份和恢复?

2) 什么是备份设备? SQL Server 2012 可以使用哪几种备份设备?

3) SQL Server 2012 提供哪几种备份方式? 各有什么特点?

4) 简述数据库恢复模式及每种恢复模式的含义。

5) 某企业的数据库每周日晚 23 点进行一次全库备份，每天晚 24 点进行一次差异备份，每小时进行一次日志备份，如果数据库在 2014/1/11（星期六）3:30 崩溃，那么应如何进行恢复使得数据库的损失最小?

实训7　在线电子商店数据库的维护

在数据库的日常维护上，数据备份和恢复是一个非常重要的环节。本实训将对在线电子商店数据库发生一次数据崩溃后，进行数据恢复。

1. 数据备份和恢复

在线电子商店数据库的备份策略如下：

1）每周日下半夜的0:30进行一次全库备份，文件名如2014-08-31-00-30-full. bak。

2）每日（周日除外）下半夜的1:00进行一次差异备份，文件名如2014-09-01-01-00-diff. bak。

3）每日上班时间从10:00开始至19:00下班，每小时进行一次事务日志备份，文件名如2014-09-01-14-00. bak。

上述文件名中数字的含义是：年-月-日-时-分，文字full表示全库备份，diff表示差异备份，无文字的则表示事务日志备份。

本实训要求在2014-09-18下午3点40分出现数据库崩溃后，及时从备份数据中恢复数据到最近的状态，即恢复到下午3点时的状态。其中，3点到3点40分的数据丢失，需要人工补录。

注意：本实训中的备份文件有205个之多，这是为了说明每次备份的日期和类型，以及在恢复时如何利用这些文件。在实际生产中，这些备份文件可以全部保存在一个文件中，从而方便管理，也使恢复过程更加简便。

2. 实训内容和要求

（1）实训内容

由实训软件生成一组备份数据（共205个备份文件），保存在D:/sql_backup/目录中。然后从这一组备份文件中恢复数据到最近的状态。

（2）实训步骤

1）生成备份数据文件。

这一步由软件生成一组备份数据（共205个备份文件），保存在D:/sql_backup/目录中。

注意：这个步骤的执行需要较长的时间（大约2~3分钟，请耐心等待直到弹出执行完毕的提示）。如果执行失败，则可能是由于eshop数据库正在被使用，这时要先在SQL Server Management Studio中关闭eshop数据库。

2）从完全备份中恢复。

在D:/sql_backup/目录中从205个备份文件中选择合适的文件进行完全备份的恢复，恢复的数据库名是eshop。

3）从差异备份中恢复。

从D:/sql_backup/目录中的205个备份文件中选择合适的文件进行差异备份的恢复。

4）从事务日志备份中恢复。

从D:/sql_backup/目录中的205个备份文件中选择合适的文件进行事务日志备份的恢复。

第8章　数据库开发案例——图书借阅管理系统

数据库应用系统由后台数据库和前台数据库应用程序组成，后台数据库包括数据表、索引、视图、存储过程、函数、触发器等数据对象；前台数据库应用程序是用各类开发工具（如 C#、Java 等）编写的应用程序。本章的任务是以图书借阅管理系统为数据库开发具体案例，进一步学习数据库应用系统的设计过程与实施步骤，并介绍以 SQL Server 为后台数据库、Visual C#为前台，开发数据库应用程序的编制方法。

8.1　开发环境与开发工具

为解决传统的图书人工管理方式的弊端，实现图书管理的现代化要求，现要求设计和开发一个单位内部使用的小型图书借阅管理系统。

该单位内部应有局域网，网络中有一台服务器上安装 SQL Server 2012 数据库管理系统，一台服务器安装有 IIS Web 服务器。服务器和各部门的客户机都安装了各种类型的 Windows 操作系统。

为此，开发设计的图书借阅管理系统，首先是基于局域网的客户机/服务器系统（C/S结构）。C/S 结构支持将图书信息等集中存放在 SQL Server 数据库中，承担数据服务器功能；客户机上安装有图书借阅管理系统的应用程序，多客户机同时共享服务器中的数据。客户端与服务器端通过网络连接，客户机将数据处理请求通过网络发给服务器，由数据库中的 SQL 程序在服务器中完成数据处理工作，然后将结果返回给客户端，而不必将大量的数据通过网络传输到工作站进行处理，如图 8-1 所示。

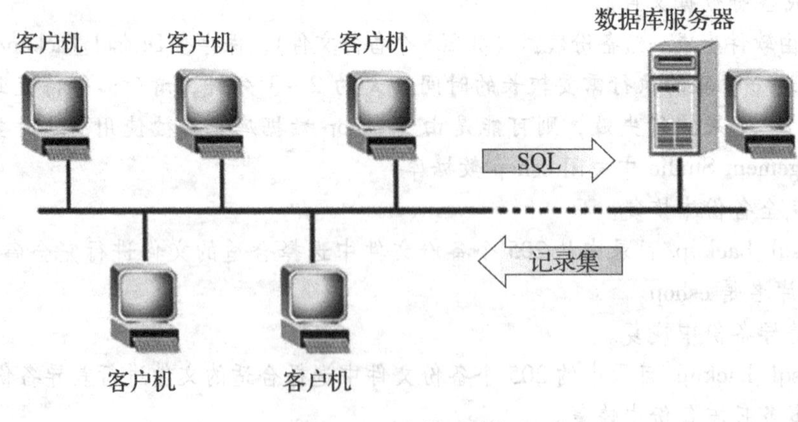

图8-1　C/S 体系结构

随着 Internet 技术的发展，本图书借阅管理系统，将借阅者（读者）功能扩展成支持浏览器/Web 应用服务器/数据库服务器体系（B/S 结构）的数据库应用系统。B/S 结构由表示层、服务层与数据库层组成，如图 8-2 所示。表示层将数据库信息以网页格式表示，用 Web 浏览器实现，因此也称为浏览器层；服务层提供浏览器的 Internet 访问接口和应用系统的运行平台，是表示层与数据库层的中间接口；数据库层运行数据库服务器软件，接收来自服务层的应用请求，并按标准格式返回数据信息。

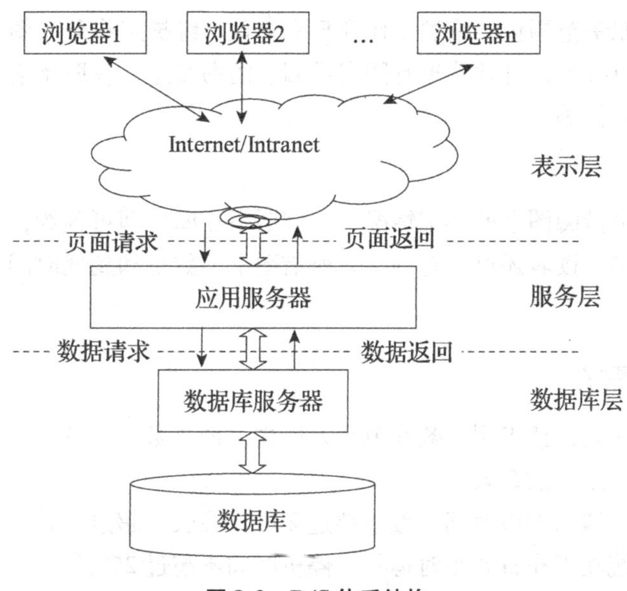

图 8-2 B/S 体系结构

本系统使用 Visual C# 2012 开发，C/S 结构的 WinForm 应用程序能在单位内部局域网上共享使用，B/S 结构采用 ASP. NET 技术开发的借阅者（读者）网页发布到 Web 服务器上，能支持在 Internet 上使用。数据库的连接则采用 ADO. NET 技术。

8.2 系统需求分析

8.2.1 总体需求

图书借阅管理系统包括查询图书、借书、借阅后查询、统计、超期罚款等处理情况，简化的系统需求如下：

1）可以随时查询可借阅图书的详细情况，如图书编号、图书名称、出版时间、图书出版社和作者等，便于读者选借。

2）读者查询图书情况后即可预约图书，在规定的时间内办理图书借阅手续。每位读者可以借阅多种图书，每种图书一般只借一本。

3）为了唯一标识每一个读者，图书室需要为读者办理借书证，包括以下信息：唯一的读者编号、真实姓名和所属部门等。

4）读者可以进行借阅、续借、归还和查询书籍。若已有图书超期，则在交纳罚金后，才可进行借阅。借阅时要登记相应的借书日期，归还时要记录还书日期，续借相当于归还后重新借阅。

8.2.2 业务分析

系统角色有图书管理员和借阅人员（即读者）。

1. 图书管理员

图书管理员的职责范围包括维护工作和日常管理。维护工作分为图书分类编目、录入图书资料、图书资料统计；日常管理有图书借阅、图书归还、收取超期罚款和图书丢失罚款、各类数据统计分析等。

2. 借阅人员

读者可以查询可借阅图书的详细情况，查询图书在库后即可预约，可以在允许借阅的上限范围内借阅图书。读者还可以查询本人所借图书的数量和到期时间等信息，进行续借和归还等操作。

8.2.3 非功能性需求

图书管理人员 3 人，读者用户数在 100 人以内，图书数量为 5 千～1 万册。在线用户数为 5～10 人，并发用户数 5 人。

单用户查询操作请求响应时间一般不超过 2 秒，最长不超过 5 秒。在 Windows 操作系统平台下运行，系统在工作日 8 小时运行，停机时间不超过 2%。

系统界面友好，易于使用，并提供联机帮助功能。

8.2.4 功能分析

在对需求进行分析的基础上，提出图书借阅管理系统的功能，如图 8-3 所示。

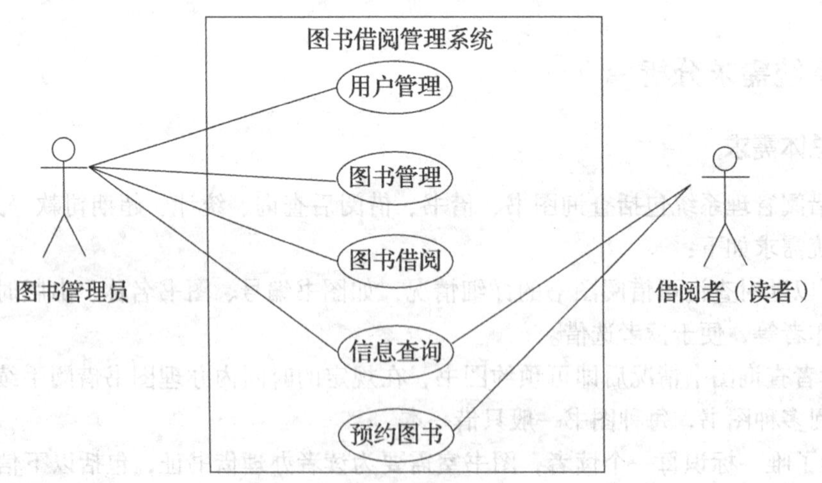

图 8-3　图书借阅管理系统用例图

1）用户管理包括：增加用户、查询用户、删除用户。

2）图书管理包括：增加图书、修改图书、删除图书、库存管理、图书统计。

3）图书借阅包括：借书处理、还书处理、交纳罚款。

4）信息查询包括：查询图书信息、查询读者借阅信息。

5）预约图书包括：预订图书、取消预订、查询预订。

8.3 数据结构设计

8.3.1 结构分析

通过前述的需求分析，得到了系统需要的信息有以下两大类。

1）图书信息：类别、ISBN、书名、作者、版次、单价、出版社、出版年份、简介、图书条码、图书状态（是否借出等）。

2）借书信息：工号、姓名、性别、部门、书名、预约时间、借阅时间、归还时间、罚款金额。

在数据结构设计过程中，对于读者借书信息的关键设计点在于读者所借图书是如何标识的。按照前面的需求分析，读者借书时，登记所借图书的书名，这种方法是不严谨的。如果图书馆中采购了多本同一种书，那么按照此种设计方法并没有记录读者所借的具体是哪一本书。

在图书室图书流转的实际操作中，当购入一批图书之后，都会为每一本图书（称为副本）编制一个唯一的条形码（图书条码），并贴在图书上，作为借还书的唯一标识，同一种图书如果有多本副本，虽然其他信息是相同的，但是图书条码是不同的。因此，借书信息应该修改如下。

借书信息：工号、姓名、性别、部门、图书条码、预约时间、借阅时间、归还时间、罚款金额。

8.3.2 物理数据模型设计

由于这是一个简单的小型系统，因此可以直接进行物理数据结构的设计。

参照前述数据结构设计的要求，可以分析出系统的主要实体如下。

① 与图书有关的实体：图书、副本、类别和出版社

② 与读者有关的实体：读者和部门

③ 与借书有关的实体：借还书和罚款

然后，确定这些实体拥有的属性，并加上主键和外键，设计出如下的 8 个关系。

① 图书类别（类别 ID、类别名称）

② 出版社（出版社 ID、出版社名称）

③ 图书（图书 ID、ISBN 号、书名、作者、单价、版次、出版年份、简介、所属出版社 ID、所属类别 ID）

④ 副本（副本 ID、图书条码、图书状态、备注、所属图书 ID）

⑤ 借书（借书 ID、借书读者 ID、所借副本 ID、预约时间、借阅时间、归还时间、借书经办人 ID、还书经办人 ID、备注）

⑥ 读者（读者 ID、账号、密码、姓名、性别、地址、电话、类型、所属部门 ID、备注）

⑦ 部门（部门 ID、部门名称）

⑧ 罚款（罚款 ID、罚款金额、交款时间、备注、借书 ID，借书读者 ID）

根据这些分析，采用设计工具软件进行物理数据模型的设计，如图 8-4 所示。

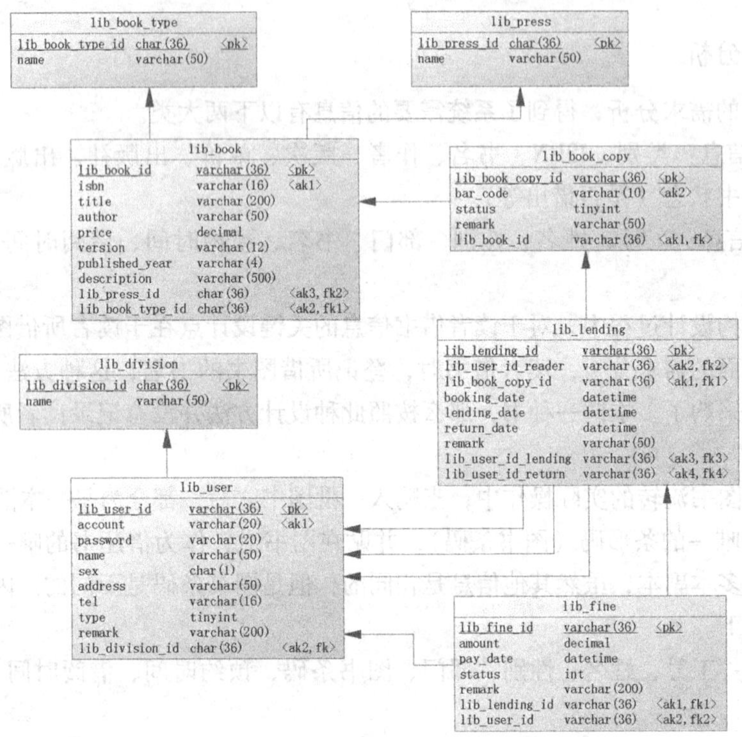

图 8-4　图书借阅管理系统的物理数据模型

8.3.3　数据字典

根据上述物理模型，可以建立数据字典，具体见表 8-1 ~ 表 8-8。

表 8-1　图书类别表 lib_book_type

字段名	数据类型	为空性	含义	注释
lib_book_type_id	varchar(36)	not null	图书类别代码	主键
name	varchar(50)	not null	图书类别名称	唯一性约束

表 8-2　出版社表 lib_press

字段名	数据类型	为空性	含义	注释
lib_press_id	varchar(36)	not null	出版社代码	主键
name	varchar(50)	not null	图书类别名称	唯一性约束

表 8-3 图书表 lib_book

字段名	数据类型	为空性	含义	注释
lib_book_id	varchar(36)	not null	图书编号	主键
isbn	varchar(50)	not null	图书 ISBN 号	唯一性约束
title	varchar(200)	not null	书名	
author	varchar(50)	not null	作者	
price	decimal	not null	单价	
version	varchar(12)	null	版次	
published_year	varchar(4)	null	出版年份	
description	varchar(500)	null	图书简介	
quantity	int	null	图书副本数量	
lib_press_id	varchar(36)	not null	所属出版社编号	外键
lib_book_type_id	varchar(36)	not null	所属类别编号	外键

表 8-4 图书副本表 lib_book_copy

字段名	数据类型	为空性	含义	注释
lib_book_copy_id	varchar(36)	not null	图书副本编号	主键
bar_code	varchar(10)	not null	图书条码	唯一性约束
status	tinyint	not null	图书状态	0 = 刚入库；1 = 可出借；2 = 预订；3 = 已借出；4 = 损坏；5 = 遗失
remark	varchar(50)	null	备注	
lib_book_id	varchar(36)	not null	所属图书编号	外键

表 8-5 借书表 lib_lending

字段名	数据类型	为空性	含义	注释
lib_lending_id	varchar(36)	not null	借书编号	主键
lib_user_id_reader	varchar(36)	not null	借书读者编号	外键
lib_book_copy_id	varchar(36)	not null	所借副本编号	外键
booking_date	datetime	null	预约时间	
lending_date	datetime	null	借阅时间	
return_date	datetime	null	归还时间	
remark	varchar(50)	null	备注	
lib_user_id_lending	varchar(36)	not null	借书经办人编号	外键
lib_user_id_return	varchar(36)	null	还书经办人编号	外键

表 8-6　读者表 lib_user

字段名	数据类型	为空性	含义	注释
lib_user_id	varchar(36)	not null	读者编号	主键
account	varchar(20)	not null	账号	
password	varchar(20)	not null	密码	
name	varchar(50)	not null	姓名	
sex	char(1)	null	性别	
address	varchar(50)	null	地址	
tel	varchar(16)	null	电话	
type	char(1)	null	类型	0 = 禁用用户； 1 = 普通读者； 2 = 管理员
remark	varchar(200)	null	备注	
lib_division_id	varchar(36)	not null	所属部门编号	外键

表 8-7　部门表 lib_division

字段名	数据类型	为空性	含义	注释
lib_division _id	varchar(36)	not null	部门编号	主键
name	varchar(50)	not null	部门名称	唯一性约束

表 8-8　罚款表 lib_fine

字段名	数据类型	为空性	含义	注释
lib_fine_id	varchar(36)	not null	罚款编号	主键
amount	decimal	not null	罚款金额	
pay_date	datetime	null	交款时间	
status	int	null	交款状态	0 = 未交；1 = 已交
remark	varchar(200)	null	备注	
lib_lending_id	varchar(36)	not null	借书编号	外键
lib_user_id	varchar(36)	not null	读者编号	外键

8.4　数据库实施

8.4.1　生成数据库

根据数据字典，创建数据库和数据表的 SQL 语句如下：

```
Create Database libsys
Go
```

```
Create Table lib_book_type(
    lib_book_type_id varchar(36) not null primary key,
    name varchar(50) null unique
);
Create Table lib_press(
    lib_press_id varchar(36) not null primary key,
    name varchar(50) null unique
);
Create Table lib_book(
    lib_book_id varchar(36) not null primary key,
    isbn varchar(16) not null unique,
    title varchar(200) not null,
    author varchar(50) not null,
    price decimal not null,
    version varchar(12) null,
    published_year varchar(4) null,
    description varchar(500) null,
    quantity int null,
    lib_press_id varchar(36) not null,
    lib_book_type_id varchar(36) not null
);
Create Table lib_book_copy(
    lib_book_copy_id varchar(36) not null primary key,
    bar_code varchar(10) not null unique,
    status tinyint not null default 0,      /*0=刚入库;1=可出借;2=预订;3=已借出;
                                              4=损坏;5=遗失*/
    remark varchar(50) null,
    lib_book_id varchar(36) not null
);
Create Table lib_division(
    lib_division_id varchar(36) not null primary key,
    name varchar(50) not null unique
);
Create Table lib_user(
    lib_user_id varchar(36) not null primary key,
    account varchar(20) not null unique,
    password varchar(20) not null,
    name varchar(50) not null,
    sex char(1) null,
    tel varchar(16) null,
    type tinyint null default 1,      --0=禁用用户;1=普通读者;2=管理员
remark varchar(200) null,
```

```
lib_division_id varchar(36) not null
);
Create Table lib_lending(
    lib_lending_id varchar(36) not null primary key,
    lib_user_id_reader varchar(36) not null,        --借书读者编号
    lib_book_copy_id varchar(36) not null,
    booking_date datetime null, --预订日期
    lending_date datetime null, -- 借出日期
    return_date datetime null, -- 归还日期
    remark varchar(50) null,
    lib_user_id_lending varchar(36) not null, --图书管理人员编号
    lib_user_id_return varchar(36)
);
Create Table lib_fine(
    lib_fine_id varchar(36) not null primary key,
    amount decimal not null,    --罚款金额
    pay_date datetime null,
    status int null default 0,    --0 = 未交;1 = 已交
    remark varchar(200) null,
    lib_lending_id varchar(36) not null,
    lib_user_id varchar(36) not null
);
Alter Table lib_book Add Constraint fk_lib_book_lib_book_type
    Foreign Key(lib_book_type_id) References lib_book_type(lib_book_type_id)
Alter Table lib_book Add Constraint fk_lib_book_lib_press
    Foreign Key(lib_press_id) References lib_press(lib_press_id)
Alter Table lib_book_copy Add Constraint fk_lib_book_copy_lib_book
    Foreign Key(lib_book_id) References lib_book(lib_book_id)
Alter Table lib_fine Add Constraint fk_lib_fine_lib_lending
    Foreign Key(lib_lending_id) References lib_lending(lib_lending_id)
Alter Table lib_fine Add Constraint fk_lib_fine_lib_user
    Foreign Key(lib_user_id) References lib_user(lib_user_id)
Alter Table lib_lending Add Constraint fk_lending_lib_book_copy
    Foreign Key(lib_book_copy_id) References lib_book_copy(lib_book_copy_id)
Alter Table lib_lending Add Constraint fk_lib_lending_lib_user1
    Foreign Key(lib_user_id_reader) References lib_user(lib_user_id)
Alter Table lib_lending Add Constraint fk_lib_lending_lib_user2
    Foreign Key(lib_user_id_lending) References lib_user(lib_user_id)
Alter Table lib_lending Add Constraint fk_lib_lending_lib_user3
    Foreign Key(lib_user_id_return) References lib_user(lib_user_id)
Alter Table lib_user Add Constraint fk_lib_user_lib_division
    Foreign Key(lib_division_id) References lib_division(lib_division_id)
```

8.4.2 数据初始化

生成了数据库和数据表后，需要向数据表中录入有关数据。在数据结构设计阶段一共设计了 8 张表，其中 6 张是基础数据表，分别是图书类型表、部门表、出版社表、图书表、图书副本表和读者表。

在需求分析阶段我们获取了图书管理中的两组基础数据，分别是 5 种图书（含馆藏数量）的信息（见图 8-5）以及图书借阅的数据（见图 8-6）。

类别	ISBN	书名	作者	版次	单价	出版社	出版年份	简介	馆藏数量
技术类	9787121022326	C++程序设计	周志德	2	31.00	电子工业出版社	2006	省略	3
技术类	9787111316275	Java程序设计及实训	黄能耿	1	32.00	机械工业出版社	2011	省略	3
技术类	9787030193551	计算机网络技术指导书	黄能耿	1	22.00	科学出版社	2007	省略	2
旅游类	9787501969890	骑车游中国	编委会	1	38.00	轻工业出版社	2009	省略	1
旅游类	9787507508260	生存手册	李斌译	1	28.00	华文出版社	2007	省略	1

图 8-5 图书信息原始数据

账号	姓名	性别	部门	书名	预约时间	借阅时间	归还时间	罚款金额	交款情况
S101	王璐	女	技术部	生存手册	2010-2-12	2010-3-5	2010-4-5		
S102	张思敏	男	技术部	C#可视化程序设计案例教程		2010-3-7	2010-7-25	14.00	罚款已交
S103	徐琪	女	工会	骑车游中国		2010-3-16	2010-4-15		

图 8-6 图书借阅清单

根据分析整理出 6 张原始表的基础数据，见表 8-9 ~ 表 8-14。

表 8-9 图书类型表

类型 ID	类型名称	备注
T01	技术类	
T02	旅游类	

表 8-10 部门表

部门 ID	部门名称	备注
D01	技术部	
D02	工会	

表 8-11 出版社表

出版社 ID	出版社名称	备注
P01	电子工业出版社	
P02	机械工业出版社	
P03	科学出版社	
P04	轻工业出版社	
P05	华文出版社	

表 8-12　图书表

图书 ID	ISBN	书名	作者	价格	版次	年份	出版社	图书类别
B1001	9787121022326	C ++ 程序设计	周志德	31.00	2	2006	P01	T01
B1002	9787111316275	Java 程序设计及实训	黄能耿	32.00	1	2011	P02	T01
B1003	9787030193551	计算机网络技术	黄能耿	22.00	1	2007	P03	T01
B1004	9787501969890	骑车游中国	编委会	38.00	1	2009	P04	T02
B1005	9787507508260	生存手册	李斌译	28.00	1	2007	P05	T02

表 8-13　图书副本表

副本 ID	馆藏条码	状态	备注	图书 ID
C100001	100001	1		B1001
C100002	100002	1		B1001
C100003	100003	1		B1001
C100004	100004	1		B1002
C100005	100005	1		B1002
C100006	100006	1		B1002
C100007	100007	1		B1003
C100008	100008	1		B1003
C100009	100009	1	少许损坏	B1004
C100010	100010	1		B1005

表 8-14　读者表

读者 ID	账号	密码	姓名	性别	电话	类别	备注	部门 ID
S101	S101	123	王璐	女	13912341234	1		D01
S102	S102	123	张思敏	男	13912341235	1		D01
S103	S103	123	徐琪	女	13912341236	2		D02

分析上述图书借阅清单后，还可以获取除基本表以外的两张表，即借书表和罚款表的数据，见表 8-15 和表 8-16。

表 8-15　借书表

借书 ID	读者 ID	副本 ID	预订日期	借书日期	还书日期	备注	借出经手人	还书经手人
L001	S101	C100010	2010-2-12	2010-3-5	2010-4-5		S103	S103
L002	S102	C100002		2010-3-7	2010-7-25		S103	S103
L003	S103	C100009		2010-3-16	2010-4-15	少许损坏	S103	S103

表8-16 罚款表

罚款ID	金额	交款日期	状态	备注	借书ID	读者ID
F001	14.00	2010-7-25	已交		L002	S102

获取了基础数据后，运用Insert和Updata语句，并根据数据之间的联系，正确地插入和更新数据。数据插入和部分数据修改的SQL代码如下：

```
Insert Into lib_book_type Values('T01', '技术类')
Insert Into lib_book_type Values('T02', '旅游类')

Insert Into lib_division Values('D01', '技术部')
Insert Into lib_division Values('D02', '工会')

Insert Into lib_press Values('P01', '电子工业出版社')
Insert Into lib_press Values('P02', '机械工业出版社')
Insert Into lib_press Values('P03', '科学出版社')
Insert Into lib_press Values('P04', '轻工业出版社')
Insert Into lib_press Values('P05', '华文出版社')

Insert Into lib_book Values('B1001', '9787121022326', 'C++程序设计', '周志德', 31, '2', '2006',
null,3, 'P01', 'T01')
Insert Into lib_book Values('B1002', '9787111316275', 'Java程序设计及实训', '黄能耿', 32, '1',
'2011', null, 3, 'P02', 'T01')
Insert Into lib_book Values('B1003', '9787030193551', '计算机网络技术', '黄能耿', 22, '1 ',
'2007', null,2, 'P03', 'T01')
Insert Into lib_book Values('B1004', '9787501969890', '骑车游中国', '编委会', 38, '1 ', '2009',
null,1, 'P04', 'T02')
Insert Into lib_book Values('B1005', '9787507508260', '生存手册', '李斌译', 28, '1 ', '2007',null,
1, 'P05', 'T02')

Insert Into lib_book_copy Values('C100001', '100001', '1', '', 'B1001')
Insert Into lib_book_copy Values('C100002', '100002', '1', '', 'B1001')
Insert Into lib_book_copy Values('C100003', '100003', '1', '', 'B1001')
Insert Into lib_book_copy Values('C100004', '100004', '1', '', 'B1002')
Insert Into lib_book_copy Values('C100005', '100005', '1', '', 'B1002')
Insert Into lib_book_copy Values('C100006', '100006', '1', '', 'B1002')
Insert Into lib_book_copy Values('C100007', '100007', '1', '', 'B1003')
Insert Into lib_book_copy Values('C100008', '100008', '1','', 'B1003')
Insert Into lib_book_copy Values('C100009', '100009', '1','少许损坏', 'B1004')
Insert Into lib_book_copy Values('C100010', '100010', '1', '', 'B1005')
Insert Into lib_user Values('S101', 'S101', '123', '王璐', 'F', '13912341234', '1','', 'D01')
Insert Into lib_user Values('S102', 'S102', '123', '张思敏', 'M', '13912341235', '1', '', 'D01')
Insert Into lib_user Values ('S103', 'S103', '123', '徐琪', 'F', '13912341236', '2', '', 'D02')

Insert Into lib_lending Values ('L001', 'S101', 'C100010', '2010-2-12', '2010-3-5', '2010-4-5', '',
'S103', 'S103')
```

```
Insert Into lib_lending Values('L002', 'S102', 'C100002', '', '2010-3-7', '2010-7-25', '', 'S103', 'S103')
Insert Into lib_lending Values('L003', 'S103', 'C100009', '', '2010-3-16', '2010-4-15', '', 'S103', 'S103')

Insert Into lib_fine Values('F001', '14', '2010-7-25', '1', '', 'L002', 'S102')

--部分修改数据的 SQL 代码
Update lib_press Set name = '中国轻工业出版社' Where lib_press_id = 'P04'
Update lib_book Set author = '周志德，候正昌' Where lib_book_id = 'B1001'
Update lib_book Set title = '计算机网络技术实训指导书' Where lib_book_id = 'B1003'
```

8.4.3 数据查询核对

数据初始化完成后，还可以通过编写数据查询语句来核对数据录入是否与原始数据保持一致，代码如下：

```
Select lib_book_type. name 类别, isbn ISBN, title 书名,
    author 作者, version 版次, price 单价, lib_press. name 出版社,
    published_year 出版年份, description 简介, count( * ) 馆藏数量
From lib_book
    Join lib_book_type On lib_book. lib_book_type_id = lib_book_type. lib_book_type_id
    Join lib_press On lib_book. lib_press_id = lib_press. lib_press_id
    Join lib_book_copy On lib_book. lib_book_id = lib_book_copy. lib_book_id
Group by lib_book_type. name, isbn, title,
    author, version, price, lib_press. name,
    published_year, description
```

执行结果如图 8-7 所示。

	类别	ISBN	书名	作者	版次	单价	出版社	出版年份	简介	馆藏数量
1	技术类	9787121022326	C++程序设计	周志德,候正昌	2	31	电子工业出版社	2006	NULL	3
2	技术类	9787111316275	Java程序设计及实训	黄能耿	1	32	机械工业出版社	2011	NULL	3
3	技术类	9787030193551	计算机网络技术实训指导书	黄能耿	1	22	科学出版社	2007	NULL	2
4	旅游类	9787501969890	骑车游中国	编委会	1	38	中国轻工业出版社	2009	NULL	1
5	旅游类	9787507508260	生存手册	李斌译	1	28	华文出版社	2007	NULL	1

图 8-7 图书信息查询结果

```
Select account 账号, lib_user. name 姓名, sex 性别,
    lib_division. name 部门, title 书名,
    booking_date 预约时间, lending_date 借阅时间, return_date 归还时间,
    amount 罚款金额, lib_fine. status 交款情况
From lib_lending
    Join lib_book_copy On lib_lending. lib_book_copy_id = lib_book_copy. lib_book_copy_id
    Join lib_book On lib_book_copy. lib_book_id = lib_book. lib_book_id
    Join lib_user On lib_lending. lib_user_id_reader = lib_user. lib_user_id
    Join lib_division On lib_user. lib_division_id = lib_division. lib_division_id
    Left Join lib_fine On lib_lending. lib_lending_id = lib_fine. lib_lending_id
```

执行结果如图 8-8 所示。

	账号	姓名	性别	部门	书名	预约时间	借阅时间	归还时间	罚款金额	交款情况
1	S101	王璐	F	技术部	生存手册	2010-02-12 00:00:00.000	2010-03-05 00:00:00.000	2010-04-05 00:00:00.000	NULL	NULL
2	S102	张思敏	M	技术部	C++程序设计	1900-01-01 00:00:00.000	2010-03-07 00:00:00.000	2010-07-25 00:00:00.000	14	1
3	S103	徐琪	F	工会	骑车游中国	1900-01-01 00:00:00.000	2010-03-16 00:00:00.000	2010-04-15 00:00:00.000	NULL	NULL

图 8-8 借阅信息查询结果

8.5 数据库应用程序编制

8.5.1 ADO. NET 数据库编程接口

在客户端的数据库应用程序必须通过数据库接口才能访问数据库中的数据，一般的数据库管理系统都支持两种数据库访问接口，一种是专用接口，另一种是通用接口。专用接口与特定的数据库管理系统有关，不同的数据库管理系统提供的专用接口不同；而通用接口可以屏蔽每个数据库管理系统底层接口的差异，提供一种标准的访问方法，使编程人员可方便地访问不同的数据库管理系统。本节将简要介绍 ADO. NET 数据库接口技术。

1. ADO. NET 访问数据源的方式

ADO. NET 完全兼容于 OLE DB 兼容数据库，因此，无论采取 Access、SQL Server、Informix、Oracle、dBase 或其他数据库，只要该数据库有 OLE DB 驱动程序，ADO. NET 就能访问。由图 8-9 可知，ADO. NET 通过以下两个 . NET 数据提供程序来访问数据源。

1）SQL Server. NET 数据提供程序：用来访问 SQL Server 7. 0 或更高版本的数据库，位于 System. Data. SqlClient 命名空间。由于使用特殊的协议（Tabular Data Stream）与 SQL Server 沟通，而此协议无须依赖 OLE DB，且直接由 CLR 管理，因此，使用 SQL Server. NET 数据提供程序访问 SQL Server 数据库比使用 OLE DB. NET 数据提供程序的效率高。

2）OLE DB. NET 数据提供程序：用来访问 Access、SQL Server 6. 5 或更旧版本、Visual FoxPro、Informix、Oracle、dBase 或其他数据库，只要该数据库有对应的 OLE DB 驱动程序，ADO. NET 就能访问。

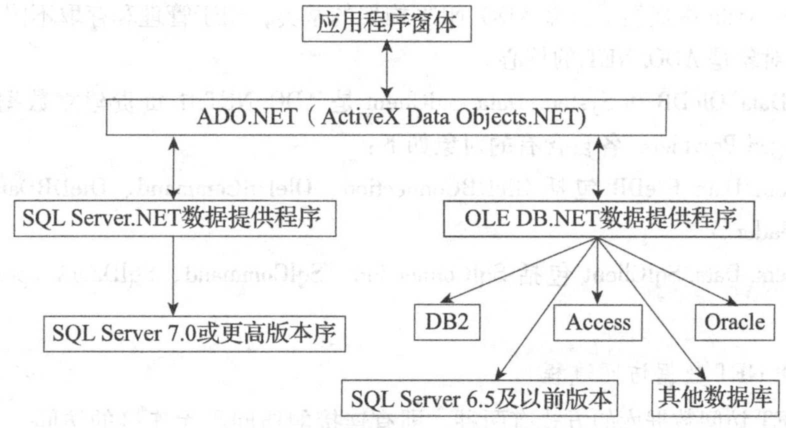

图 8-9 ADO. NET 访问数据源的方式

2. ADO.NET 的体系结构

ADO.NET 结构如图 8-10 所示，包括两大核心组件，即.NET 数据提供程序和 DataSet 数据集。.NET 数据提供程序用于连接数据库、执行命令和检索结果，包含 4 个核心对象，即 Connection 对象、Command 对象、DataReader 对象和 DataAdapter 对象。Connection 对象用于与数据源建立连接，Command 对象用于对数据源执行命令，DataReader 对象用于从数据源中检索只读、只向前的数据流，DataAdapter 对象用于将数据源的数据填充至 DataSet 数据集并更新数据集。

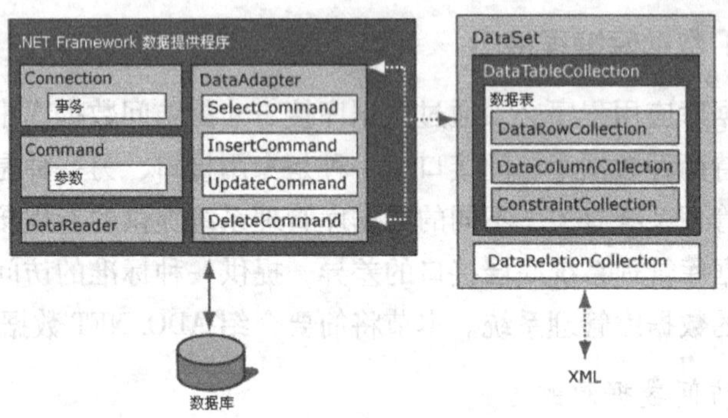

图 8-10　ADO.NET 结构

3. ADO.NET 的命名空间

通过 ADO.NET 访问数据需要引入的几个命名空间见表 8-17。

表 8-17　ADO.NET 命名空间

ADO.NET 命名空间	说　明
System.Data	提供 ADO.NET 构架的基类
System.Data.OleDB	针对 OLE DB 数据所设计的数据存取类
System.Data.SqlClient	针对 SQL Server 数据所设计的数据存取类

在 System.Data 中提供了许多 ADO.NET 构架的基类，用于管理和存取不同数据源的数据，DataSet 对象是 ADO.NET 的核心。

System.Data.OleDB 和 System.Data.SqlClient 是 ADO.NET 中负责建立数据连接的类，又称为 Managed Provider，各自含有的对象如下：

1）System.Data.OleDB 包括 OleDBConnection、OleDBCommand、OleDBDataAdapter 和 OleDBDataReader。

2）System.Data.SqlClient 包括 SqlConnection、SqlCommand、SqlDataAdapter 和 SqlDataReader。

4. ADO.NET 数据访问流程

ADO.NET 访问数据库的方式有两种，即有连接的访问和无连接的访问，有连接的访问用 DataReader 对象返回操作结果，速度快，但是是一种独占式的访问，效率并不高；无连接的访问用 DataSet 对象返回结果，DataSet 对象可以看作一个内存数据库，访问的结果存放到 DataSet 对象中后可以在 DataSet 内存数据库中操作表，效率更高。

(1) 有连接数据访问流程

有连接数据访问流程如图 8-11 所示，其操作过程为：首先，通过 Connection 对象连接外存数据库，然后通过 Command 对象执行操作命令（如数据的增、删、查、改）。如果需要查询信息，则通过 DataReader 对象将数据一一读出，再绑定到应用程序窗体控件上进行显示。所有操作结束后必须关闭 Connection 对象的连接，断开与外存数据库的连接。

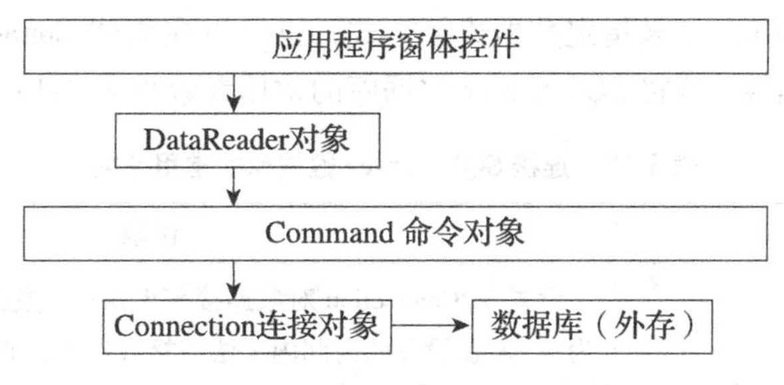

图 8-11 有连接数据访问流程

(2) 无连接数据访问流程

无连接数据访问流程如图 8-12 所示，其操作过程为：首先，使用 Connection 对象建立与外存数据库的连接，然后通过设置 DataAdapter 适配器对象的属性，用指定连接执行 SQL 语句从数据库中提取需要的数据，创建 DataSet 内存数据库对象，将 DataAdapter 对象执行 SQL 语句返回的结果使用 Fill 方法填充至 DataSet 对象。DataSet 从数据源中获取数据后就可以断开与数据源之间的连接。最后，为数据绑定控件设置数据源并绑定，以便在其中显示 DataSet 内存数据库中的数据。同时，当完成了各项操作后，DataAdapter 对象还可以通过 Update 方法实现以内存数据库 DataSet 对象中的数据来更新外存数据库。

由于 DataSet 中的所有数据都是加载在内存上执行的，因此可以提高数据访问速度，提高硬盘数据的安全性，极大地改善了程序运行的速度和稳定性。

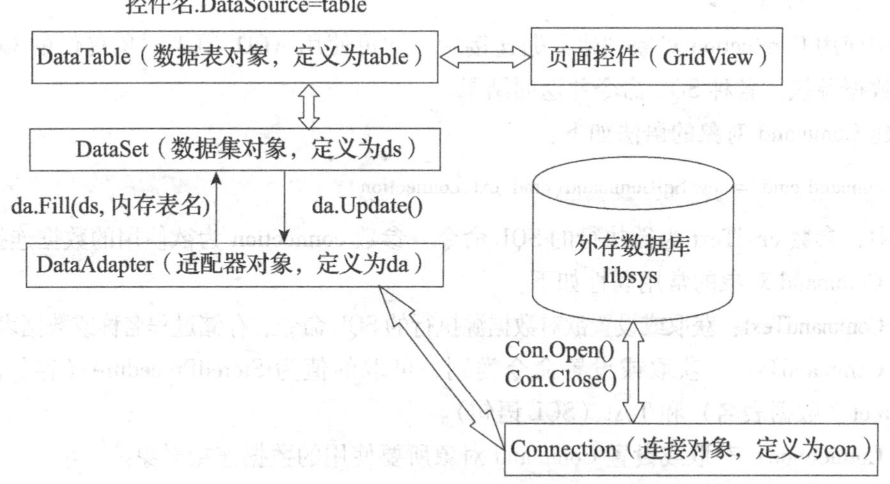

图 8-12 无连接数据访问流程

5. 常用 ADO. NET 对象的使用

(1) Connection 对象

操作数据库的第一步是建立与数据库的连接。Connection 对象用来打开和关闭数据库连接。创建与 SQL Server 数据库连接的语法如下：

```
SqlConnection con = new SqlConnection(connectionString);    //SQL Server 数据库
```

参数 connectionString 用来指定数据连接方式，也可以在创建 Connection 对象之后再指定 ConnectionString 属性。连接 SQL Server 数据库的常用参数见表 8-18。

表 8-18　连接 SQL Server 数据库的常用参数

参数名称	说明
Connection Timeout	设置 SqlConnection 对象连接 SQL Server 数据库的逾期时间，单位为 s，若在设置的时间内无法连接数据库，则返回失败
Data Source（或 Server、Address）	设置欲连接的 SQL Server 服务器的名称或 IP 地址
Database（或 Initial Catalog）	设置欲连接的数据库名称
Packet Size	设置用来与 SQL Server 沟通的网络数据包大小，单位为 Bytes，有效值为 512 ~ 32767，若发送或接收大量的文字，则 PacketSize 大于 8192Bytes 的效率会更好
User Id 与 PassWord（或 Pwd）	设置登录 SQL Server 的账号及密码

上述参数 connectionString 可配置成：

```
"Data Source = localhost; Initial catalog = libsys; User Id = Sa; Pwd = Sa"
```

Connection 对象创建完成后，可以使用对象的 Open() 方法来打开数据库连接，使用 Close() 方法关闭数据库连接。

(2) Command 对象

成功使用 Connection 对象创建数据连接后，即可使用 ADO. NET 对象提供的 Command 对象对数据源执行各种 SQL 命令并返回结果。

创建 Command 对象的语法如下：

```
SqlCommand cmd  = new SqlCommand(cmdText, connection);
```

其中，参数 cmdText 为欲执行的 SQL 命令，参数 connection 为欲使用的数据连接。

1) Command 对象的常用属性如下。

① CommandText：获取或设置欲对数据源执行的 SQL 命令、存储过程名称或数据表名称。

② CommandType：获取或设置命令类别，可取的值为 StoredProcedure（存储过程）、TableDirect（数据表名）和 Text（SQL 语句）。

③ Connection：获取或设置 Command 对象所要使用的数据连接对象。

2) Command 对象的常用方法如下。

① ExecuteNonQuery()：执行 CommandText 属性指定的内容，并返回被影响的列数。只有 Update、Insert 及 Delete 返回被影响的列数，该方法用于对数据库的更新操作。

② ExecuteReader()：执行 CommandText 属性指定的内容，并创建 DataReader 对象，一般执行的是 Select 语句。

③ ExecuteScalar()：执行 CommandText 属性指定的内容，并返回执行结果第一列第一栏的值，此方法只能用来执行 Select 语句。

(3) DataReader 对象

对于只需顺序显示数据表中记录的应用而言，DataReader 对象是比较理想的选择。可以通过 Command 对象的 ExecuteReader() 方法创建 DataReader 对象。DataReader 对象一旦建立，即可通过对象的属性和方法访问数据源中的数据。

建立 DataReader 对象的语法如下：

```
SqlDataReader dr = cmd.ExecuteReader();
```

1) DataReader 对象的属性如下。

① FieldCount：获取字段数目。

② IsClosed：获取 DataReader 对象的状态，True 表示关闭，False 表示打开。

③ RecordsAffected：获取执行 Insert、Delete 或 Update 等 SQL 命令后有多少行受到影响，若没有受到影响，便返回 0。

2) DataReader 对象的方法如下。

① Close()：关闭 DataReader 对象。

② GetFieldType(ordinal)：获取第 ordinal + 1 列的数据类型。

③ GetName(ordinal)：获取第 ordinal + 1 列字段的名称。

④ GetOrdinal(name)：获取字段名称为 name 的字段序号。

⑤ GetValues(values)：获取所有字段的内容，并将字段内容存放在 values 数组中。

⑥ IsDBNull(ordinal)：判断第 ordinal + 1 列是否为 null，返回 False 表示不是 null，返回 True 则表示是 null。

⑦ Reader()：读取下一条数据并返回布尔值，返回 True 表示还有下一条数据，返回 False 表示没有下一条数据。

(4) DataAdapter 对象

成功地使用 Connection 对象创建数据连接后，可以使用 DataAdapter 对象对数据源执行各种 SQL 命令并返回结果，可以执行的命令包括选取（SelectCommand）、插入（InsertCommand）、更新（UpdateCommand）和删除（DeleteCommand）。

创建 DataAdapter 对象的语法结构，以 SQL Server 数据库为例，有以下 4 种方法：

```
SqlDataAdapter dp = new SqlDataAdapter();                    //创建之后配置属性
SqlDataAdapter dp = new SqlDataAdapter(命令对象名);            //先创建 Command 对象
SqlDataAdapter dp = new SqlDataAdapter(SQL 语句,连接对象名);   //先创建 Connection 对象
SqlDataAdapter dp = new SqlDataAdapter(SQL 语句,连接字符串);
```

1) DataAdapter 对象的属性如下。

① DeleteCommand = "…"：获取或设置用来从数据源删除数据行的 SQL 命令，属性值必须为 Command 对象，此属性只有在调用 Update( ) 方法，且 DataAdapter 对象得知须从数据源删除数据行时使用，其主要用途是告诉 DataAdapter 对象如何从数据源删除数据行。

② InsertCommand = "…"：获取或设置将数据行插入数据源的 SQL 命令，属性值必须是 Command 对象，使用原则同 DeleteCommand。

③ SelectCommand = "…"：获取或设置用来从数据源选取数据行的 SQL 命令，属性值为 Command 对象，使用原则同 DeleteCommand。

④ UpdateCommand = "…"：获取或设置用来更新数据源数据行的 SQL 命令，属性值为 Command 对象，使用原则同 DeleteCommand。

其他属性有 ContinueUpdateOnError、AcceptChangesDuringFill、MissingMappingAction、MissingSchemaAction 和 TableMappings。

2）DataAdapter 的方法如下。

① Fill(dataSet 对象名，[内存表的别名])：将 SelectCommand 属性指定的 SQL 命令执行结果所选取的数据行置入 DataSet 对象，其返回值为 DataSet 对象的数据行数。

② Update(dataSet 对象名，[内存表的别名])：调用 InsertCommand、UpdateCommand 或 DeleteCommand 属性指定的 SQL 命令将 DataSet 对象更新到数据源。

（5）DataSet 对象

DataSet 对象是 ADO. NET 体系结构的中心，位于 . NET Framework 中的 System. Data. DataSet 中，实际上是从数据库中检索记录的缓存，可以将 DataSet 当作一个小型内存数据库，它包含表、列、约束、行和关系。这些 DataSet 对象称为 DataTable、DataColumn、DataRow、Constraint 和 Reliation。DataSet 允许使用无连接的应用程序。在用户要求访问数据源时，无需经过冗长的连接操作，而且数据从数据源读入 DataSet 对象（内存）后，便关闭数据连接，解除数据库的锁定，其他用户便可使用该数据库，用户之间无需争夺数据源。

DataSet 对象必须配合 DataAdapter 对象使用，DataAdapter 对象结构在 Command 对象之上，用来执行 SQL 命令，然后将结果置入 DataSet 对象。此外，DataAdapter 对象也可将 DataSet 对象更改过的数据写回数据源。

每个用户都拥有专属的 DataSet 对象，所有操作数据库的动作（查询、删除、插入及更新等）都在 DataSet 对象中进行，与数据源无关。使用 DataSet 对象处理数据库的概念很简单，其过程如图 8-13 所示。

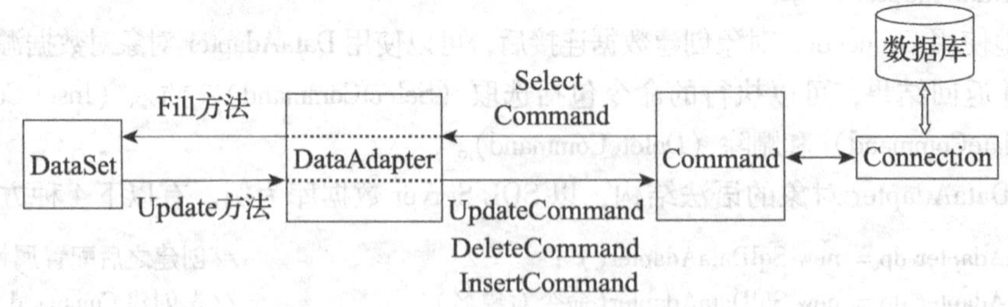

图 8-13　DataSet 对象处理数据的过程

创建 DataSet 对象的方式很简单，无论哪种数据源（OLE DB 数据库或 SQL Server 数据库）创建方式都一样，语法如下：

```
DataSet  ds = new DataSet( );
da. Fill( ds, 内存表的别名);      //da 为 DataAdapter 对象名
```

成功创建 DataSet 对象后，即可访问其所提供的属性及方法。

1）DataSet 对象的属性如下。

① CaseSensitive = {True, False}：获取或设置在 DataTable 对象内比较字符串时是否分辨字母的大小写，默认为 False。

② DataSetName = "…"：当前 DataSet 的名称。如果不指定，则该属性值设置为"NewDataSet"。如果将 DataSet 内容写入 XML 文件，则 DataSetName 是 XML 文件的根节点名称。

③ Tables：获取 DataTable 集合，DataSet 对象的所有 DataTable 对象（数据表）均存放在 DataTableCollection 中。

2）DataSet 对象的方法如下。

① AcceptChanges( )：将所有变动过的数据更新到 DataSet 对象。

② Clear( )：清除 DataSet 对象的数据，此方法会删除所有的 DataTable 对象。

③ Clone( )：复制 DataSet 对象的结构，包含所有 DataTable 对象的架构描述和条件约束，返回值与此 DataSet 对象具有相同结构的 DataSet 对象。

④ Copy( )：复制 DataSet 对象的结构及数据，返回值为与此 DataSet 对象具有相同结构及数据的 DataSet 对象。

⑤ GetChanges({Added, Deleted, Detached, Modified, Unchanged})：此方法的参数可以省略不写，表示返回自上次调用 AcceptChanges( ) 方法后，DataSet 对象变动过的数据。

⑥ GetXml：返回数据存放在 DataSet 对象内的 XML 描述，返回值为字符型。

⑦ HasChanges({Added, Deleted, Detached, Modified, Unchanged})：判断 DataSet 对象的数据是否变动过。

8.5.2 数据库连接通用模块

在 Visual Studio 2012 中，选择"文件"→"新建"→"项目"命令，弹出如图 8-14 所示的"新建项目"对话框。选择"其他项目类型"，新建空白解决方案，输入解决方案名"libsys"，存放于 E:\library 中。

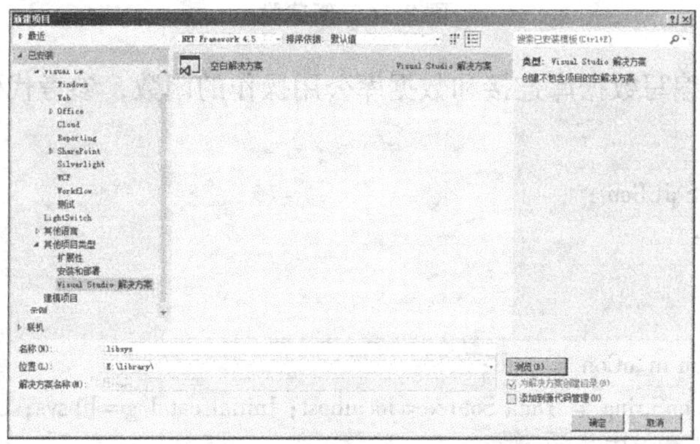

图 8-14 "新建项目"对话框

在解决方案资源管理器中，右键单击解决方案（libsys），在弹出的快捷菜单中选择“添加”→“新建项目”命令，在弹出的“添加新项目”对话框中选择“类库”选项，在“名称”文本框中输入类库名“DAL”，在“位置”下拉列表框中选择存放于 E:\library\libsys 中，如图 8-15 所示。

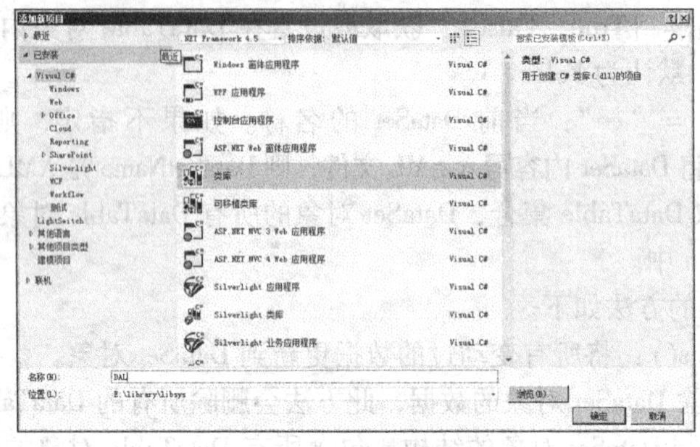

图 8-15　新建类库

在解决方案资源管理器中，右键单击类库 DAL，在弹出的快捷菜单中选择“添加”→“新建项目”命令，在弹出的“添加新项”对话框中选择“类”选项，在“名称”文本框中输入类名“DBCore”，如图 8-16 所示。

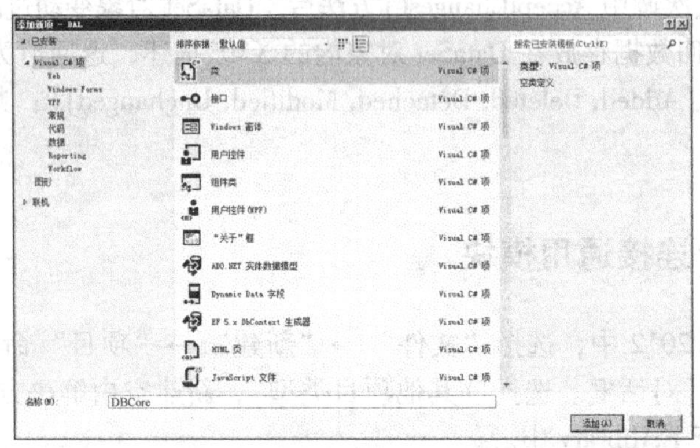

图 8-16　新建类

在类 DBCore 中编写数据库连接和数据库公用操作的函数，参考代码如下：

```
using System.Data;
using System.Data.SqlClient;
public class DBCore
{
//成员变量
private SqlConnection m_oCon = null;
public static string conString ="Data Source = localhost; Initial catalog = libsys; User Id = Sa;Pwd = Sa";
// 得到实例并打开数据库
```

```
public void GetInstance( )
{
    if( m_oCon = = null)
    {
        m_oCon = new SqlConnection( conString) ;
    }
    if( m_oCon. State = = ConnectionState. Closed)
    {
        try
        {
            m_oCon. Open( ) ;
        }
        catch( Exception ex)
        {
            throw ex;
        }
    }
}
// 关闭数据库
public void CloseConnection( )
{
    if( m_oCon ! = null)  //连接不为空
    {
        if( m_oCon. State = = ConnectionState. Open)
        {
            m_oCon. Close( ) ;
        }
    }
}
// 释放资源
public void DisposeConnection( )
{
    if( m_oCon ! = null)
    {
        m_oCon. Dispose( ) ;
        m_oCon = null;
    }
}
// 根据 SQL 语句进行查询
public  DataTable Select( string sSql)
{
    try
    {
        SqlDataAdapter oSda = new SqlDataAdapter( sSql,m_oCon) ;
```

```
            DataSet oDs = new DataSet();
            oSda.Fill(oDs);
            return oDs.Tables[0];
        }
        catch(SqlException ex)
        {
            return null;
        }
        finally
            {
                CloseConnection();    //关闭数据库连接
                DisposeConnection();    //释放资源
        }
}
//通过 SQL 语句执行更新语句(插入、修改、删除)
public int Update(string sSql)
{
        int iResult = 0;
        SqlTransaction m_oTran;
        m_oTran = m_oCon.BeginTransaction();
        SqlCommand oComm = new SqlCommand();
        oComm.Connection = m_oCon;
        oComm.Transaction = m_oTran;
        try
        {
            oComm.CommandText = sSql;
            iResult = oComm.ExecuteNonQuery();
            m_oTran.Commit();
            return iResult;
        }
        catch(Exception ex)
        {
            m_oTran.Rollback();
            return iResult;
        }
        finally
        {
            m_oTran.Dispose();
            m_oTran = null;
            CloseConnection();
            DisposeConnection();
        }
}
}
```

8.5.3 C/S 结构程序设计

C/S 结构的图书借阅管理系统，包括系统登录、图书借阅、图书管理、读者管理、信息查询和系统维护等模块。

在解决方案资源管理器中，右键单击解决方案（libsys），在弹出的快捷菜单中选择“添加”→“新建项目”命令，在弹出的“添加新项目”对话框中选择“Windows 窗体应用程序”选项，输入名称“libsys”，存放于 E:\library\libsys 中。本节重点介绍系统登录模块和图书借阅模块的实现过程。

1. 系统登录模块

右键单击项目 libsys，在弹出的快捷菜单中选择“添加”→“新建项”命令，在弹出的“添加新项”对话框中选择“Windows 窗体”选项，输入窗体名“Form_Login”。

系统登录模块的界面设计如图 8-17 所示，实现的部分代码如下：

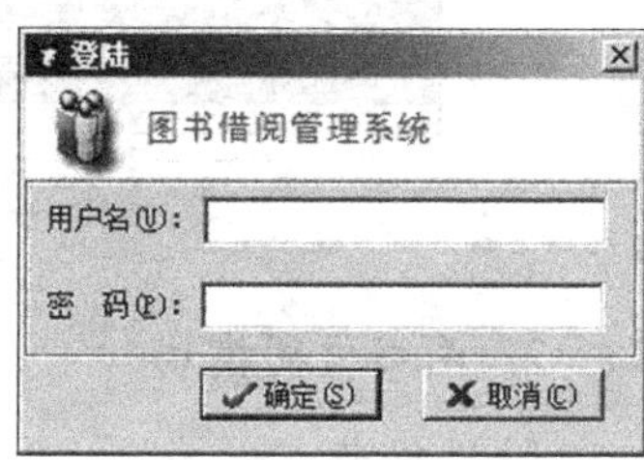

图 8-17 系统登录模块的界面设计

```
//"确定"按钮单击事件程序
private void btn_Ok_Click(object sender, EventArgs e)
{
        string userName = txt_UserName.Text.Trim();
        string userPassword = txt_Password.Text.Trim();
        DBCore con = new DBCore();                        //使用数据库连接通用类定义对象
        con.GetInstance();                                //打开数据库连接
        StringBuilder strSql = new StringBuilder();
        strSql.AppendFormat(@"select * from lib_User
                where account='{0}' and password='{1}'", userName, userPassword);
        DataTable dt = con.Select(strSql.ToString());
        if(dt.Rows.Count > 0)                             //用户名和密码正确
        {
            Form_Main frm = new Form_Main();
            frm.Show();                                   //进入系统主界面
        }
        else                                              //用户名或密码错误
        {
            MessageBox.Show("用户名或密码错误");
        }
        con.CloseConnection();                            //关闭数据库连接
            con.DisposeConnection();                      //释放资源
}
```

登录成功后的主界面如图 8-18 所示。主界面实现的代码此处省略，请读者自行完成。

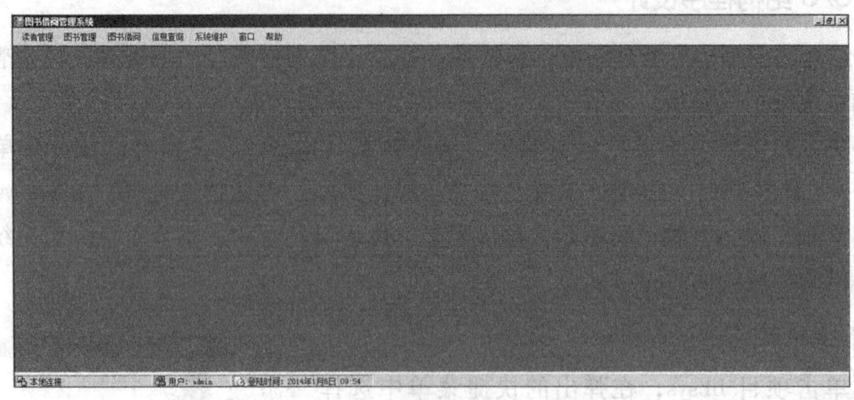

图 8-18　图书借阅管理系统主界面

2. 图书借阅模块

(1) 借书

1) 借书业务流程。借书是借一本书，而不是一种书，所以借的是图书的副本。只要该副本是可借阅的，读者就能借阅这个副本。

借阅的过程分为两个步骤：第一步，在借阅表 lib_lending 中添加一条记录，记录图书副本编号和读者编号，并记录借阅时间为当时系统时间；第二步，将图书副本的状态置为 3（即已借出）。

2)“出借图书”窗口的界面设计。在“出借图书”窗口上添加若干控件，界面如图 8-19 所示，设置各控件的属性见表 8-19。在实际的图书借阅管理系统中，图书副本编号和读者编号通过扫描图书条码和读者借阅证进行输入，本书设计时使用文本框输入。

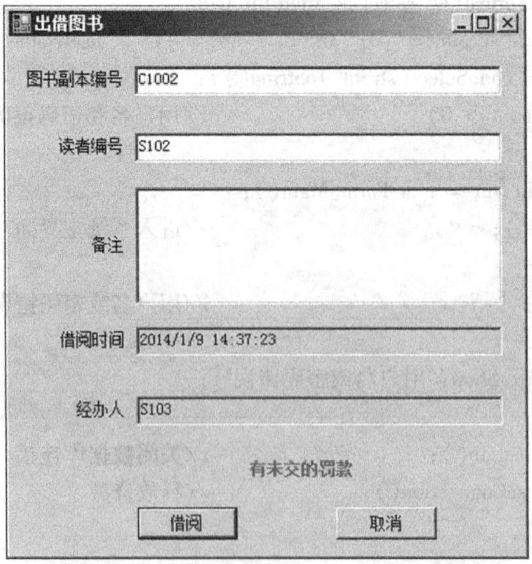

图 8-19　“出借图书”窗口的界面

表 8-19　出借图书界面的各控件属性设置

控件	名称	功能	属性
TextBox1	txt_CopyId	输入图书副本编号	
TextBox2	txt_UserId	输入读者编号	
TextBox3	txt_Remark	输入借书备注信息	Multiline：True
TextBox4	txt_LendingDate	自动填入系统当前时间	
TextBox5	txt_LendingUser	自动填入登录的工作人员编号	
Label1	lbl_Status	显示借书异常的信息	
Button1	btn_Lending		Text：借阅
Button2	btn_Cancel		Text：取消

3）借书处理过程中的存储过程设计。系统通过图书副本编号、读者编号、工作人员编号和备注文字 4 个参数调用存储过程，完成借书。如果借书不成功，则将返回异常信息，异常信息将提示不成功的原因：①用户被禁用；②图书副本不可借（图书状态不为 1）；③用户所借图书的副本总数超过 5 本；④用户有超期未还的借书记录；⑤用户有未交的罚款。

借书处理存储过程名为 pro_lending，其定义如下：

```
Create Procedure pro_lending
@ copy_id varchar(36), @ user_id varchar(36), @ staff_id varchar(36), @ remark varchar(50)
```

存储过程 pro_lending 的参数说明如下。

①@ copy_id varchar(36)：输入出借图书的副本编号。

②@ user_id varchar(36)：输入读者编号。

③@ staff_id varchar(36)：输入工作人员编号。

④@ remark varchar(50)：输入出借图书的备注信息。

存储过程 pro_lending 的工作流程如下：

① 开启一个事务。

② 定义变量@ lending_id，将@ lending_id 赋值为 NEWID()，这是 GUID 唯一性编号，用此作为借书编号。

③ 定义变量@ status，用此获取所选图书的当前状态，如果其值不为 1，则用 Raiserror 返回“图书副本不可借”的错误信息，并且事务回滚。

④ 定义变量@ type，用此获取所选读者的当前状态，如果其值为 0，则用 Raiserror 返回“用户被禁用”的错误信息，并且事务回滚。

⑤ 定义变量@ count1，用此获取所选读者的借书总数，如果其值大于等于 5，则用 Raiserror 返回“借阅的副本总数超过 5 本”的错误信息，并且事务回滚。

⑥ 定义变量@ count2，用此获取借书时间超过 30 天的借阅记录，如果其值大于等于 1，则用 Raiserror 返回“有超期未还的借书记录”的错误信息，并且事务回滚。

⑦ 定义变量@ count3，用此获取所选读者未交罚款的记录，如果其值大于等于 1，则用 Raiserror 返回“有未交的罚款”的错误信息，并且事务回滚。

⑧ 插入一条借书记录，主键是 GUID，引用的是前面赋值的@ lending_id，图书副本编号、读者编号、工作人员编号和备注文字为传入的参数值，借阅时间用当前日期，如果插入记录失败，则事务回滚。

⑨ 更新图书副本信息，将图书副本状态 status 字段的值更新为 3（即已借出），如果更新失败，则事务回滚。

⑩ 成功则提交事务。

存储过程 pro_lending 的参考代码如下：

```
Create Procedure pro_lending
@ copy_id varchar(36),
@ user_id varchar(36),
@ staff_id varchar(36),
@ remark varchar(50)
As
Begin
    --开启一个事务
    Begin transaction;
    --生成 GUID 唯一性编号给借书编号
    Declare @ lending_id varchar(36)
    Set @ lending_id  =  NEWID();
    --判断图书副本是否可借
    Declare @ status tinyint
    Select @ status = status From lib_book_copy Where lib_book_copy_id = @ copy_id
    If @ status!  =1
    Begin
        Raiserror('副本不可借', 16, 1)
        Rollback
        Return
    End
    --判断读者是否被禁用
    Declare @ type char(1)
    Select @ type = type From lib_user Where lib_user_id = @ user_id
    If @ type = 0
    Begin
        Raiserror('读者被禁用', 16, 1)
        Rollback
        Return
    End
    --判断读者借的图书副本总数是否超过 5 本
    Declare @ count1 int
```

```
Select @ count1 = count( * )
From lib_lending
Join lib_book_copy On lib_lending. lib_book_copy_id = lib_book_copy. lib_book_copy_id
Where lib_user_id_reader = @ user_id And status = 3
If @ count1 > = 5
Begin
    Raiserror('借阅的副本总数超过 5 本', 16, 1)
    Rollback
    Return
End
--判断读者是否有超期未还的借书记录
Declare @ count2 int
Select @ count2 = count( * ) From lib_lending
Where lib_user_id_reader = @ user_id And dateadd( day, 30, lending_date) < GETDATE( )
If @ count2 > = 1
Begin
    Raiserror('有超期未还的借书记录', 16, 1)
    Rollback
    Return
End
--判断读者是否有未交的罚款
Declare @ count3 int
Select @ count3 = count( * ) From lib_fine
Where lib_user_id = @ user_id And status = 1
If @ count3 > = 1
Begin
    Raiserror('有未交的罚款', 16, 1)
    Rollback
    Return
End
--插入借书表
Insert Into lib_lending Values
(@ lending_id, @ user_id, @ copy_id, null, GETDATE( ), null, @ remark, @ staff_id, '');
If @ @ error! =0        -- 如果出现错误,则回滚
Begin
    Rollback;
    Return;
End
--更新图书状态
Update lib_book_copy Set status = 3 Where lib_book_copy_id = @ copy_id
If @ @ error! =0        -- 如果出现错误,则回滚
Begin
    Rollback;
```

```
        Return;
    End
    Commit;
End
```

创建好存储过程后，可以用下述代码测试其是否正常工作，调用后运行结果如图 8-20 所示。

```
Exec pro_lending 'C100002', 'S102', 'S103', ''
```

```
exec pro_lending 'C100001','S101','S103',''
100 %
消息
消息 50000，级别 16，状态 1，过程 pro_lending，第 17 行
副本不可借
```

图 8-20　存储过程调用结果

4）借书处理 C/S 结构程序设计。在数据库操作类 DBCore 中加入一个函数 CreateCommand()，通过创建一个 SqlCommand 对象来实现，参考代码如下：

```
public SqlCommand CreateCommand(string procName, SqlParameter[] prams)
{
    SqlCommand oComm = new SqlCommand();
    oComm.CommandType = CommandType.StoredProcedure;
    oComm.CommandText = procName;
    oComm.Connection = m_oCon;
    //依次将输入参数传入存储过程
    if(prams != null)
    {
        foreach(SqlParameter p in prams)
        {
            oComm.Parameters.Add(p);
        }
    }
    return oComm;
}
```

在如图 8-19 所示的出借图书界面的“借阅”按钮中编写事件驱动程序，代码如下：

```
private void btn_Lending_Click(object sender, EventArgs e)
{
    DBCore con = new DBCore();
    con.GetInstance();      //打开数据库
    //定义 4 个输入参数,并分别赋值
```

```
    SqlParameter[ ] p = new SqlParameter[4];
    p[0] = new SqlParameter("@ copy_id", txt_CopyId. Text);
    p[1] = new SqlParameter("@ user_id", txt_UserId. Text);
    p[2] = new SqlParameter("@ staff_id", txt_LendingUser. Text);
    p[3] = new SqlParameter("@ remark", txt_Remark. Text);
    //调用数据库操作类 DBCore 中的函数 CreateCommand() 执行存储过程 pro_lending
    SqlCommand cmd = con. CreateCommand("pro_lending", p);
    try
    {
        cmd. ExecuteNonQuery();
    }
    catch(Exception ex)
    {
        //将存储过程执行的异常错误信息显示在标签中
        lbl_Status. Text  =  ex. Message. ToString();
    }
    finally
    {
        con. CloseConnection();
        con. DisposeConnection();
    }
}
```

当借书成功时，程序会向数据库的借阅表 lib_lending 中添加一条借阅记录，并将图书副本的状态置为 3（即已借出），如图 8-21 所示。

	lib_lending_id	lib_user_id_reader	lib_book_copy_id	lending_date	remark	lib_user_id_lending
1	38CFD69B-0926-4E...	S101	C100001	2014-01-06 22:20:34...		S103

a)

	lib_book_copy_id	bar_code	status	remark	lib_book_id
1	C100001	100001	3		B1001

b)

图 8-21 借书成功后的数据表信息

a）向 lib_lending 中添加一条借书记录 b）lib_book_copy 表中相应的图书副本状态置为 3

（2）还书

1）还书业务流程。只有已借出的图书副本（即图书副本状态为 3）才需要归还，归还的过程是将图书副本的状态改为 1，将对应的 lib_lending 记录的还书时间置为当前时间。还书时如果是超期归还，则为每本超期的书生成一个罚款记录。

2）“归还图书”窗口的界面设计。在“归还图书”窗口上添加若干控件，界面如图 8-22 所示。在实际的图书借阅管理系统中，图书副本编号通过扫描图书条码进行输入，本书设计时使用文本框输入。

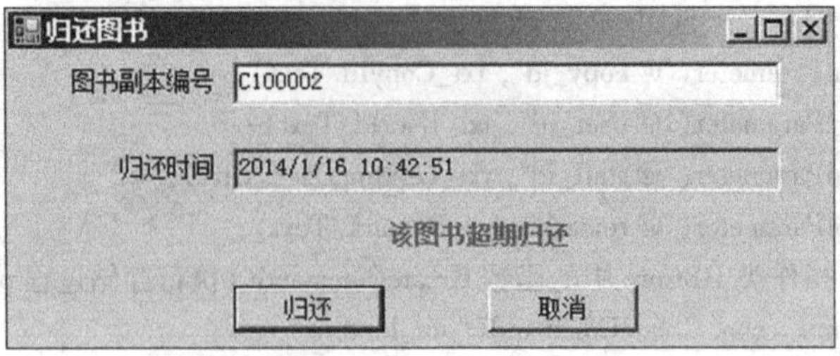

图 8-22　“归还图书”窗口的界面

3）还书处理过程中的函数与存储过程设计。系统通过图书副本编号参数调用存储过程，完成还书。如果还书不成功，则将返回异常信息，异常信息将提示不成功的原因，即图书副本尚未借出（图书副本状态不为 3）。在还书过程中，需要判断所归还的图书是否属于过期归还的图书，如果是过期归还，还需要通过自定义函数计算超期归还的罚款金额，并将罚款记录添加到罚款表 lib_fine 中。

计算超期罚款金额的函数为 fn_delayFine()，其定义如下：

```
Create Function dbo. fn_delayFine( @ copy_id varchar(36) )
Returns real
```

函数 fn_delayFine() 的参数说明如下。

@ copy_id varchar(36)：输入归还图书的副本编号。

函数返回值表示超期罚款金额，返回值类型为浮点型 real。

函数 fn_delayFine() 的功能如下：

① 计算当前系统时间与图书借阅时间之间相差的天数。如果天数少于 30 天，则超期天数为 0，返回罚款金额为 0，否则超期天数为实际天数减 30 天。

② 查找副本@ copy_id 对应的图书价格。

③ 应罚金额是超期天数 ×0.1，如果应罚金额大于图书价格，则实际罚款金额为图书价格，否则实际罚款金额为应罚金额。

定义函数 fn_delayFine() 的参考代码如下：

```
Create Function dbo. fn_delayFine( @ copy_id varchar(36))
Returns real
As
Begin
    Declare @ days int, @ amount real
    Select @ days =  datediff( day, lending_date, GETDATE())
    From lib_lending
    Where lib_book_copy_id = @ copy_id
    If @ days < =30
        Set @ amount =0
    Else
```

```
        Set @ amount = (@ days-30) * 0.1
        Declare @ price decimal(18,2)
        Select @ price = price
        From lib_book
            Join lib_book_copy On lib_book. lib_book_id = lib_book_copy. lib_book_id
        Where lib_book_copy_id = @ copy_id
        If @ amount > @ price
            Set @ amount = @ price
        Return @ amount
End
```

创建好函数后，可以用下述代码测试其是否正常工作，调用后的运行结果如图 8-23 所示。

```
Select libsys. [ dbo ]. [ fn_delayFine ] ( 'C100002')
Select libsys. [ dbo ]. [ fn_delayFine ] ( 'C100010')
```

图 8-23　函数调用结果

还书处理存储过程名为 pro_return，其定义如下：

```
Create Procedure pro_return
@ copy_id varchar(36)
```

存储过程 pro_ return 的参数说明如下。

@ copy_id varchar(36)：输入归还图书的副本编号。

存储过程 pro_return 的工作流程如下：

① 开启一个事务。

② 定义变量@ status，用此获取所选图书的当前状态，如果其值不为 3，则用 Raiserror 返回“该书未被借出”的错误信息，并且事务回滚。

③ 调用函数 fn_ delayFine( )，如果罚款金额大于 0，则说明超期还书，并在罚款表 lib_fine中增加一条记录，具体见表 8-20。

表 8-20　罚款表 lib_fine 插入记录

字段名	含义	插入的数值获取方式
lib_fine_id	罚款编号	通过函数 NEWID( ) 获取 UUID 值
amount	罚款金额	调用函数 fn_delayFine( ) 获取数值

（续）

字段名	含义	插入的数值获取方式
status	交款状态	赋值为 0（表示未交）
lib_lending_id	借书编号	查询当前图书副本的借书编号获取数值
lib_user_id	读者编号	查询借阅的读者编号获取数值

④ 更新借书信息，将归还时间更新为当前系统时间，如果更新失败，则事务回滚。

⑤ 更新图书副本信息，将图书副本状态 status 字段的值更新为 1（即可借出），如果更新失败，则事务回滚。

⑥ 成功则提交事务。

存储过程 pro_return 的参考代码如下：

```
Create Procedure pro_return
@ copy_id varchar(36)
As
    Begin
    Begin transaction;
    -- 判断副本状态是否为3(已借出)
    Declare @ status tinyint
    Select @ status = status From lib_book_copy Where lib_book_copy_id = @ copy_id
    If @ status! =3
    Begin
        Raiserror('该书未被借出', 16, 1)
        Rollback
        Return
    End
    -- 判断是否存在罚款
    Declare @ amount decimal(18, 2), @ lib_lending_id varchar(36), @ lib_user_id varchar(36)
    Select @ amount = dbo. fn_delayFine( @ copy_id)
    If @ amount > 0
    Begin
        Raiserror('该图书超期归还', 16, 1)
        Select @ lib_lending_id = lib_lending_id, @ lib_user_id = lib_user_id_reader
        From lib_lending
        Where lib_book_copy_id = @ copy_id
        Insert Into lib_fine(lib_fine_id, amount, lib_lending_id, lib_user_id)
        Values (NEWID( ), @ amount, @ lib_lending_id, @ lib_user_id);
                If @ @ error! =0    -- 如果出现错误,则回滚
        Begin
            Rollback;
            Return;
        End
```

```
    End
    -- 更新借书表的归还时间
    Update lib_lending
    Set return_date = GETDATE()
    Where lib_book_copy_id = @copy_id And return_date is null
    If @@error! =0    -- 如果出现错误,则回滚
    Begin
        Rollback;
        Return;
    End
    -- 更新图书副本的状态
    Update lib_book_copy
    Set status = 1
    Where lib_book_copy_id = @copy_id
    If @@error! =0    -- 如果出现错误,则回滚
    Begin
        Rollback;
        Return;
    End
    Commit;
End
```

创建好存储过程后，可以用代码测试其是否正常工作，这里不再赘述。

4）还书处理 C/S 结构程序设计。还书处理的程序设计与借书处理的程序设计基本相同，参考代码如下：

```
private void btn_Return_Click(object sender, EventArgs e)
{
    DBCore con = new DBCore();
    con.GetInstance();
    SqlParameter[] p = new SqlParameter[1];
    p[0] = new SqlParameter("@copy_id", txt_CopyId.Text);
    SqlCommand cmd = con.CreateCommand("pro_return", p);
    try
    {
        cmd.ExecuteNonQuery();
    }
    catch(Exception ex)
    {
        lbl_Status.Text = ex.Message.ToString();
    }
    finally
    {
```

```
        con.CloseConnection();
        con.DisposeConnection();
    }
}
```

当还书成功时，程序会将图书副本的状态置为 1（即可借出），如果是超期归还，还会向数据库的罚款表 lib_fine 中添加一条罚款记录，如图 8-24 所示。

	lib_book_copy_id	bar_code	status	remark	lib_book_id
1	C100001	100001	3		B1001

a)

	lib_fine_id	amount	pay_date	status	remark	lib_lending_id	lib_user_id
1	0FE209E8-786D-4886-86B7-5E932EB5CBCB	31	NULL	0	NULL	L002	S103

b)

图 8-24　还书成功后的数据表信息

a）将 lib_book_copy 表中相应的图书副本状态置为 1　　b）向 lib_fine 表中添加一条借书记录

（3）交纳罚款

1）交纳罚款流程。将已经将交纳罚款的罚款记录状态值修改为 1（即已交）。

2）“交纳罚款”窗口的界面设计。在“交纳罚款”窗口上添加若干控件，界面如图 8-25 所示。在实际的图书借阅管理系统中，读者编号通过扫描读者借阅证进行输入，本书设计时使用文本框输入。

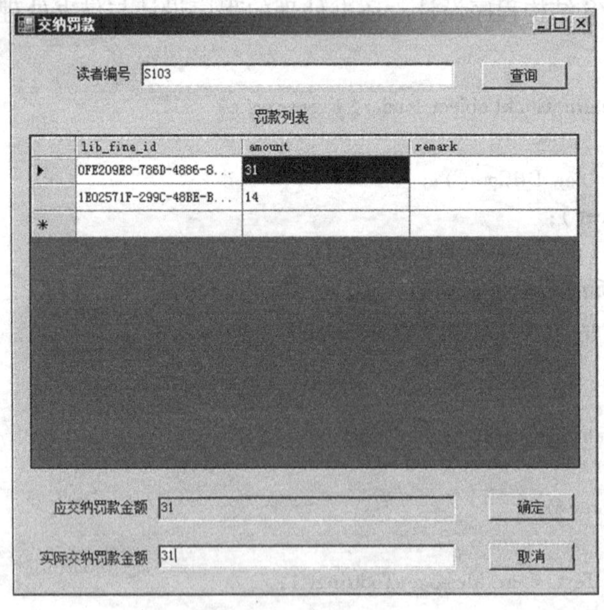

图 8-25　“交纳罚款”窗口的界面

3）交纳罚款过程中的存储过程设计。以交纳的罚款编号作为参数调用存储过程，完成交纳罚款的工作。

交纳罚款的存储过程名为 pro_pay_fine，其定义如下：

```
Create Procedure pro_pay_fine
@ fine_id varchar(36)
```

存储过程 pro_pay_fine 的参数说明如下。

@ fine_id varchar(36)：输入罚款编号。

存储过程 pro_pay_fine 的工作流程如下：

① 开启一个事务。

② 查找罚款记录，更新罚款记录中的状态值 4 为 1（即已交），交纳时间为当前系统时间，如果出现错误，则事务回滚。

③ 成功则提交事务。

存储过程 pro_pay_fine 的参考代码如下：

```
Create Procedure pro_pay_fine
@ fine_id varchar(36)
As
Begin
    Begin transaction;
    -- 更新罚款表的状态和交纳时间
    Update lib_fine
    Set status = 1, pay_date = GETDATE( )
    Where lib_fine_id = @ fine_id
    If @ @ error! = 0        -- 如果出现错误,则回滚
    Begin
        Rollback;
        Return;
    End
    Commit;
End
```

4）交纳罚款 C/S 结构程序设计。输入读者编号，查询该读者的罚款列表，参考代码如下：

```
private void btn_Find_Click( object sender, EventArgs e)
{
    string userId = txt_UserId. Text;      //获取输入的读者编号
    DBCore con = new DBCore( );
    con. GetInstance( );
    StringBuilder strSql = new StringBuilder( );
    strSql. AppendFormat( @"Select lib_fine_id, amount, remark From lib_Fine
                Where lib_user_id = '{0}' And status = 0", userId);
    DataTable dt = con. Select( strSql. ToString( ) );
```

```
    if (dt. Rows. Count  > 0)
    {
        dgv_FineList. DataSource  =  dt;      //绑定记录到数据显示表格 dgv_FineList 中
    }
    else
    {
        MessageBox. Show("该读者当前没有罚款记录");
    }
    con. CloseConnection( );
    con. DisposeConnection( );
}
```

在数据显示表格 dgv_FineList 中选中一条记录的参考代码如下：

```
string fine_id;  //定义模块级变量,获取选中行的罚款编号
private void dgv_FineList_CellClick( object sender, DataGridViewCellEventArgs e)
{
    int i  =  dgv_FineList. CurrentCell. RowIndex;
    fine_id  =  dgv_FineList. Rows[ i]. Cells[ 0]. Value. ToString( );
    txt_amount. Text  =  dgv_FineList. Rows[ i]. Cells[ 1]. Value. ToString( );
}
```

按“确定”按钮，输入实际交纳的罚款金额，调用存储过程 pro_pay_fine，程序设计代码与借书、还书中调用存储过程的代码相同，由读者自行设计完成。

3. 图书管理模块

(1) 添加图书信息

添加图书信息是指为图书表 lib_book 添加除图书副本数量之外的其他信息，包括图书编号、图书 ISBN 号、书名、作者、单价、版次、出版年份、图书简介、所属出版社编号和所属类别编号。其中，图书编号通过函数 NewId() 自动生成 UUID 值；所属出版社编号和所属类别编号通过组合框选择出版社和图书类别进行输入；其他字段值通过文本框输入。

添加图书处理过程可通过存储过程实现，该存储过程通过 10 个输入参数（输入的 10 个字段值）来完成图书的添加。如果添加图书不成功，则将返回异常信息。

读者可自行根据图书借阅管理中的设计思路进行界面设计、存储过程设计和 C/S 结构的程序设计。

(2) 图书入库

图书入库是指为每一个图书副本，在图书副本表 lib_book_copy 中添加一条副本记录。添加过程中允许批量式添加。

图书入库的过程可以通过设计存储过程完成。此外，还可以设计触发器这一数据库对象，当插入一条图书副本记录时，实现图书表 lib_book 中副本数的自动更新。

(3) 图书信息维护

图书信息维护是指对图书信息记录的修改和删除。如果图书存在副本，则由于外键约束，不能被删除。图书副本数量由触发器自动进行更新，不能进行修改操作。

(4) 图书副本维护

图书副本维护是指对图书副本记录的修改和删除。如果副本已被借出，则由于外键约束，不能被删除。

4. 读者管理模块

(1) 添加用户

系统只允许图书管理员用户进行读者用户的添加。

(2) 读者信息维护

系统提供读者信息的修改和删除功能。如果读者已经被引用（如借书后），则由于外键约束，不能被删除。如果不让某读者借书，则可以将其禁用，即设置其用户类型为0。

(3) 读者个人信息的修改

读者登录系统后修改自己的个人信息，但只能修改部分内容（包括地址、电话和密码），不能修改用户类型、账号和姓名等。

5. 信息查询模块

(1) 图书信息查询

通过书名和作者查找图书具体信息，此部分功能将在后续的B/S结构中进行详细介绍。

(2) 借阅信息查询

通过读者查找具体的借阅信息，此部分功能将在后续的B/S结构中进行详细介绍。

6. 系统维护模块

(1) 图书类别管理

图书类别管理包括图书类别的查询、添加、修改和删除。

(2) 出版社管理

出版社管理包括出版社的查询、添加、修改和删除。

8.5.4 B/S结构程序设计

B/S结构是针对读者进行开发的ASP.NET动态网页，主要包括图书信息查询和借阅信息查询两个模块。

在解决方案资源管理器中，右键单击解决方案（libsys），在弹出的快捷菜单中选择“添加”→“新建网站”命令，在弹出的“添加新网站”对话框中选择“ASP.NET空网站”选项，输入网站存放路径(E:\library\libsys\libweb）与网站名，如图8-26所示。

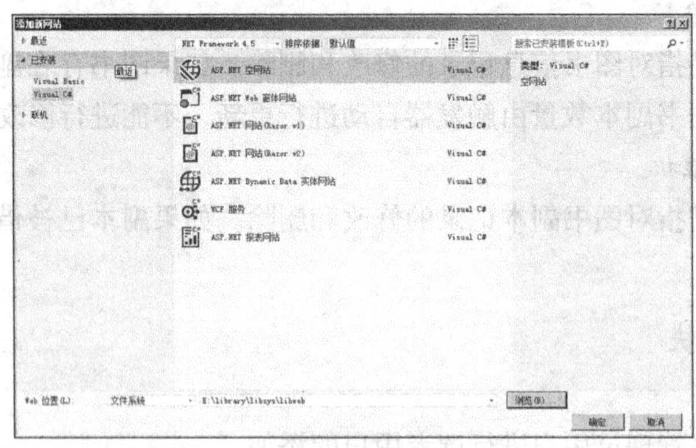

图 8-26　“添加新网站”对话框

右键单击网站 libweb，在弹出的快捷菜单中选择“添加”→“添加新项”命令，在弹出的“添加新项”对话框中分别选择“母版页”选项和“站点地图”选项，创建网站母版页和站点地图。然后，根据母版页设计网站的多个 Web 窗体，并进行 Web 应用程序开发。本节只针对图书信息查询模块给出详细的设计和编码过程。

1. 图书信息查询模块的业务流程

读者可以通过书名和作者查询图书信息，包括图书的详细信息（书名、作者、出版社、图书简介和馆藏数量等）和与该图书对应的每本副本的状态，如果副本已借出，则可查看其借阅者的姓名、部门和借阅时间等。

2. 图书信息查询模块的界面设计

右键单击网站 libweb，在弹出的快捷菜单中选择“添加”→“添加新项”命令，在弹出的“添加新项”对话框中选择“Web 窗体”选项，输入窗体名“book_find. aspx”，并选择之前的母版页进行界面设计。

图书信息查询界面分为 3 个区域，即输入查询条件区域、图书列表区域、选中图书的副本列表和借阅列表区域，如图 8-27 所示。

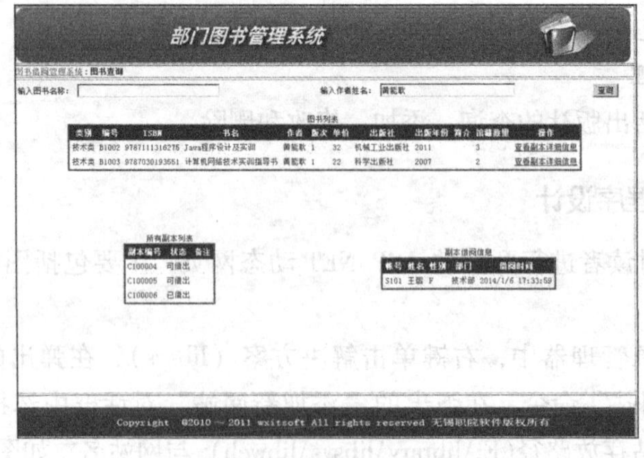

图 8-27　图书信息查询界面

3. 图书信息查询过程中的视图与函数设计

(1) 图书列表视图 vi_book 的设计

通过视图 vi_book 可以显示图书类别、编号、ISBN 号、书名、作者、版次、单价、出版社、出版年份、简介和馆藏数量等信息，并以中文字段方式显示，参考代码如下：

```
Create View vi_book
As
Select lib_book_type.name 类别, lib_book.lib_book_id 编号, isbn ISBN, title 书名,
    author 作者, version 版次, price 单价, lib_press.name 出版社,
    published_year 出版年份, description 简介, count(*) 馆藏数量
From lib_book
    Join lib_book_type On lib_book.lib_book_type_id = lib_book_type.lib_book_type_id
    Join lib_press On lib_book.lib_press_id = lib_press.lib_press_id
    Join lib_book_copy On lib_book.lib_book_id = lib_book_copy.lib_book_id
Group By lib_book_type.name, lib_book.lib_book_id, isbn, title,
      author, version, price, lib_press.name, published_year, description
```

(2) 副本借阅信息视图 vi_book_lending 的设计

通过视图 vi_book_lending 可以显示已经借出的图书编号、借阅者账号、姓名、性别、部门和借阅时间等信息，并以中文字段方式显示，参考代码如下：

```
Create View vi_book_lending
As
Select lib_book.lib_book_id 图书编号, account 借阅者账号, lib_user.name 姓名, sex 性别,
    lib_division.name 部门, lending_date 借阅时间
From lib_lending
    Join lib_book_copy On lib_lending.lib_book_copy_id = lib_book_copy.lib_book_copy_id
    Join lib_book On lib_book_copy.lib_book_id = lib_book.lib_book_id
    Join lib_user On lib_lending.lib_user_id_reader = lib_user.lib_user_id
    Join lib_division On lib_user.lib_division_id = lib_division.lib_division_id
Where lib_book_copy.status = 3
```

(3) 获取副本状态的函数 fn_lending_status() 的设计

通过函数 fn_lending_status() 返回图书副本状态对应的中文含义，参考代码如下：

```
Create Function dbo.fn_copy_status(@status tinyint)
Returns varchar(20)
As
Begin
    Declare @statusname varchar(20)
    Set @statusname =
        Case  @status
            When  0  Then  '刚入库'
            When  1  Then  '可借出'
```

```
            When  2  Then  '预借'
            When  3  Then  '已借出'
            When  4  Then  '损坏'
            Else  '遗失'
        End
    Return @ statusname
End
```

4. 图书信息查询的 B/S 结构程序设计

```
//页面加载事件
protected void Page_Load( object sender, EventArgs e)
{
        if ( ! IsPostBack)
        {
            BindBookData( );  //绑定图书列表
        }
}
//单击"查询"按钮事件
protected void btn_Search_Click( object sender, EventArgs e)
{
        BindBookData( );      //绑定图书列表
}
//绑定图书列表函数
public void BindBookData( )
{
        string title = txt_Title. Text;
        string author = txt_Author. Text;
        DBCore con = new DBCore( );
        con. GetInstance( );
        StringBuilder strSql = new StringBuilder( );
        //调用视图 vi_book 查询符合查询条件的图书详细信息
        strSql. AppendFormat( @"Select * From vi_book
                Where 书名 like '% {0} %' And 作者 like '{1} %'", title, author);
        DataTable dt = con. Select( strSql. ToString( ) );
        if ( dt. Rows. Count > 0)
        {
            gv_Book. DataSource = dt;
            gv_Book. DataBind( );
        }
        con. CloseConnection( );
        con. DisposeConnection( );
}
```

```
//在图书列表中单击"查看副本详细信息"按钮事件
protected void gv_Book_RowCommand( object sender, GridViewCommandEventArgs e)
{
        int index = Convert. ToInt32( e. CommandArgument);  //获取当前操作的行号
        GridViewRow row = gv_Book. Rows[ index];           //获取当前操作的行对象
        string book_id = row. Cells[1]. Text;              //获取当前行第 1 列(编号列)的内容
        BindCopyData( book_id);                            //根据图书编号绑定副本信息
        BindLendData( book_id);                            //根据图书编号绑定图书借阅信息
}
//绑定副本列表函数
public void BindCopyData( string book_id)
{
        DBCore con = new DBCore( );
        con. GetInstance( );
        StringBuilder strSql = new StringBuilder( );
        //查询所选图书的副本信息,并调用函数 fn_copy_status( ) 显示副本状态
        strSql. AppendFormat( @"Select lib_book_copy_id, remark
                dbo. fn_copy_status( status) statusname From lib_book_copy
                Where lib_book_id = '{0}'", book_id);
        DataTable dt = con. Select( strSql. ToString( ) );
        if( dt. Rows. Count > 0)
        {
          gv_Copy. DataSource = dt;
          gv_Copy. DataBind( );
        }
        else
        {
          gv_Copy. DataSource = null;
          gv_Copy. DataBind( );
        }
        con. CloseConnection( );
        con. DisposeConnection( );
}
//绑定副本借阅信息函数
public void BindLendData( string book_id)
{
        DBCore con = new DBCore( );
        con. GetInstance( );
        StringBuilder strSql = new StringBuilder( );
        //调用视图 vi_book_lending 查询所选图书的借阅信息
        strSql. AppendFormat( @"Select * From vi_book_lending
                Where 图书编号 = '{0}'", book_id);
        DataTable dt = con. Select( strSql. ToString( ) );
```

```
        if(dt. Rows. Count > 0)
        {
            gv_Lend. DataSource = dt;
            gv_Lend. DataBind( );
        }
        else
        {
            gv_Lend. DataSource = null;
            gv_Lend. DataBind( );
        }
        con. CloseConnection( );
        con. DisposeConnection( );
    }
```

8.6 数据库开发案例小结

由于篇幅限制，本章没有给出系统完整模块与完整的程序代码，设计的界面和开发的技巧也不是最优的，但是读者已经基本领略了一个完整的基于 C/S 结构和基于 B/S 结构相结合的数据库应用系统的全貌了。通过真实的开发案例，希望读者能认识到以下几点：

1）数据库应用系统的开发设计是一个规范化的过程，需要遵循一定的方式、方法和开发设计步骤。

2）数据库关系模式的设计非常重要，它是整个系统设计的核心，其设计是否合理，将全面影响整个系统是否能成功实现。

3）数据库系统中，数据库操作的实质是设计、组织和递交 SQL 命令，并根据 SQL 命令的执行状态决定后续的数据处理与操作。不同开发工具的操作各具特色，只有使用 SQL 命令来实现数据的存取，这一点是共同的。在系统功能设计、实现与代码介绍中，读者需要理解视图、存储过程、函数和触发器等数据库对象的创建流程，真正体验到 SQL 命令的操作特色。

附　录

附录 A　学生成绩管理系统数据表结构

表 A-1　系部表 department

字段名	数据类型	为空性	含　义	注　释
department_id	varchar(36)	not null	系部编码	主键
name	varchar(50)	not null	系部名称	唯一性约束
remark	varchar(500)	null	备注	

表 A-2　专业表 major

字段名	数据类型	为空性	含　义	注　释
major_id	varchar(36)	not null	专业编码	主键
name	varchar(50)	not null	专业名称	唯一性约束
department_id	varchar(36)	not null	所属系部	外键
remark	varchar(500)	null	备注	

表 A-3　班级表 school_class

字段名	数据类型	为空性	含　义	注　释
school_class_id	varchar(36)	not null	班级编码	主键
name	varchar(50)	not null	班级名称	唯一性约束
major_id	varchar(36)	not null	所属专业	外键
remark	varchar(500)	null	备注	

表 A-4　课程类别表 course_type

字段名	数据类型	为空性	含　义	注　释
course_type_id	varchar(36)	not null	课程类别编码	主键
name	varchar(50)	not null	类别名称	唯一性约束

表 A-5　课程表 course

字段名	数据类型	为空性	含　义	注　释
course_id	varchar(36)	not null	课程编码	主键

（续）

字段名	数据类型	为空性	含　义	注　释
name	varchar(50)	not null	课程名称	唯一性约束
class_hour	tinyint	null	学时	
course_type_id	varchar(36)	not null	所属类别	外键
remark	varchar(500)	null	备注	

表 A-6　教师表 faculty

字段名	数据类型	为空性	含　义	注　释
faculty_id	varchar(36)	not null	教师工号	主键
password	varchar(50)	not null	登录密码	
name	char(8)	not null	姓名	
tel	varchar(32)	null	电话	
remark	varchar(500)	null	备注	

表 A-7　民族表 ethnicity

字段名	数据类型	为空性	含　义	注　释
ethnicity_id	char(2)	not null	民族编码 （国家标准为两个字母）	主键
name	varchar(16)	not null	民族名称	唯一性约束

表 A-8　行政区域表 region

字段名	数据类型	为空性	含　义	注　释
region_id	char(6)	not null	行政区域编码 （国家标准为 6 个数字）	主键
name	varchar(20)	not null	省、市、区名称	唯一性约束

表 A-9　学籍类型表 roll

字段名	数据类型	为空性	含　义	注　释
roll_id	varchar(6)	not null	学籍类型编码	主键
name	varchar(16)	not null	学籍类型名称	唯一性约束

表 A-10　学生表 student

字段名	数据类型	为空性	含　义	注　释
student_id	varchar(36)	not null	学号	主键
password	varchar(50)	not null	登录密码	
name	varchar(8)	not null	姓名	
sex	char(1)	null	性别	M＝男，F＝女
birthday	datetime	null	生日	

（续）

字段名	数据类型	为空性	含　义	注　释
admission_date	datetime	null	入学日期	
id_number	char(18)	null	身份证号	唯一性约束
home_address	varchar(100)	null	家庭地址	
zip_code	char(6)	null	邮编	
telephone	varchar(32)	null	联系电话	
school_class_id	varchar(36)	not null	所属班级	外键
region_id	char(6)	not null	家庭所在省份	外键
ethnicity_id	char(2)	not null	民族	外键
roll_id	varchar(6)	not null	学籍	外键
remark	varchar(500)	null	备注	

表 A-11　成绩表 score

字段名	数据类型	为空性	含　义	注　释
score_id	varchar(36)	not null	UUID 主键	主键
term	varchar(10)	not null	学年和学期	
pscore	tinyint	null	成绩（百分制）	
pscore1	tinyint	null	补考成绩（百分制）	
grade	varchar(6)	null	成绩（等级制）	优、良、中、及格、不及格或合格、不合格
grade1	varchar(6)	null	补考成绩（等级制）	
course_id	varchar(36)	not null	课程编码	外键
student_id	varchar(36)	not null	学号	外键
faculty_id	varchar(36)	not null	教师工号	外键
remark	varchar(500)	null	备注	

附录 B　在线电子商店数据表结构

表 B-1　客户表 shop_customer

字段名	数据类型	为空性	含　义	注　释
shop_customer_id	varchar(36)	not null	客户编号	主键
account	varchar(20)	not null	账号	唯一性索引
password	varchar(50)	null	密码	
name	varchar(8)	null	姓名	
sex	char(1)	null	性别	
age	tinyint	null	年龄	
tel	varchar(20)	null	电话	

（续）

字段名	数据类型	为空性	含　义	注　释
email	varchar(32)	null	邮件地址	
shipping_address	varchar(100)	null	送货地址	
rank	tinyint	null	客户星级	0 ~5 级
status	tinyint	null	客户状态	0 = 禁用，1 = 正常

表 B-2　角色表 shop_role

字段名	数据类型	为空性	含　义	注　释
shop_role_id	varchar(36)	not null	角色代码	主键
name	varchar(50)	null	角色名称	

表 B-3　员工表 shop_employee

字段名	数据类型	为空性	含　义	注　释
shop_employee_id	varchar(36)	not null	员工工号	主键
account	varchar(20)	not null	账号	唯一性索引
password	varchar(50)	null	密码	
name	varchar(8)	null	姓名	
sex	char(1)	null	性别	
tel	varchar(20)	null	电话	
shop_role_id	varchar(36)	not null	角色代码	外键

表 B-4　商品类别 shop_goods_category

字段名	数据类型	为空性	含　义	注　释
shop_goods_category_id	varchar(36)	not null	商品类别代码	主键
name	varchar(50)	null	商品类别名称	

表 B-5　商品表 shop_goods

字段名	数据类型	为空性	含　义	注　释
shop_goods_id	varchar(36)	not null	商品编号	主键
name	varchar(50)	not null	商品名称	
brand	varchar(50)	null	品牌	
size	varchar(50)	null	规格	
price	decimal(8，2)	not null	标准价格	
stock	decimal(8，2)	not null	库存数量	
image_url	varchar(50)	null	图片路径	
description	varchar(50)	null	商品描述	
shop_goods_category_id	varchar(36)	not null	商品类别代码	外键

表 B-6　订单头表 shop_order_head

字段名	数据类型	为空性	含　义	注　释
shop_order_head_id	varchar(36)	not null	订单头表编号	主键
order_no	varchar(20)	not null	订单号	唯一性索引
order_date	datetime	null	下单日期	
audit_date	datetime	null	审核日期	
shipping_date	datetime	null	发货日期	
ammount	decimal(8, 2)	null	金额	可能是去除零头后的金额
status	tinyint	null	订单状态	0 = 订单； 1 = 已审核； 2 = 已发货； 3 = 收货结清
note	varchar(200)	null	订货要求	
comment	varchar(200)	null	反馈评论	
shop_customer_id	varchar(36)	not null	客户编号	外键
shop_employee_id_audit	varchar(36)	null	审核人工号	外键
shop_employee_id_shipping	varchar(36)	null	发货人工号	外键

表 B-7　订单行表 shop_order_line

字段名	数据类型	为空性	含　义	注　释
shop_order_line_id	varchar(36)	not null	订单行表编号	主键
price	decimal(8, 2)	null	实际销售价格	
quantity	decimal(8, 2)	null	销售数量	
shop_goods_id	varchar(36)	not null	商品编码	外键
shop_order_head_id	varchar(36)	not null	订单头表编号	外键

附录 C　SQL 常用函数

1. 聚合函数

表 C-1　常用的聚合函数

函数名	功　能
Sum(字段名)	对数值字段求和
Avg(字段名)	对数值字段求平均值
Min(字段名)	返回最小的数值表达式、最低的有序串表达式或最早时间
Max(字段名)	返回最大的数值表达式、最高的有序串表达式或最新时间

（续）

函数名	功　能
Count( )	返回非空表达式的个数
Count(*)	返回找到的行数

2. 数学函数

表 C-2　常用的数学函数

函数名	功　能
ABS(数值型表达式)	返回数值型绝对值
ASCII(字符型表达式)	返回字符型数据的 ASCII 值，返回的数值类型为整型
AVG(表达式)	求一组数据的平均值
COUNT(表达式)	求这一组数据的个数
CEILING(数值型表达式)	返回最小的大于或等于给定数值型表达式的整数值
FLOOR(数值型表达式)	返回最大的小于或等于给定数值型表达式的整数值
LOG(float 表达式)	返回给定值的自然对数结果
LOG10(float 表达式)	返回给定值的常用对数结果
POWER(数值表达式 1，表达式 2)	进行乘方运算，POWER(2, 3) 表示 2^3
EXP(float 表达式)	求指定 float 表达式的自然指数值
PI()	不使用参数，返回圆周率的正确数值
SQRT(float 表达式)	求指定 float 表达式的平方根
SQUARE(float 表达式)	求指定 float 表达式的平方
SIGN(数值型表达式)	判断相应数值表达式的正负属性
RAND(整型表达式)	返回一个 0 ~ 1 之间的随机数
ROUND(数值型表达式，整数)	将数值表达式四舍五入成整数指定精度的形式
DEGREES(numeric 型表达式)	将以 numeric 型表达式给出弧度转换成角度类型的数值
ASIN()、ACOS()、ATAN()	反正弦函数、反余弦函数、反正切函数

3. 字符串函数

表 C-3　常用的字符串函数

函数名	功　能
LEN(字符串表达式)	返回给定字符串数据的长度
DATALENGTH(表达式)	返回该表达式的值所占用的字节数
LEFT(字符型表达式，整型表达式)	返回该字符型表达式最左边给定的整数个字符
RIGHT(字符型表达式，整型表达式)	返回该字符型表达式最右边给定的整数个字符
SUBSTRING(字符串， 表示开始位置的表达式， 表示结束位置的表达式)	返回该字符串在起止位置之间的子串

（续）

函数名	功 能
UPPER(字符型表达式)	将字符型表达式全部转化成大写形式
LOWER(字符型表达式)	将字符型表达式全部转化成小写形式
SPACE(整型表达式)	返回由给定整数个空格组成的字符串
REPLICATE(字符型表达式，整型表达式)	将给定的字符型表达式的值复制给定的整数遍
STUFF(字符型表达式 1，开始位置，长度，字符型表达式 2)	将字符型表达式 1 从开始位置截取给定长度的子串，然后将字符型表达式 2 从开始位置补充进去
REVERSE(字符型表达式)	返回一个与给定字符型表达式恰好顺序颠倒的字符型表达式
LTRIM(字符型表达式)	返回删除给定字符串左端空白后的字符串值
RTRIM(字符型表达式)	返回删除给定字符串右端空白后的字符串值
CHARINDEX(字符型表达式 1，字符型表达式 2，[开始位置])	从指定的位置开始，在字符型表达式 2 中查找字符型表达式 1，如果找到则返回字符型表达式 1 在字符型表达式 2 中的开始位置，默认的开始位置是 1
CONCAT(字符型表达式 1，字符型表达式 2，…)	将多个字符串连在一起
PATINDEX('% pattern% '，字符型表达式)	在字符型表达式中查找给定格式的字符串，如果找到则返回该给定格式字符串在字符型表达式中的开始位置，否则返回值为 0
STR(float 型表达式[，长度[，小数点后长度]])	将 float 型表达式转化为给定形式的字符
CHAR(整型表达式)	将给定的整型表达式的值按照 ASCII 码转换成字符型

4. 日期和时间函数

表 C-4 常用的日期和时间函数

函数名	功 能
GETDATE()	返回当前的系统时间
DATEPART(datepart，date)	以整数形式返回给定 date 型数据的指定日期部分
DATENAME(datepart，date)	以字符串形式返回给定 date 型数据的指定日期部分
DATEADD(date，adddate)	在指定日期上加上一段时间，并返回一个新的日期值
DATEDIFF(datepart，startdate，enddate)	返回开始日期和结束日期在给定日期部分的差值
DAY(date)	返回指定日期的 Day 部分的数值
MONTH(date)	返回指定日期的 Month 部分的数值
YEAR(date)	返回指定日期的 Year 部分的数值

5. 元数据函数

表 C-5 常用的元数据函数

函数名	功 能
关于系统安全	
IS_MEMBER('group' | 'role')	判断当前用户是否为指定 NT 组或 SQL Server 角色成员
SUSER_SID('login')	返回指定账户注册信息的安全标志 ID
SUSER_SNAME([server_user_sid])	根据指定的服务器用户安全标志 ID，返回相应的用户注册登录使用的账户信息
IS_SRVROLEMEMBER('role', ['login'])	判断指定的登录账户是否为指定服务器角色成员
USER_ID(['user'])	返回指定用户在数据库中的标志 ID
USER	返回用户在数据库中的名字
CURRENT_USER	返回当前用户信息
SYSTEM_USER	返回当前用户的登录账户信息
HOST_ID()	返回运行 SQL Server 的计算机的标志 ID
HOST_NAME()	返回运行 SQL Server 的计算机的名字
关于数据库和数据库对象	
DB_ID([databse_name])	返回指定数据库的标志 ID
DB_NAME(database_id)	根据数据库的 ID 返回相应的数据库的名字
DATABSEPROPERTY(databse, property)	返回指定数据库在指定属性上的取值
OBJECT_ID('object')	返回指定数据库对象的标志 ID
OBJECT_NAME(object_id)	根据数据库对象的 ID 返回相应的数据库对象名
OBJECTPROPERTY(id, property)	返回指定数据库对象在指定属性上的取值
COL_LENGTH('table', 'column')	返回指定表的指定列的长度
COL_NAME(table_id, column_id)	返回指定表的指定列的名字
INDEX_COL('table', index_id, key_id)	返回指定表格上指定索引的名字
TYPEPROPERTY(type, propety)	返回指定数据类型在指定属性上的取值

6. 其他函数

表 C-6 其他函数

函数名	功 能
ISDATE(表达式)	判断指定表达式是否为合法日期
ISNULL(表达式 1，表达式 2)	判断表达式 1 是否为 NULL，如果是则返回表达式 2 的值；如果不是，则返回表达式 1 的值
NULLIF(表达式 1，表达式 2)	当表达式 1 与表达式 2 相等时，返回 NULL，否则返回表达式 2 的值

（续）

函数名	功 能
ISNUMERIC(表达式)	判断表达式是否为数值型数据类型（如 Int 和 Monry 等）
COALESCE(表达式 1, 表达式 2，表达式 3...)	返回一系列表达式中第一个不为空的值，如全部都是 NULL，则返回值也为 NULL
PRINT(字符型表达式 | 字符型变量)	把消息传递到客户应用程序的消息处理程序
CAST(表达式 AS 数据类型)	将表达式的值从一种数据类型变为另一种数据类型
CONVERT(数据类型 [(长度)]，表达式)	把表达式的值从一种数据类型变为另一种数据类型，而且可以规定目标数据类型的长度或精度

附录 D Jitor 实训指导软件使用说明

Jitor（Java Instructor）实训指导软件是一个基于 B/S 和 C/S 结构的复合型软件，它由一个基于 JSP 技术的 Web 服务器端软件和一个用 Java 语言编写的客户端软件组成。Jitor 实训指导软件适用于计算机实训机房，为学生和教师提供 SQL Server 实训的辅助支持服务。

本书各章的实训部分均使用 Jitor 实训指导软件，用于实训操作者在 SQL Server 中按照操作指导逐步进行操作，并及时检查操作的完成情况。实训完成后上传操作完成情况到教师机，便于教师掌握全班学生项目开发的实时信息。

学生功能包括：访问 Jitor 网站，下载 Jitor 实训指导软件客户端并安装；运行 Jitor 实训指导软件客户端，利用该客户端从 Jitor 网站获得实训指导材料和进度检查标准，学生按照指导材料的操作步骤进行实训编程，每完成一步，由 Jitor 实训指导软件检查结果是否正确，如果正确，则上传成绩，并进行下一步操作。

教师功能包括：在计算机实训机房的教师机上安装 Jitor 实训指导软件服务器端，为学生提供上述服务；通过 Jitor 网站管理学生的账号和密码，查看学生签到和成绩等信息，以及管理实训指导材料等。

Jitor 实训指导软件适用于在计算机机房内由教师安排的实训，对于自学者或学生在课余时间的学习，则需要在自己的计算机上安装 Jitor 实训指导软件（见教师使用说明），然后访问本机上的 Jitor 实训指导软件服务器，这时服务器的 IP 地址是 127.0.0.1。

一、学生使用说明

Jitor 客户端采用 Java 语言开发，因此 Jitor 客户端的运行需要 JRE 的支持。Jitor 支持的 JRE 版本是 1.5 ~ 1.7 版，但 1.6 版为最佳。

1. 访问 Jitor 网站

学生首先通过浏览器访问安装了 Jitor 网站服务器的教师机，端口号是 8089。例如，http://192.168.56.1:8089/，其中的 IP 地址应该替换为教师机的 IP 地址。浏览器将显示 Jitor 网站首页（见图 D-1），其中的功能有如下两项。

1）首页/登录：学生不需要在 Jitor 网站登录。

2）实训列表：从这里可以看到所有的实训材料的文字部分，但无法进行实训。

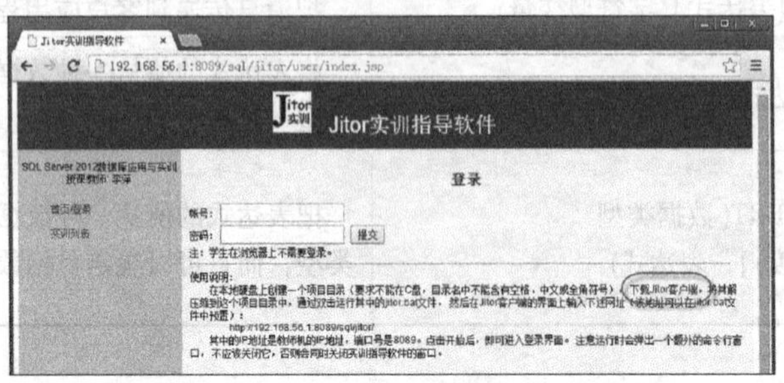

图 D-1　访问 Jitor 实训指导网站首页

2. 下载 Jitor 客户端

学生在本地硬盘上创建一个项目目录（要求不能在 C 盘，目录名中不能含有空格、中文或全角符号），下载 Jitor 客户端，将其解压缩到这个项目目录中，通过双击运行其中的 jitor.bat 文件。然后，在 Jitor 客户端的界面上输入教师机的网址，例如，

http://192.168.56.1:8089/sql/jitors，注意其中的 IP 地址是教师机的 IP 地址，端口号是 8089。单击“开始”按钮后，进入登录界面，登录成功后的界面如图 D-2 所示。

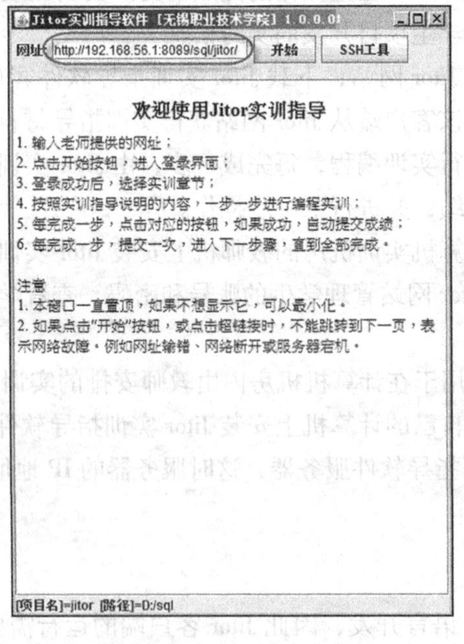

图 D-2　登录成功后的界面

3. 使用 Jitor 客户端

单击某个实训的链接，打开相应的 JSP 网页，将显示实训指导的具体内容。单击左上角的“开始实训”按钮后，将显示每个步骤的测评按钮，每个步骤都有一个测试按钮，与步骤是一一对应的，如图 D-3 所示。

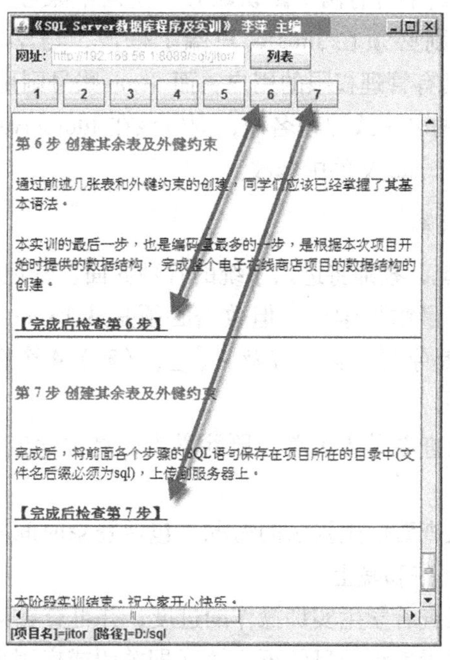

图 D-3　实训测试界面

根据实训步骤的要求，逐步进行操作，当完成一个步骤后，可以单击相应的测评按钮，Jitor 软件将根据测评要求检查学生的完成情况，并给出通过或失败的提示。如果成功通过，则将成绩上传到 Jitor 网站上，对应的按钮底色改为淡蓝色，如果失败，则按钮底色改为淡红色。

二、教师使用说明

1. 安装 Jitor 网站

Jitor 实训指导软件服务器端的下载地址是 http://www.ngweb.org/sql。

Jitor 实训指导软件服务器端是一个 Java EE 应用软件，可以在 Tomcat 上运行。本书还将它与 Tomcat to go 集成，包括 Java 5.0 和 Tomcat 6.0，因此在没有安装 Java 的系统上也能正常运行。

如果教师机上已安装有 Java 5.0 和 Tomcat 6.0 运行环境，则只要下载 sql.war 文件即可。

如果需要 Tomcat to go 集成，则要下载 sql.war 文件和 JitorServer.zip，将后者解压缩到一个目录中，将 sql.war 文件复制到其 JitorServer\jakarta-tomcat\webapps 目录，然后执行其

中的 JitorServer. exe 文件即可，这时会弹出一个启动提示窗口，几秒钟后自动关闭，并在默认浏览器上打开 Jitor 网站的默认页面。同时，在系统托盘上出现一个图标，右键单击该图标将出现一个快捷菜单，用以关闭、重新启动或打开默认页面。

系统第一次启动时会自动在安装目录的第一级目录下创建一个_jee 目录，并在这个目录中创建 SQLite 数据库，其中含有两个默认账号，这两个账号和密码分别是 admin/admin 和 demo/demo，修改密码则必须在 Jitor 客户端上修改，与学生修改密码的方式相同。admin 账号是系统中唯一具有管理权限的用户，而 demo 账号则用于普通的演示。

如果要修改授课教师的名字或课程名称，则应该在 JitorServer\jakarta-tomcat\webapps\sql\WEB-INF 目录下的 web. xml 文件中修改。

2. 管理学生和实训材料

用 admin 账号登录系统，教师将进入系统的管理界面。管理功能包括以下几项。

1）添加学生：支持批量添加学生，但数据必须是从 Excel 工作簿中复制过来的，注意，班级代码和学号只能是字母、数字以及 - 、_ 、（和）4 个符号。学生的账号是学号，密码与账号相同，也是学号。

2）学生名单：按班级查看学生名单，删除学生，复位学生密码（即将密码恢复为与学号相同）。

3）实训考勤：按班级查看学生登录的情况，包括登录时间和 IP 地址，其中时间段的 1、2、3 分别表示上午、下午和晚上。

4）实训记录：按班级查看学生实训操作的进度，并可查看某一学生的全部记录。

5）实训管理：一是设置实训项目的可用性（即关闭或启用列表中的实训）；二是设置实训项目的按序性（即设置实训是否按顺序进行）；三是当新增或删除实训材料时，通过刷新实训列表实现数据的及时更新，具体如图 D-4 所示。

6）通知管理：发布临时的通知，将会在 Jitor 主页和客户端软件的首页上显示。

7）备份数据库：功能仅是关闭数据库，以保证备份数据库时的安全。一旦有用户使用，则数据库将被自动重新打开，因此备份期间最好避免有用户访问。

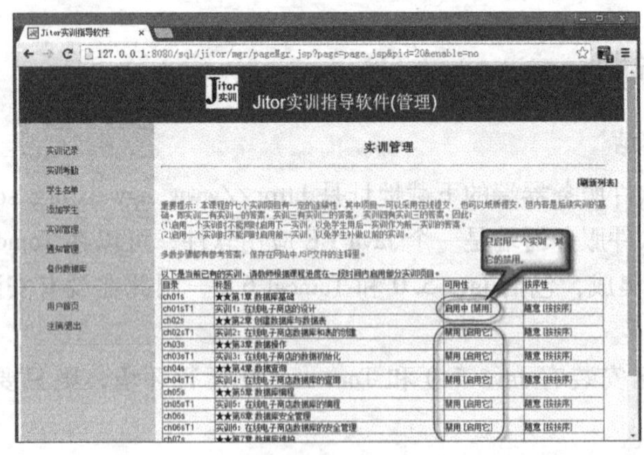

图 D-4　实训管理

3. 备份数据

Jitor 的数据有两类，第一类是数据库，第二类是学生上传的项目文件。Jitor 采用 SQLite 数据库，因此它只有一个文件，复制该文件即可，但在复制前最好先通过 Jitor 网站的“备份数据库”功能关闭数据库。数据库和学生上传的项目文件都在同一个目录下，将其复制到备份介质（如 U 盘）中即可。

参考文献

[1] 王珊，萨师煊. 数据库系统概论［M］. 4版. 北京：高等教育出版社，2006.
[2] 李萍. 数据库设计与应用［M］. 北京：高等教育出版社，2006.
[3] 刘金岭，冯万利. 数据库系统及应用教程——SQL Server 2008［M］. 北京：清华大学出版社，2013.
[4] 徐人凤，曾建华. SQL Server 2005 数据库及应用［M］. 3版. 北京：高等教育出版社，2013.
[5] 王英英，张少军，刘增杰. SQL Server 2012 从零开始学［M］. 北京：清华大学出版社，2012.
[6] 钱雪忠，罗海驰，陈国俊. 数据库原理及技术课程设计［M］. 北京：清华大学出版社，2009.
[7] 孙伟. 数据库应用技术——SQL Server 2008［M］. 北京：高等教育出版社，2013.
[8] Michael Lee，Gentry Bieker. 精通 SQL Server 2008［M］. 唐扬斌，韩翯，译. 北京：清华大学出版社，2010.
[9] 李萍，王得燕，杨文珺. ASP. NET（C#）动态网站开发案例教程［M］. 北京：机械工业出版社，2011.